流 体 力 学

（下册）

高志球 王宝瑞 编著

本书由中国科学院大气物理研究所大气边界层物理和大气化学国家重点实验室，江苏高校品牌专业建设工程项目(PPZY2015A016)，2015年江苏省高等教育教改研究立项课题(2015JSJG032)联合资助出版

科学出版社

北 京

内 容 简 介

本书主要论述流体力学的基础概念和基本规律。全书分上、下册，上册主要讨论流体的基本性质、流体运动学、流体动力学和理想流体的简单运动。下册重点介绍涡旋运动、不可压缩流体的黏性运动及流体的波动。并在附录中介绍了场论、哈密顿算符和曲线坐标系等知识。

本书可作为大气科学、海洋科学等相关专业的本科生教材，也可作为相关专业的研究生和科研人员的基础理论参考书。

图书在版编目(CIP)数据

流体力学. 下册/高志球，王宝瑞编著. —北京：科学出版社，2017.12
ISBN 978-7-03-056212-8

Ⅰ. ①流… Ⅱ. ①高… ②王… Ⅲ. ①流体力学 Ⅳ. ①O35

中国版本图书馆 CIP 数据核字 (2017) 第 325083 号

责任编辑：胡 凯 王腾飞／责任校对：彭 涛
责任印制：张克忠／封面设计：许 瑞

科学出版社 出版
北京东黄城根北街 16 号
邮政编码：100717
http://www.sciencep.com

保定市中画美凯印刷有限公司 印刷
科学出版社发行 各地新华书店经销
*
2017 年 12 月第 一 版 开本：787×1092 1/16
2017 年 12 月第一次印刷 印张：13 3/4
字数：330 000
定价：59.00 元
(如有印装质量问题，我社负责调换)

前　　言

流体力学是力学的一个分支，它以流体为研究对象，是研究流体宏观运动规律以及流体与相邻固体之间相互作用规律的一门学科。

流体力学的研究方法有理论、数值和实验三种。理论研究方法是通过对流体性质及流动特性的科学抽象，提出合理的理论模型，并应用已有的普遍规律，建立控制流体运动的闭合方程组，将原来的具体流动问题转化为数学问题，并在一定的初始条件和边界条件下求解。理论研究方法首先由欧拉 (Euler) 创立，并逐步完善，发展成理论流体力学，成为流体力学的主要组成部分。但由于数学上存在的局限性，许多实际流动问题难以精确求解。而随着高速计算机的出现，人们逐渐开辟了用数值方法研究流体运动的新方向。数值方法就是把流场划分为许多微小的网格或小区域，在各网格点或各小区域中求支配流动方程式的近似解，通过反复计算提高近似精度，进而得到最终解。这一领域已取得了许多重要进展，并逐渐形成一门专门学科 —— 计算流体力学，这是研究流体力学的一种重要手段。实验研究方法在流体力学中占据重要地位，通过对具体流动的观察与测量来归纳流动规律。理论分析结果需要经过实验来验证，而实验又需用理论来指导，流体力学的实验研究主要是模拟实验。上述三种方法必须互相结合，才能更有效地解决流体力学问题。

流体力学与人类生活、工农业生产密切相关，广泛涉及工程技术和科学研究的各个领域，特别是它与大气科学密切相关，已渗透到大气科学的各个领域，成为大气科学的重要理论基础之一。实际上研究大气和海洋运动规律的动力气象学、动力气候学和动力海洋学，都是流体力学领域中的不同分支。

本书是在王宝瑞教授编写的《流体力学》(气象出版社，1988 年) 的基础上增加了 300 余道题解而形成。本书由中国科学院大气物理研究所大气边界层物理和大气化学国家重点实验室和南京信息工程大学联合资助出版。为了保证书稿质量，多位流体力学的专家学者和研究生参加了书稿编写的研讨会，以确保书稿的正确性和完整性，对此，我表示衷心感谢。特别感谢李煜斌教授、惠伟先生和博士研究生童兵卓有成效的帮助。感谢科学出版社王腾飞编辑的支持。

书中难免有疏漏之处，恳请读者批评指正。

高志球

2017 年 4 月

目　　录

第5章 涡旋运动

表征流体质点旋转的特征量为涡度矢量 $\boldsymbol{\Omega} = \nabla \times \boldsymbol{V}$。流体运动是否属涡旋运动则由流场中涡度矢量是否存在而确定。若在流场某区域中 $\boldsymbol{\Omega} \neq 0$，该区域内的流体运动即为涡旋运动。若在整个流场范围内 $\boldsymbol{\Omega} = 0$，则该流场是无旋的。

流体的涡旋运动在自然界中是大量存在的。例如大气运动中的气旋、反气旋、龙卷风等。地球大气运动中涡旋的形成及变化与天气系统的形成及变化密切相关。因而对涡旋运动的研究在气象上有重大的实际意义。

本章将讨论涡旋发生、发展及消失的规律。

5.1 基本概念

5.1.1 涡量场

在流体的涡旋运动中，空间各点的涡度矢量 $\boldsymbol{\Omega} = \nabla \times \boldsymbol{V}$ 形成一矢量场，称为涡量场。一般说来，涡量应与空间点的坐标 x, y, z 及时间 t 有关，即

$$\boldsymbol{\Omega} = \boldsymbol{\Omega}(x, y, z, t) \tag{5.1.1}$$

由于

$$\nabla \cdot \boldsymbol{\Omega} = \nabla \cdot \nabla \times \boldsymbol{V} = 0 \tag{5.1.2}$$

由高斯公式得

$$\oint_{\sigma} \boldsymbol{\Omega} \cdot \mathrm{d}\boldsymbol{\sigma} = 0 \tag{5.1.3}$$

即在涡量场中，通过任意封闭曲面的净涡度通量等于零，可知涡量场是**无源场**。

研究地球大气运动时，常需考虑地球的自转效应，此时与绝对速度 $\boldsymbol{V}$ 及相对速度 $\boldsymbol{V}_r$ 相对应的涡度矢量分别称作绝对涡度及相对涡度，并分别以 $\boldsymbol{\Omega}$ 及 $\boldsymbol{\Omega}_r$ 表示之，由于

$$\boldsymbol{V} = \boldsymbol{V}_r + \boldsymbol{\omega} \times \boldsymbol{r} \tag{5.1.4}$$

式中，$\boldsymbol{\omega}$ 为地球自转角速度。今以算矢乘上式得

$$\nabla \times \boldsymbol{V} = \nabla \times \boldsymbol{V}_r + \nabla \times (\boldsymbol{\omega} \times \boldsymbol{r}) \tag{5.1.5}$$

即

$$\boldsymbol{\Omega} = \boldsymbol{\Omega}_r + \nabla \times (\boldsymbol{\omega} \times \boldsymbol{r}) \tag{5.1.6}$$

其中

$$\nabla \times (\boldsymbol{\omega} \times \boldsymbol{r}) = 2\boldsymbol{\omega} \tag{5.1.7}$$

称为地转涡度, 参见图 5.1.1。

故有

$$\boldsymbol{\Omega} = \boldsymbol{\Omega}_r + 2\boldsymbol{\omega} \tag{5.1.8}$$

绝对涡度在 z 坐标系中的分量式为

$$\begin{cases} \boldsymbol{\Omega}_x = \boldsymbol{\Omega}_{rx} \\ \boldsymbol{\Omega}_y = \boldsymbol{\Omega}_{ry} + 2\boldsymbol{\omega}\cos\varphi \\ \boldsymbol{\Omega}_z = \boldsymbol{\Omega}_{rz} + 2\boldsymbol{\omega}\sin\varphi \end{cases} \tag{5.1.9}$$

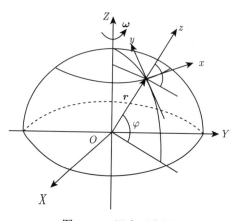

图 5.1.1 涡度示意图

5.1.2 相对涡度之垂直分量

在大气学及动力气象学中主要涉及涡度的垂直分量。现在本书来推导相对涡度之垂直分量在自然坐标系中的表达式。为方便, 令 $\xi = \boldsymbol{k} \cdot \boldsymbol{\Omega}_r = \Omega_{rz}$。涡度的垂直分量可以定义为水平面内某一点的**环流密度**。

$$\xi \equiv \lim_{\sigma \to 0} \frac{\oint_l \boldsymbol{V} \cdot \mathrm{d}l}{\sigma} \tag{5.1.10}$$

式中, σ 为水平面上以 l 为周界的面积。今取封闭曲线 l 由两相邻的流线上的线元及其间的法向线元组成。取回路方向为 $p_0p_1p_3p_2p_0$, 设 p_0 点速度为 V, $p_0p_1 = \delta s$, $p_0p_2 = \delta n$, 如图 5.1.2 所示, 于是

$$\begin{aligned} \oint_l \boldsymbol{V} \cdot \delta l &= \int_{p_0}^{p_1} \boldsymbol{V} \cdot \delta l + \int_{p_3}^{p_2} \boldsymbol{V} \cdot \delta l \\ &= V\delta s - \left[V\delta n + \frac{\partial(V\delta s)}{\partial n}\delta n \right] \\ &= -\frac{\partial(V)}{\partial n}\delta s\delta n - V\frac{\partial(\delta s)}{\partial n}\delta n \end{aligned}$$

由图 5.1.2 可知

$$-\frac{\partial(\delta s)}{\partial n} = \delta\beta$$

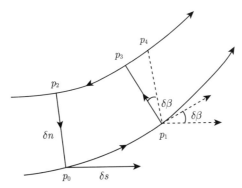

图 5.1.2　相对涡度垂直分量的变化

其中 $\delta\beta$ 是流速方向沿流线元 δs 所产生的变化,即流线的曲率 $k_s = \dfrac{\partial\beta}{\partial s}$。因此

$$\oint_l \boldsymbol{V} \cdot \delta\boldsymbol{l} = \left(-\frac{\partial V}{\partial n} + V\frac{\partial\beta}{\partial s}\right)\delta s\delta n$$

$$= \left(-\frac{\partial V}{\partial n} + k_s V\right)\delta s\delta n$$

$$\xi = \lim_{\substack{\delta n \to 0 \\ \delta s \to 0}}\frac{\oint_l \boldsymbol{V} \cdot \delta\boldsymbol{l}}{\delta s\delta n} = -\frac{\partial V}{\partial n} + k_s V$$

即

$$\xi = k_s V - \frac{\partial V}{\partial n} \tag{5.1.11}$$

沿流线垂直线的流动,$k_s = 0$,所以

$$\xi = -\frac{\partial V}{\partial n}$$

由式 (5.1.11)可知相对涡度的垂直分量由两部分组成:①沿流线流速方向的偏转 $k_s V$,称为曲率涡度;②垂直于气流方向上流速的变化率 $-\dfrac{\partial V}{\partial n}$,称为切变涡度。因此在流体的直线运动中,只要在运动的垂直方向上流速有变化,就会有涡度产生。例如在西风急流中,在最大风速之北,由于 $\dfrac{\partial V}{\partial n} < 0$,因此 $\xi = -\dfrac{\partial V}{\partial n} > 0$,即有气旋性涡度,而最大风速之南,由于 $\dfrac{\partial V}{\partial n} > 0$,$\xi < 0$,故有反气旋性涡度,见图 5.1.3 和图 5.1.4。

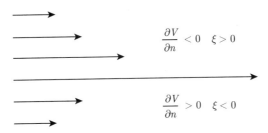

图 5.1.3　相对涡量垂直分量与切变涡度

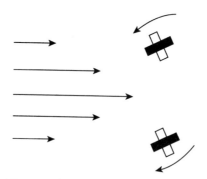

图 5.1.4 气旋性涡度与反气旋性涡度

当流线是曲线情况时，ξ 将由曲率涡度与切变涡度的总和决定，如图 5.1.5(a) 所示，曲率涡度 $k_s V > 0$，切变涡度 $-\dfrac{\partial V}{\partial n} > 0$，故得 $\xi > 0$，即气旋性涡度。而在图 5.1.5(b) 中，因为 $\dfrac{\partial V}{\partial n} > 0$，即切变涡度 $-\dfrac{\partial V}{\partial n} < 0$，而曲率涡度 $k_s V > 0$，此时 ξ 要由两者的代数和来决定，若两者大小相等，则此时涡度 $\xi = 0$。

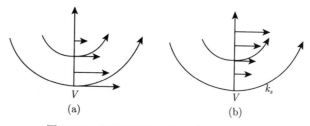

图 5.1.5 曲率涡度与切变涡度的代数关系

应注意流线曲率 k_s 之正负是这样规定的：当流线呈气旋性弯曲时，$k_s > 0$；当流线呈反气旋性弯曲时，$k_s < 0$。采用自然坐标，可以很方便地由流线图对涡度 ξ 作出定性判断，因而在天气学及动力气象学中有广泛的应用。

5.1.3　涡线

涡量场的矢量线就是涡线(图 5.1.6)。

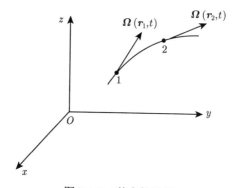

图 5.1.6 某点的涡线

在某一确定时刻,涡线上每一点的切线方向和该点之涡度矢量方向重合。与流线相类似,涡线的微分方程是

$$\frac{\mathrm{d}x}{\Omega_x(x,y,z,t)} = \frac{\mathrm{d}y}{\Omega_y(x,y,z,t)} = \frac{\mathrm{d}z}{\Omega_z(x,y,z,t)} \tag{5.1.12}$$

式中,$\Omega_x, \Omega_y, \Omega_z$ 为涡度矢量在直角坐标系中的分量,t 为参量。为了直观地理解涡线的概念,可设想在某一瞬时 t 处于某一涡线上的所有流体质点看作刚化了的小珠,这些小珠都具有供穿线用的小孔,用一根线将这些小珠连续地串联起来,使每个小珠均绕该曲线轴旋转,则这条串联小珠的曲线就形成涡线的图像,如图 5.1.7 所示。

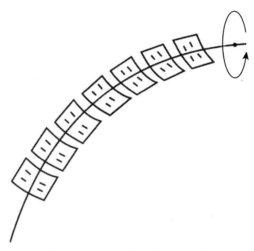

图 5.1.7 类似串联小珠的涡线

应注意这些刚性小珠只反映了流体质点的旋转方向而未涉及其转速和变形。因此,涡线给出的是某一瞬时处于其上的流体质点的瞬时转轴的连线。

5.1.4 涡面和涡管

在涡量场内取一非涡线的曲线,在同一时刻,过该曲线上每点非涡线,由这些涡线所组成的曲面即称为涡面,如图 5.1.8(a) 所示。

在涡量场内取一非涡线的封闭曲线 l,在同一时刻,过其上每点作涡线,这些涡线所组成的管状曲面称作涡管,如图 5.1.8(b) 所示。

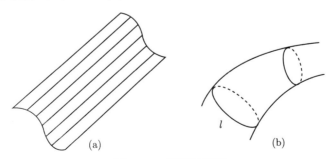

图 5.1.8 涡面与涡管

5.2 亥姆霍兹涡管定理

亥姆霍兹(Helmholtz) 涡管定理可表述为, 在某一确定时刻, 同一涡管的不同截面上的涡度通量相等。

证明: 在某一时刻, 任取一段涡管, 如图 5.2.1 所示, σ_1, σ_2 为涡管的两个任意截面, σ_3 为涡管侧面。则由涡量场是无源场的基本性质, 可得

$$\oint_\sigma \boldsymbol{\Omega} \cdot \mathrm{d}\boldsymbol{\sigma} = 0$$

$$\oint_\sigma \boldsymbol{\Omega} \cdot \mathrm{d}\boldsymbol{\sigma} = -\int_{\sigma_1} \boldsymbol{\Omega} \cdot \boldsymbol{n}_1 \mathrm{d}\sigma + \int_{\sigma_2} \boldsymbol{\Omega} \cdot \boldsymbol{n}_2 \mathrm{d}\sigma + \int_{\sigma_3} \boldsymbol{\Omega} \cdot \boldsymbol{n}_3 \mathrm{d}\sigma = 0$$

即有

$$\int_{\sigma_1} \boldsymbol{\Omega} \cdot \boldsymbol{n}_1 \mathrm{d}\sigma = \int_{\sigma_2} \boldsymbol{\Omega} \cdot \boldsymbol{n}_2 \mathrm{d}\sigma \tag{5.2.1}$$

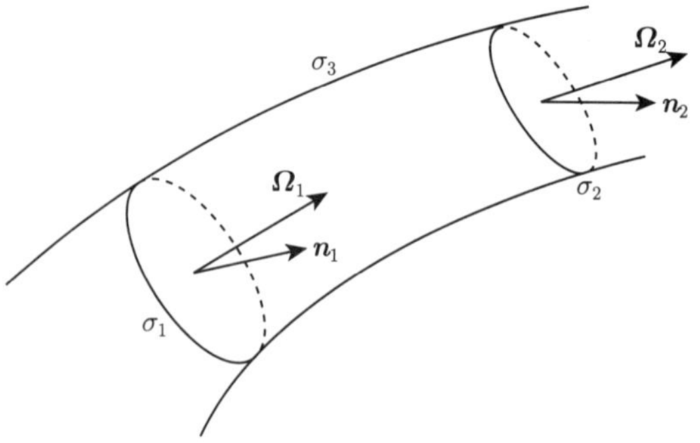

图 5.2.1 所取涡管

因截面 σ_1, σ_2 是沿涡管任意选取的, 由此可知, 在同一时刻, 沿同一涡管各截面的涡度通量不变, 即涡度通量沿涡管守恒。

既然涡度通量对涡管的每一截面都相等, 因此它是涡管的特征量, 称为涡管强度, 用以表征涡管内涡旋的强弱, 上述定理亦可称为亥姆霍兹涡强守恒定理。截面无限小的涡管称为涡管元或涡索。对涡管元而言, 由式 (5.2.1) 可得

$$\boldsymbol{\Omega}_1 \sigma_1 = \boldsymbol{\Omega}_2 \sigma_2 \tag{5.2.2}$$

式中, $\boldsymbol{\Omega}_1, \boldsymbol{\Omega}_2$ 为 σ_1 及 σ_2 上的涡度矢量, 且设 $\boldsymbol{\Omega}_1 \parallel \boldsymbol{n}_1$, $\boldsymbol{\Omega}_2 \parallel \boldsymbol{n}_2$。因此可知, 对于同一涡管元来说, 截面积越小的地方, 流体质点旋转的角速度越大。

具有涡管强度为一个单位的涡管称为单位涡管。在流体中任取一曲面 σ, 将 σ 分成 $\sigma_i(i = 1, 2, 3, \cdots, N)$ 等 N 块 (图 5.2.2), 在每一分块上组成一个涡管, 并使每一涡管具有的涡强为一个单位。即

$$\left| \int_{\sigma_i} \boldsymbol{\Omega} \cdot \mathrm{d}\boldsymbol{\sigma} \right| = 1 \quad (i = 1, 2, 3, \cdots, N) \tag{5.2.3}$$

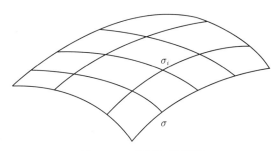

图 5.2.2　曲面上的涡管

如各块面积 σ_i 上的涡度矢沿正法向 $\boldsymbol{n}_i$ 的分量为正,即 $\boldsymbol{\Omega}_{\boldsymbol{n}_i} = \boldsymbol{\Omega}\cos(\boldsymbol{\Omega}, \boldsymbol{n}_i) > 0$ 时,则该涡管称为外出单位涡管。反之,如 $\boldsymbol{\Omega}_{\boldsymbol{n}_i} = \boldsymbol{\Omega}\cos(\boldsymbol{\Omega}, \boldsymbol{n}_i) < 0$ 时,则称为内进单位涡管。因此以曲面 σ 为截面之涡管强度可表示为

$$\int_\sigma \boldsymbol{\Omega}\cdot \mathrm{d}\boldsymbol{\sigma} = \sum_{i=1}^N \int_{\sigma_i} \boldsymbol{\Omega}\cdot \mathrm{d}\boldsymbol{\sigma} = 外出和内进单位涡管数的差 \equiv N_1 - N_2$$

式中,N_1, N_2 分别为穿过曲面 σ 的外出、内进单位涡管数。若 σ 为任意封闭曲面,则有

$$\oint_\sigma \boldsymbol{\Omega}\cdot \mathrm{d}\boldsymbol{\sigma} = \sum_{i=1}^N \int_{\sigma_i} \boldsymbol{\Omega}\cdot \mathrm{d}\boldsymbol{\sigma} = N_1 - N_2 = 0$$

或

$$N_1 = N_2$$

即穿过任意闭曲面 σ 的外出单位涡管数等于内进单位涡管数。

$$\left|\oint_\sigma \boldsymbol{\Omega}\cdot \mathrm{d}\boldsymbol{\sigma}\right| = 1$$

$$\oint_\sigma \boldsymbol{\Omega}\cdot \mathrm{d}\boldsymbol{\sigma} = \begin{cases} +1, & 外出单位涡管 \\ -1, & 内进单位涡管 \end{cases}$$

由此可知涡管不能起始于也不能终止于流体内,而只能在流体的边界面处开始或终止,或者在流体内形成环形或者伸展到无穷远处,参见图 5.2.3。

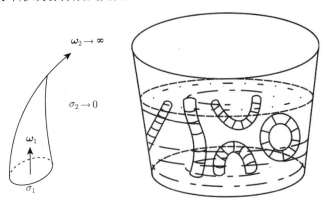

图 5.2.3　涡管及其形象表现

根据斯托克斯公式, 速度环流 $\Gamma = \oint_l \boldsymbol{V} \cdot \mathrm{d}\boldsymbol{l}$ 与涡度通量 $\int_\sigma \boldsymbol{\Omega} \cdot \mathrm{d}\boldsymbol{\sigma}$ 借下式联系起来:

$$\Gamma = \oint_l \boldsymbol{V} \cdot \mathrm{d}\boldsymbol{l} = \oint_\sigma (\nabla \times \boldsymbol{V})\mathrm{d}\boldsymbol{\sigma} \tag{5.2.4}$$

$$\oint_{l_1} \boldsymbol{V} \cdot \mathrm{d}\boldsymbol{l} = \oint_{l_2} \boldsymbol{V} \cdot \mathrm{d}\boldsymbol{l} \tag{5.2.5}$$

式中, σ 是以 l 为周界的任意曲面, 即沿任意闭曲线 l 的速度环流等于以该曲线 l 为周界的任意曲面的涡度通量。因此可从涡强守恒定理 (详见 5.4 节) 得出下述推论: 在同一涡管上绕涡管的任意封闭曲线的速度环流相等。应注意, 涡强守恒定理是就同一时刻而言的, 而完全未涉及涡强如何随时间变化的问题。另外, 从上述定理的推证过程可知, 它是涡量场无源性的直接结果, 而对流体性质未作任何限制, 因此该定理对理想流体或真实流体、可压缩流体或不可压缩流体均适用。

5.3　开尔文环流定理

5.3.1　速度环流

在某一时刻, 在流场内任取一封闭曲线 l, 速度环流定义为

$$\Gamma = \oint_l \boldsymbol{V} \cdot \mathrm{d}\boldsymbol{r} \tag{5.3.1}$$

式中, $\mathrm{d}\boldsymbol{r}$ 为 l 上的弧元素, $\boldsymbol{V}$ 为 $\mathrm{d}\boldsymbol{r}$ 上的速度矢量, 见图 5.3.1。

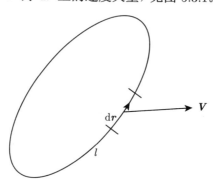

图 5.3.1　封闭曲线上的速度矢量

速度环流 Γ 简称环流。它描述了流体质点沿封闭曲线 l 的运动趋势。如环流 $\Gamma > 0$, 则表示流体质点有沿所取封闭曲线方向的运动趋势。反之亦然。应注意这里的封闭曲线 l 应理解为物质封闭曲线, 即由该时刻处于 l 上的流体质点所构成的封闭曲线。在流体运动过程中, 该物质封闭曲线可发生移动及变形。环流 Γ 描述的是流场的积分性质, 它表示的是该时刻封闭曲线 l 上所有流体质点沿该封闭曲线方向运动的总趋势。环流 Γ 的值须由速度场的分布以及封闭曲线 l 的大小、形状、位置、方向来决定。

根据速度环流与涡度通量之间的关系式 (5.2.4), 速度环流 Γ 与涡度通量均可用来描述涡旋强度。在许多情况下用速度环流来研究涡旋运动更为方便, 因此在流体力学、动力气象学中常采用。

5.3.2 环流定理

由于流场的非定常性，以及流体封闭曲线 l 的移动和变形，沿流体封闭曲线 l 的速度环流又将随时间而变化。环流定理给出了环流随时间的变化规律。

1. 运动学形式的环流定理

沿某一封闭流体线的速度环流的随体变化率等于对该封闭流体线的加速度环流。即

$$\frac{\mathrm{d}}{\mathrm{d}t}\oint_l \boldsymbol{V}\cdot\delta\boldsymbol{r} = \oint_l \frac{\mathrm{d}\boldsymbol{V}}{\mathrm{d}t}\cdot\delta\boldsymbol{r} \tag{5.3.2}$$

证明：t 时刻在封闭流体线上取一线元 $\delta\boldsymbol{r}$。在 $t+\mathrm{d}t$ 时刻封闭流体线上相应的线元变成 $\delta\boldsymbol{r}+\mathrm{d}(\delta\boldsymbol{r})$ (注意：这里用符号 "δ" 表示对空间的微分，而用符号 "d" 表示随体微分)。其间的关系如图 5.3.2 所示。因为

$$\boldsymbol{V}\mathrm{d}t + \delta\boldsymbol{r} + \mathrm{d}(\delta\boldsymbol{r}) = \delta\boldsymbol{r} + (\boldsymbol{V}+\delta\boldsymbol{V})\mathrm{d}t$$

即

$$\frac{\mathrm{d}(\delta\boldsymbol{r})}{\mathrm{d}t} = \delta\boldsymbol{V}$$

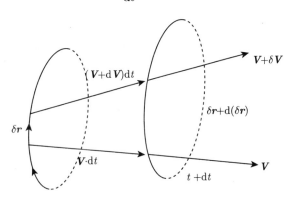

图 5.3.2　无限小时间内封闭流线上线元的变化

所以速度环流 $\varGamma$ 的随体变化率可以写为

$$\frac{\mathrm{d}}{\mathrm{d}t}\oint_l \boldsymbol{V}\cdot\delta\boldsymbol{r} = \oint_l \left(\frac{\mathrm{d}\boldsymbol{V}}{\mathrm{d}t}\cdot\delta\boldsymbol{r} + \boldsymbol{V}\cdot\frac{\delta\boldsymbol{r}}{\mathrm{d}t}\right)$$

$$= \oint_l \frac{\mathrm{d}\boldsymbol{V}}{\mathrm{d}t}\cdot\delta\boldsymbol{r} + \oint_l \boldsymbol{V}\cdot\delta\boldsymbol{V}$$

$$= \oint_l \frac{\mathrm{d}\boldsymbol{V}}{\mathrm{d}t}\cdot\delta\boldsymbol{r} + \oint_l \delta\left(\frac{\boldsymbol{V}^2}{2}\right)$$

$$= \oint_l \frac{\mathrm{d}\boldsymbol{V}}{\mathrm{d}t}\cdot\delta\boldsymbol{r}$$

其中考虑

$$\oint_l \delta\left(\frac{\boldsymbol{V}^2}{2}\right) = 0$$

于是定理得证。

2. 动力学形式的环流定理

1) 绝对环流定理

已知 N-S 方程为

$$\frac{\mathrm{d}\boldsymbol{V}}{\mathrm{d}t} = \boldsymbol{F} - \frac{1}{\rho}\nabla p + \frac{1}{3}\nu\nabla(\nabla\cdot\boldsymbol{V}) + \nu\nabla^2\boldsymbol{V}$$

即

$$\frac{\mathrm{d}\boldsymbol{V}}{\mathrm{d}t} = \boldsymbol{F} - \frac{1}{\rho}\nabla p + \frac{1}{3}\nu\nabla(\nabla\cdot\boldsymbol{V}) - \nu\nabla\times\boldsymbol{\Omega} + \nu\nabla(\nabla\cdot\boldsymbol{V}) \tag{5.3.3}$$

将上式代入式 (5.3.2) 得

$$\frac{\mathrm{d}}{\mathrm{d}t}\oint_l \boldsymbol{V}\cdot\delta\boldsymbol{r} = \oint_l \boldsymbol{F}\cdot\delta\boldsymbol{r} - \oint_l \frac{1}{\rho}\nabla p\cdot\delta\boldsymbol{r} - \nu\oint_l (\nabla\times\boldsymbol{\Omega})\cdot\delta\boldsymbol{r} \tag{5.3.4}$$

式 (5.3.4) 是绝对环流定理, 它表明沿封闭流体线绝对速度环流的随体变化率由作用于流体上的外体力 $\boldsymbol{F}$、压力梯度力 $-\frac{1}{\rho}\nabla p$ 及黏性力 $-\nu\nabla\times\boldsymbol{\Omega}$ 沿该封闭流体线的环流元代数和决定。由此可知, 非位势力、流体的斜压性及黏性是引起环流变化的三种因素。

2) 相对环流定理

考虑到地球自转效应, 相对加速度 $\dfrac{\mathrm{d}\boldsymbol{V}_r}{\mathrm{d}t}$ 由下式给出:

$$\frac{\mathrm{d}\boldsymbol{V}_r}{\mathrm{d}t} = \frac{\mathrm{d}\boldsymbol{V}}{\mathrm{d}t} - 2(\boldsymbol{\omega}\times\boldsymbol{V}_r) + \boldsymbol{R}\omega^2 \tag{5.3.5}$$

根据式 (5.3.2) 相对速度 $\boldsymbol{V}_r$ 沿封闭流体线环流的随体变化率应为

$$\frac{\mathrm{d}}{\mathrm{d}t}\oint_l \boldsymbol{V}\cdot\delta\boldsymbol{r} = \oint_l \frac{\mathrm{d}\boldsymbol{V}_r}{\mathrm{d}t}\cdot\delta\boldsymbol{r}$$
$$= \oint_l \boldsymbol{F}\cdot\delta\boldsymbol{r} - \oint_l \frac{1}{\rho}\nabla p\cdot\delta\boldsymbol{r} - \nu\oint_l (\nabla\times\boldsymbol{\Omega})\cdot\delta\boldsymbol{r} + \oint_l \omega^2\boldsymbol{R}\cdot\delta\boldsymbol{r} - \oint_l 2(\boldsymbol{\omega}\times\boldsymbol{V}_r)\cdot\delta\boldsymbol{r} \tag{5.3.6}$$

其中

$$\oint_l \omega^2\boldsymbol{R}\cdot\delta\boldsymbol{r} = \oint_l \nabla\left(\frac{\omega^2 R^2}{2}\right)\cdot\delta\boldsymbol{r} = \oint_l \delta\left(\frac{\omega^2 R^2}{2}\right) = 0$$

因此上式可改写为

$$\frac{\mathrm{d}}{\mathrm{d}t}\oint_l \boldsymbol{V}\cdot\delta\boldsymbol{r} = \oint_l \frac{\mathrm{d}\boldsymbol{V}_r}{\mathrm{d}t}\cdot\delta\boldsymbol{r}$$
$$= \oint_l \boldsymbol{F}\cdot\delta\boldsymbol{r} - \oint_l \frac{1}{\rho}\nabla p\cdot\delta\boldsymbol{r} - \nu\oint_l (\nabla\times\boldsymbol{\Omega})\cdot\delta\boldsymbol{r} - \oint_l 2(\boldsymbol{\omega}\times\boldsymbol{V}_r)\cdot\delta\boldsymbol{r} \tag{5.3.7}$$

式 (5.3.7) 就是相对环流定理。它指出, 相对速度 $\boldsymbol{V}_r$ 沿封闭流体线环流的随体变化率由作用于流体的外体力 $\boldsymbol{F}$、压力梯度 $-\frac{1}{\rho}\nabla p$、黏性力 $-\nu\nabla\times\boldsymbol{\Omega}$ 及地转偏向力 $-(\boldsymbol{\omega}\times\boldsymbol{V}_r)$ 沿该封闭流体线的环流之代数和决定。

应注意对地球大气的运动而言，式 (5.3.4) 及式 (5.3.7) 中的外体力 $\boldsymbol{F}$ 就是地球的万有引力 $\boldsymbol{g}_{\mathrm{a}}$，因而有

$$\oint_l \boldsymbol{F} \cdot \delta \boldsymbol{r} = \oint_l \boldsymbol{g}_{\mathrm{a}} \cdot \delta \boldsymbol{r} = \oint \frac{GM}{r^2} \frac{\boldsymbol{r}}{r} \cdot \delta \boldsymbol{r} = \oint \frac{GM}{r^2} \cdot \delta r = 0 \qquad (5.3.8)$$

所以

$$\frac{\mathrm{d}}{\mathrm{d}t} \oint_l \boldsymbol{V} \cdot \delta \boldsymbol{r} = -\oint_l \frac{1}{\rho} \nabla p \cdot \delta \boldsymbol{r} - \nu \oint_l (\nabla \times \boldsymbol{\Omega}) \cdot \delta \boldsymbol{r} - \oint_l 2(\boldsymbol{\omega} \times \boldsymbol{V}_r) \cdot \delta \boldsymbol{r} \qquad (5.3.9)$$

环流定理的主要意义在于它把环流概念引入运动方程，它是由运动方程导出的关系，形式简单，且其中的一些量较易直接量度。环流定理给出了环流随时间变化的普遍规律。它的研究对象是组成封闭流体线的一群流体质点。大气动力学中有许多问题，如果以个别流体质点作为研究对象，将使问题的处理十分困难，若以一群大气质点作为研究对象，问题往往便于处理。例如，大气中的一些运动系统如台风、气旋、地方性风等问题的研究，常将这些系统看作一个整体来处理，在这类问题的研究中环流定理有着广泛的应用。

5.4　涡旋守恒定理

5.4.1　流体的正压性和斜压性

可压缩流体可分为正压流体与斜压流体两类。

1. 正压流体

在某一确定时刻，在一定的条件下，流体的压力 p 和密度 ρ 可以仅是高度的函数，即 $p = p(z)$，$\rho = \rho(z)$，也就是说密度 ρ 仅为压力 p 的函数，即

$$\rho = \rho(p) \qquad (5.4.1)$$

此时等压面 $p = c$ 与等比热容面

$$\alpha = \frac{1}{\rho} = c'$$

相重合，如图 5.4.1 所示，处于这种状态的流体就称为**正压流体**。可以证明对正压流体有

$$\frac{1}{\rho} \nabla p = \nabla \int \frac{\mathrm{d}p}{\rho(p)} = \nabla H \qquad (5.4.2)$$

其中

$$H = \int \frac{\mathrm{d}p}{\rho(p)} \qquad (5.4.3)$$

称为压力函数。

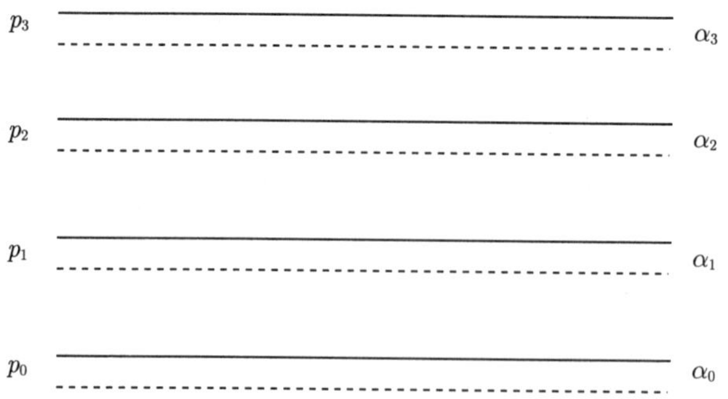

p_3
α_3
p_2
α_2
p_1
α_1
p_0
α_0

图 5.4.1 正压流体中等压面和等比热容面

2. 斜压流体

一般情况下，流体的密度 ρ 不仅与压力 p 有关，而且与其他参数例如温度、湿度等有关。即

$$\rho=\rho(T,p,q) \tag{5.4.4}$$

此时流体的等压面与等比热容面不再重合，而是互相交叉形成等压面-等比热容面网络管，即所谓压容力管，如图 5.4.2 所示，处于这种状态的流体称为**斜压流体**。

p_3
p_2
p_1
α_3
α_2
α_1

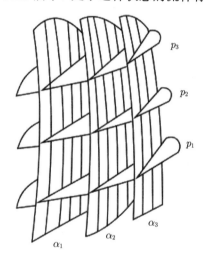

图 5.4.2 斜压流体中等压面-等比热容面网络管

5.4.2 开尔文环流守恒定理

本书考虑理想正压流体在质量力有势条件下的流动。由于流体是理想的，因此黏性力等于零，导致速度环流发生变化的黏性力因素不存在。再者，对正压流体有

$$\frac{1}{\rho}\nabla p=\nabla\int\frac{\mathrm{d}p}{\rho}=\nabla H$$

因此

$$\oint_l\frac{1}{\rho}\nabla p\cdot\delta\boldsymbol{r}=\oint_l\nabla H\cdot\delta\boldsymbol{r}=\oint_l\delta H=0 \tag{5.4.5}$$

就是说正压流体不会引起速度环流的变化. 对于有势质量力, $\boldsymbol{f} = -\nabla\Pi$, 故有

$$\oint_l \boldsymbol{f} \cdot \delta\boldsymbol{r} = -\oint_l \nabla\Pi \cdot \delta\boldsymbol{r} = -\oint_l \delta\Pi = 0 \tag{5.4.6}$$

即有势力不会引起速度环流的变化.

将上述结果代入式 (5.3.6) 得

$$\frac{\mathrm{d}}{\mathrm{d}t} \oint_l \boldsymbol{V} \cdot \delta\boldsymbol{r} = 0 \tag{5.4.7}$$

或

$$\Gamma = \oint_l \boldsymbol{V} \cdot \delta\boldsymbol{r} = c \tag{5.4.8}$$

即沿任一封闭流体线的速度环流不随时间变化. 于是得到环流守恒定理: **在质量力有势条件下, 理想正压流体流动中, 沿任一封闭流体线的速度环流在运动过程中守恒.**

5.4.3　拉格朗日涡旋守恒定理

拉格朗日涡旋守恒定理可表述如下:

在质量力有势条件下, 理想、正压流体的流动中, 若在某一时刻某一部分流体内没有涡旋, 则在该时刻以前及以后的时间内, 该部分流体内也不会有涡旋. 反之, 若某一时刻该部分流体内有涡旋, 则在此时刻以前及以后的时间内这部分流体皆为有旋.

证明: 取某一时刻为初始时刻 t_0, 由条件知, 该时刻在所考虑的那部分流体中, 运动无旋, 即在这部分流体中有

$$\boldsymbol{\Omega} = 0$$

应用斯托克斯定理于环流表示式, 得到

$$\Gamma = \oint_l \boldsymbol{V} \cdot \delta\boldsymbol{r} = \oint_\sigma \boldsymbol{\Omega} \cdot \delta\boldsymbol{\sigma} = 0 \tag{5.4.9}$$

设在 t_0 以前或以后任一时刻 t, 组成上述封闭曲线 l 的流体质点组成了新的封闭曲线 l', 与其相应的速度环流为

$$\Gamma' = \oint_{l'} \boldsymbol{V} \cdot \delta\boldsymbol{r}$$

由开尔文环流守恒定理可知

$$\Gamma' = \Gamma$$

即

$$\Gamma = \oint_{l'} \boldsymbol{V} \cdot \delta\boldsymbol{r} = \oint_{\sigma'} \boldsymbol{\Omega} \cdot \delta\boldsymbol{\sigma} = 0 \tag{5.4.10}$$

由于 σ' 是任意选取的, 故得

$$\boldsymbol{\Omega} = 0$$

于是证明了在以前或以后任一时刻该部分流体内永远没有涡旋.

现在用反证法来证明定理的后一部分. 设在初始时刻以前或以后的某一时刻, 该部分流体无旋, 则由环流守恒定理可以推得, 在任一时刻特别在初始时刻流体内无旋, 这一结论与初始时刻流体有旋的假定相抵, 由此定理得证.

涡旋守恒定理说明了在理想、正压、质量力有势的条件下，无旋则永远无旋，有旋则永远有旋。也就是说运动的涡旋性是守恒的或保持的。上述三个条件中任一条件如受到破坏均将导致涡旋守恒性也受到破坏。

5.4.4　亥姆霍兹涡线保持定理

亥姆霍兹涡线保持定理可表述为理想、正压流体在有势力的作用下，在某一时刻构成涡面、涡管或涡线的流体质点，在运动的整个时间内，仍将构成涡面、涡管或涡线。

首先证明涡面的保持性。设在初始时刻流体涡面 $\sum_0$ 上，任取一封闭曲线 l_0。如图 5.4.3 所示，则对环流表示式应用斯托克斯定理，并考虑到在涡面上有

$$\oint_{l_0} \boldsymbol{V} \cdot \delta \boldsymbol{r} = \oint_{\sigma_0} \boldsymbol{\Omega} \cdot \delta \boldsymbol{\sigma} = 0 \tag{5.4.11}$$

在任一时刻 t 构成涡面 $\sum_0$ 的流体质点移到新的位置并组成新的曲面 $\sum$，而原来在 $\sum_0$ 上组成 l_0 的流体质点则移到曲面 $\sum$ 上的封闭曲线 l 上。因流体为理想、正压、质量力有势，根据开尔文环流守恒定理就得到

$$\oint_{l} \boldsymbol{V} \cdot \delta \boldsymbol{r} = \oint_{l_0} \boldsymbol{V} \cdot \delta \boldsymbol{r} = 0$$

而

$$\int_{\sigma} \boldsymbol{\Omega} \cdot \delta \boldsymbol{\sigma} = \oint_{l} \boldsymbol{V} \cdot \delta \boldsymbol{r} = 0$$

由于 σ 之任意性，故知在 σ 上有 $\Omega_n = 0$，即 $\sum$ 仍为涡面。这样就证明了涡面的保持性。对于涡管是涡面的特殊情况，上面所证涡面的保持性当然适用于涡管。

为证明涡线的保持性，在初始时刻，任取一涡线 l_0，过 l_0 作两个相交的涡面 $\sum_{10}$ 及 $\sum_{20}$，如图 5.4.4 所示，在任一时刻 t，原来组成涡面 $\sum_{10}$ 及 $\sum_{20}$ 的流体质点将构成涡面 $\sum_1$ 及 $\sum_2$ 且原来组成 l_0 线的流体质点应构成曲线 l，由于 l 仍是涡面 $\sum_1$ 及 $\sum_2$ 之交线，故知 l 亦为一涡线。因此涡线的保持性得证。

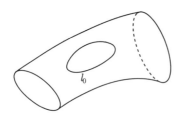

图 5.4.3　流体涡面上封闭曲线图

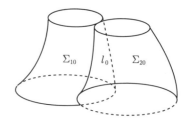

图 5.4.4　涡线上两相交涡面

5.4.5　亥姆霍兹涡管强度守恒定理

亥姆霍兹涡管强度守恒定理：理想、正压流体在有势力作用下，任一涡管的强度在运动过程中守恒。

证明：根据斯托克斯定理，沿涡管侧面上围绕涡管的周线 l 的速度环流，就等于该涡管的强度，即

$$\oint_l \boldsymbol{V} \cdot \delta \boldsymbol{r} = \oint_\sigma \boldsymbol{\Omega} \cdot \delta \boldsymbol{\sigma} \tag{5.4.12}$$

由于此定理所讨论的流体性质符合开尔文环流守恒定理的条件，故此流体的速度环流在运动过程中守恒，即

$$\frac{\mathrm{d}p}{\mathrm{d}t} = 0$$

所以

$$\frac{\mathrm{d}}{\mathrm{d}t} \oint_l \boldsymbol{V} \cdot \delta \boldsymbol{r} = 0 \tag{5.4.13}$$

代入式 (5.4.12) 得

$$\frac{\mathrm{d}}{\mathrm{d}t} \oint_\sigma \boldsymbol{\Omega} \cdot \delta \boldsymbol{\sigma} = 0 \tag{5.4.14}$$

因此定理得证。

综上所述可知，各涡旋守恒定理只有在理想、正压、质量力有势三个条件同时满足的前提下才能成立。因此流体的黏性、斜压性，以及非位势力的存在就成为流体中涡旋产生、变化或消失的三大因素。只要这三个因素中有一个存在，流体中涡旋就会发生变化。

5.5 涡 度 定 理

利用开尔文环流守恒定理可以很方便地得到大气动力学中应用很广的涡度定理。

5.5.1 绝对涡度定理

在地球大气的水平气流中任取一水平的面元 $\delta \sigma_z$，其下标 z 表示面元之正法向为 z 轴正向，即沿垂直方向指向天顶，设沿该面元周线的绝对速度环流为 $\delta \Gamma$，则有

$$\delta \Gamma = \zeta \delta \sigma_z \tag{5.5.1}$$

式中，ζ 为绝对涡度之垂直分量。由于地球大气的水平气流可近似地作为正压流体处理，若不计摩擦，则可将水平气流作为理想、正压流体在有势质量力——万有引力作用下的流动。因而根据环流守恒定理知，在水平气流中应有

$$\frac{\mathrm{d}}{\mathrm{d}t}(\delta \Gamma) = 0$$

即

$$\frac{\mathrm{d}}{\mathrm{d}t}(\zeta \delta \sigma_z) = 0$$

或

$$\frac{1}{\zeta}\frac{\mathrm{d}\zeta}{\mathrm{d}t} + \frac{1}{\delta \sigma_z}\frac{\mathrm{d}(\delta \sigma_z)}{\mathrm{d}t} = 0 \tag{5.5.2}$$

其中

$$\frac{1}{\delta \sigma_z}\frac{\mathrm{d}(\delta \sigma_z)}{\mathrm{d}t} \equiv \nabla_h \cdot \boldsymbol{V} = \frac{\partial u}{\partial x} + \frac{\partial v}{\partial y} \tag{5.5.3}$$

为水平速度散度, 代入式 (5.5.2) 得

$$\frac{\mathrm{d}\zeta}{\mathrm{d}t} = -\zeta \nabla_h \cdot \boldsymbol{V} \tag{5.5.4}$$

式 (5.5.4) 就是绝对涡度定理的数学表达式。绝对涡度定理可简述为：绝对涡度垂直分量的随体变化率由绝对涡度之垂直分量与水平速度散度的乘积决定。

5.5.2 相对涡度定理

由于绝对涡度垂直分量与相对涡度垂直分量间满足下列关系式：

$$\zeta = \zeta_r + f \tag{5.5.5}$$

其中

$$f = 2\omega \sin \varphi \tag{5.5.6}$$

式中, φ 为所在地点的纬度。将上述关系代入式 (5.5.4), 得

$$\frac{\mathrm{d}}{\mathrm{d}t}(\zeta_r + f) = -(\zeta_r + f)\nabla_h \cdot \boldsymbol{V} \tag{5.5.7}$$

由于在 z 坐标系中, $\varphi = \varphi(y)$ 与 x, z 坐标无关, 且 $\delta y = R\delta\varphi$, 其中 R 为地球半径 (图 5.5.1)。因此有

$$\frac{\mathrm{d}f}{\mathrm{d}t} = 2\omega \cos \varphi \frac{\mathrm{d}\varphi}{\mathrm{d}t}$$

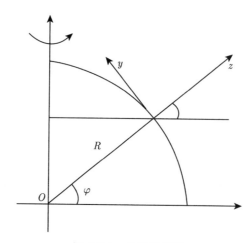

图 5.5.1 地球坐标系

而

$$\frac{\mathrm{d}\varphi}{\mathrm{d}t} = v\frac{\partial \varphi}{\partial y} = v\frac{\partial \varphi}{R\partial \varphi} = \frac{v}{R}$$

即

$$\frac{\mathrm{d}f}{\mathrm{d}t} = 2\omega \cos \varphi \frac{v}{R} = \beta v \tag{5.5.8}$$

其中

$$\beta = 2\omega \cos \varphi / R \tag{5.5.9}$$

称为罗斯贝 (Rossby) 参数(Ro 数)。将式 (5.5.8) 代入式 (5.5.7) 得

$$\frac{\mathrm{d}\zeta_r}{\mathrm{d}t} = -\beta v - (\zeta_r + f)\nabla_h \cdot \boldsymbol{V} \tag{5.5.10}$$

就是相对涡度定理,也就是水平面上的涡度方程。在研究流型时有广泛的应用。

5.5.3　绝对涡度守恒定理

对于无水平辐散的水平气流,绝对涡度垂直分量在运动过程中守恒。以 $\nabla_h \cdot \boldsymbol{V} = 0$ 的条件代入式 (5.5.4) 中,得到

$$\frac{\mathrm{d}\zeta}{\mathrm{d}t} = \frac{\mathrm{d}}{\mathrm{d}t}(\zeta_r + f) = 0 \tag{5.5.11}$$

即

$$\zeta = c$$

或

$$\frac{\mathrm{d}\zeta_r}{\mathrm{d}t} = -\frac{\mathrm{d}f}{\mathrm{d}t} = -\beta v \tag{5.5.12}$$

由式 (5.5.12) 可知,当大气质块由南向北运动时,绝对涡度守恒要求其地转涡度的增加值正好等于其相对涡度的减少值。即 $\frac{\mathrm{d}\zeta_r}{\mathrm{d}t} = -\beta v < 0$。此时空气质块将逐渐获得反气旋性涡度,因而使空气质块的运动轨迹越来越呈现反气旋性的弯曲。

5.6　皮叶克尼斯定理

本节讨论由于流体的斜压性而产生涡旋的情况。

5.6.1　皮叶克尼斯定理的推导

本书考虑理想、斜压流体在有势质量力作用下的流动。此时式 (5.3.4) 可写为

$$\frac{\mathrm{d}\Gamma}{\mathrm{d}t} = -\oint_l \frac{1}{\rho}\nabla p \cdot \delta\boldsymbol{r} = -\oint_l \alpha \cdot \delta p \tag{5.6.1}$$

对斜压性流体,其等压面与等比热容面形成压容力管。今取各等压面的 p 值依次各相差一个单位,并取各等比热容面的 α 值依次亦各相差一个单位。这样,等压面与等比热容面所构成的压容力管称为单位压容力管。今计算沿任一单位压容力管的周线 l_1 的积分 $-\oint_{l_1} \alpha \cdot \delta p$,周线 l_1 为如图 5.6.1 所示的回路,方向为 $ABCDA$,得

$$-\oint_{l_1} \alpha \cdot \delta p = -\int_{AB} \alpha\delta p - \int_{BC} \alpha\delta p - \int_{CD} \alpha\delta p - \int_{DA} \alpha\delta p$$

其中

$$\int_{AB} \alpha\delta p = \int_{CD} \alpha\delta p = 0$$

$$-\int_{BC} \alpha\delta p = -(\alpha_i + 1)(p_{i-1} - p_i) = \alpha_i + 1$$

$$-\int_{DA} \alpha \delta p = -\alpha_i(p_i - p_{i+1}) = -\alpha_i$$

所以

$$-\oint_{l_1} \alpha \delta p = 1$$

称回路 l_1 对应的力管为正压力单位压容力管。此时回路 l_1 的方向与矢量 $\nabla\alpha \times (-\nabla p)$ 的方向成右螺旋关系。

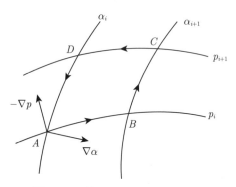

图 5.6.1　单位压容力管中的涡旋

若取另一回路 l_1', 取其回路方向为如图 5.6.1 所示的 $ADCBA$, 类似可得

$$-\int_{l_1'} \alpha \delta p = -1$$

则称回路 l_1' 所对应的力管为负单位压容力管, 此时回路 l_i' 的方向与矢量 $\nabla\alpha \times (-\nabla p)$ 的方向成左螺旋关系。于是式中的积分 $-\oint_l \alpha \delta p$ 可以表示为

$$-\oint_l \alpha \delta p = \sum_{i=1}^{N} \left(-\oint_{l_i} \alpha \delta p \right) = N_1 - N_2 \equiv N_{\alpha-p}$$

式中, N_1 表示周线 l 内所包含的正单位力管数, N_2 表示周线 l 内所包含的负单位力管数, 将上述结果代入式 (5.6.1) 得

$$\frac{\mathrm{d}\Gamma}{\mathrm{d}t} = -\frac{\mathrm{d}}{\mathrm{d}t}\oint_l \boldsymbol{V} \cdot \delta \boldsymbol{r} = N_1 - N_2 \equiv N_{\alpha-p} \tag{5.6.3}$$

式 (5.6.3) 即为**皮叶克尼斯**(Bjerknes) 定理的数学表示式。皮叶克尼斯定理可叙述如下:

理想斜压流体在有势力作用下的流动中, 沿任意封闭流体线的速度环流之随体变化率等于该封闭流体线所包围的正、负单位压容力管数目之差。

5.6.2　力管强度

由该定理可知, 流体斜压性将产生附加的环流。流体的斜压性越强则产生的附加环流越强, 为表征流体斜压性的强弱, 引入一个叫做**力管强度**的物理量, 由下式定义:

$$\boldsymbol{n}_{\alpha-p} = \nabla\alpha \times (-\nabla p)$$

实际上皮叶克尼斯定理, 即式 (5.6.3) 根据斯托克斯公式可改写为

$$\frac{\mathrm{d}\Gamma}{\mathrm{d}t} = -\oint_l \alpha\nabla p \cdot \delta\boldsymbol{r}$$

$$= -\int_\sigma \nabla\times(\alpha\nabla p)\cdot\mathrm{d}\boldsymbol{\sigma}$$

$$= \int_\sigma [\nabla\alpha\times(-\nabla p)]\cdot\mathrm{d}\boldsymbol{\sigma}$$

即

$$\frac{\mathrm{d}\Gamma}{\mathrm{d}t} = \int_\sigma [\nabla\alpha\times(-\nabla p)]\cdot\mathrm{d}\boldsymbol{\sigma} = \int_\sigma \boldsymbol{n}_{\alpha-p}\cdot\mathrm{d}\boldsymbol{\sigma} = N_{\alpha-p} \tag{5.6.4}$$

式中, σ 为以 l 为周界的任意面积, 且 l 的方向与 σ 的方向成右螺旋关系, 由此可知

$$|N_{\alpha-p}| \equiv |\nabla\alpha\times(-\nabla p)| = \frac{-\oint_l \alpha\nabla p\cdot\delta\boldsymbol{r}}{\sigma} = \frac{N_{\alpha-\boldsymbol{p}}}{\sigma} \tag{5.6.5}$$

即力管强度之值等于单位面积上的正、负单位压容力管数目之差。可知压力梯度越大, 比热容梯度越大, 等压面与等比热容面之交角越接近 $90°$, 则流体斜压性越强, 也就是说力管强度的大小表征了流体斜压性的强弱。而因流体斜压性所产生的附加环流的方向则与 $\boldsymbol{n}_{\alpha-p}$ 成右螺旋关系。

　　注意压容力管是一空间现象, 在不同的截面上可以有不同的力管强度, 当截面为与力管垂直之正截面时, 力管强度最大。当截面与等压面或等比热容面相平行时, 则力管强度等于零。例如, 由于大气中等压面与水平面间的坡度很小, 因而在水平面内力管数很少。水平面上的力管数与垂直剖面上的力管数比较, 则可略去不计, 而水平气流可近似地作为正压流体处理。实际上, 锋区以及一般大气的斜压性主要表现在垂直剖面内形成密集的力管。

5.6.3　应用

　　利用皮叶克尼斯定理可以解释地球大气运动中的信风、海陆风以及山谷风等的形成。

1. 信风

将地球大气视为理想的完全气体, 因而满足理想气体状态方程

$$p\alpha = RT$$

式中, R 为气体常数。大气的等压面可近似地看作与地面平行。因太阳照射得不均匀, 同一高度处, 赤道比极地温度高, 沿等压面比热容 α 由极地向赤道逐渐增加。其次在同一地点高度越大, 大气越稀薄, 即比热容越大, 即随高度增加比热容亦逐渐增加。因此在垂直剖面内形成如图 5.6.2 所示之压容力管。也就是产生了如图中箭头所示的附加环流。即近地面层的空气从北极地区向南流动, 在赤道受热上升并在高空流向北极地区, 在该处下沉。这一环流就是信风环流, 也就是近地面层有自北向南的信风, 而高空则相反, 出现由南向北的反信风。

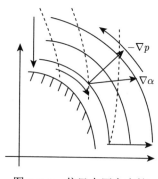

图 5.6.2　信风中压容力管

2. 海陆风

在太阳同样照射下，由于海洋的升温较陆地为小，等比热容面向海洋峭起，近地面出现海风；晚间则相反，出现陆风，见图 5.6.3。

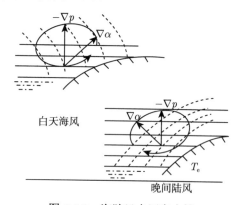

白天海风

晚间陆风

图 5.6.3　海陆风中压容力管

3. 山谷风

白天山坡向阳受热大，等比热容面向谷地峭起，出现谷风；而晚间则相反，出现山风，如图 5.6.4 所示。

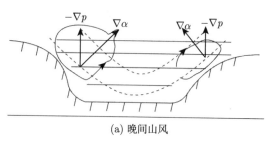

(a) 晚间山风

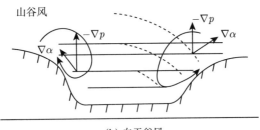

(b) 白天谷风

图 5.6.4 山谷风中压容力管

5.7 非位势力作用下涡旋的产生

考虑地球的自转对大气运动的影响，设大气为理想、正压流体，受地转偏向力的作用。由式 (5.3.7) 得

$$\frac{\mathrm{d}}{\mathrm{d}t}\oint_l \boldsymbol{V} \cdot \delta\boldsymbol{r} = -\oint_l 2(\boldsymbol{\omega} \times \boldsymbol{V}_r) \cdot \delta\boldsymbol{r} \tag{5.7.1}$$

为了应用上的方便，常将上式的形式加以改变。将上述任意封闭流体线 l 投影在赤道平面上，以 l' 表示 l 的投影，以 $\boldsymbol{V}_r'$ 及 $\delta\boldsymbol{r}'$ 表示 $\boldsymbol{V}_r$ 及 $\delta\boldsymbol{r}$ 的投影。根据矢量混合积的性质有

$$(\boldsymbol{\omega} \times \boldsymbol{V}_r) \cdot \delta\boldsymbol{r} = \boldsymbol{\omega} \cdot (\boldsymbol{V}_r \times \delta\boldsymbol{r}) = \boldsymbol{\omega} \cdot (\boldsymbol{V}_r' \times \delta\boldsymbol{r}')$$

设以 $\sum'$ 表示赤道平面上以封闭曲线 l' 为周界的面积，以 $\Delta\sum'$ 表示面积 $\sum'$ 在 Δt 时间内的增量 (图 5.7.1)。则 $\Delta\sum'$ 就等于由 $\boldsymbol{V}_r'\Delta t$ 及 $\delta\boldsymbol{r}'$ 作边的各平行四边形面积之和，即

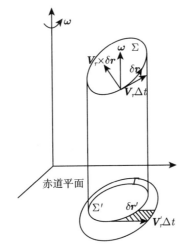

图 5.7.1 空间封闭流体线及其投影

$$\Delta\sum' = \oint_l \boldsymbol{V}_r'\Delta t \times \delta\boldsymbol{r}$$

即

$$\frac{\mathrm{d}\Delta\sum'}{\mathrm{d}t} = \oint_{l'} \boldsymbol{V}_r' \times \delta\boldsymbol{r}'$$

其中

$$\Delta\sum{}' = \sum{}'\boldsymbol{k}$$

即

$$\frac{\mathrm{d}\Delta\sum{}'}{\mathrm{d}t} = \frac{\mathrm{d}\sum{}'}{\mathrm{d}t}\boldsymbol{k}$$

于是有

$$-\oint_l 2(\boldsymbol{\omega}\times\boldsymbol{V}_r)\cdot\delta\boldsymbol{r} = -\oint_l 2\boldsymbol{\omega}\cdot(\boldsymbol{V}'_r\times\delta\boldsymbol{r}')$$

$$= -2\boldsymbol{\omega}\cdot\oint_l(\boldsymbol{V}'_r\times\delta\boldsymbol{r}')$$

$$= -2\boldsymbol{\omega}\cdot\frac{\mathrm{d}\sum{}'}{\mathrm{d}t}\boldsymbol{k}$$

$$= -2\boldsymbol{\omega}\frac{\mathrm{d}\sum{}'}{\mathrm{d}t}$$

将上式代入式 (5.7.1) 得

$$\frac{\mathrm{d}}{\mathrm{d}t}\oint_l\boldsymbol{V}_r\times\delta\boldsymbol{r} = -2\boldsymbol{\omega}\frac{\mathrm{d}\sum{}'}{\mathrm{d}t} \tag{5.7.2}$$

　　这就是自转地球上理想正压大气的相对环流定理。它指出：在自转地球上因地转偏向力的作用，理想正压大气沿封闭曲线 l 的相对环流的随体变化率与以 l 为周界之面积在赤道平面上投影的时变率的负值成正比。

　　例如，在北半球，自转地球大气中存在的近地面低气压通常成逆时针转动辐合的气旋，而高压是顺时针转动辐散的反气旋 (图 5.7.2)，其原因是，邻近低压中心的气流向中心辐合，使包围中心之流体封闭曲线所围面积不断减少，因而有 $\dfrac{\mathrm{d}\sum{}'}{\mathrm{d}t} < 0$，故沿此周线之气旋性环流将增强而形成逆时针转动的辐合气旋。反之，邻近高压中心的气流向四周辐散，包围中心之流体封闭曲线所围之面积将不断增加，因而有 $\dfrac{\mathrm{d}\sum{}'}{\mathrm{d}t} > 0$，故沿该封闭曲线的反气旋性环流加强，而形成顺时针转动的辐散反气旋。也就是说，对近地面气旋或反气旋而言，地转偏向力的作用总是加强已有的气旋或反气旋。

　　对地球上空的斜压性大气而言，同时考虑地转偏向力的作用，则相应的相对环流定理应取如下形式：

$$\frac{\mathrm{d}}{\mathrm{d}t}\oint_l\boldsymbol{V}_r\times\delta\boldsymbol{r} = (N_1 - N_2) - 2\boldsymbol{\omega}\frac{\mathrm{d}\sum{}'}{\mathrm{d}t} \tag{5.7.3}$$

　　利用式 (5.7.3) 可以解释北半球实际信风——东北信风的形成。地球大气开始由于斜压性在北半球形成由北向南的信风，之后由于气流由北向南的运动使环绕整个地球的纬向流体环线所围之面积随时间而增大，即 $\dfrac{\mathrm{d}\sum{}'}{\mathrm{d}t} > 0$。因此，沿纬向封闭曲线的正向环流将减弱，即产生沿纬向封闭曲线的负向的附加环流，大气将有自东向西的流动。因而在北半球近地面层有自东北向西南吹的信风 (图 5.7.3)。同理在北半球高空则有自西南向东北吹的反信风。

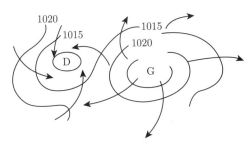

图 5.7.2 北半球中气旋与反气旋

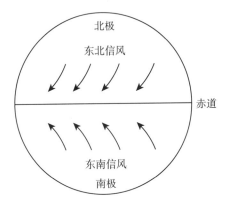

图 5.7.3 南北半球近地面层的信风

前面是从环流入手，研究流体的涡旋运动。现在简单介绍一下如何直接从涡度方程入手研究各点的涡旋运动。

对于 N-S 方程

$$\frac{\mathrm{d}\boldsymbol{V}}{\mathrm{d}t} = \boldsymbol{f} - \frac{1}{\rho}\nabla p + \frac{1}{3}\nu\nabla(\nabla \cdot \boldsymbol{V}) + \nu\nabla^2 \boldsymbol{V}$$

对理想流体的欧拉方程两端进行旋度运算，便得到理想流体的涡度方程

$$\frac{\mathrm{d}\boldsymbol{\Omega}}{\mathrm{d}t} - (\boldsymbol{\Omega} \cdot \nabla)\boldsymbol{V} + \boldsymbol{\Omega}(\nabla \cdot \boldsymbol{V}) = \nabla \times \boldsymbol{f} + \nabla\alpha \times (-\nabla p) + \nu\nabla^2\boldsymbol{\Omega} \tag{5.7.4}$$

即

$$\frac{\mathrm{d}\boldsymbol{\Omega}}{\mathrm{d}t} = (\boldsymbol{\Omega} \cdot \nabla)\boldsymbol{V} - \boldsymbol{\Omega}(\nabla \cdot \boldsymbol{V}) + \nabla \times \boldsymbol{f} - \frac{1}{\rho^2}\nabla\rho \times (-\nabla p) + \nu\nabla^2\boldsymbol{\Omega} \tag{5.7.5}$$

涡度方程是研究涡旋动力学的一个基本方程，反映了涡旋的变化规律。式 (5.7.5) 右端就是各种力的旋度：质量力旋度、压力梯度力旋度，对黏性流体还应有一项黏性力旋度。

扭曲作用项：$(\boldsymbol{\Omega} \cdot \nabla)\boldsymbol{V}$，如原始状态为 $\boldsymbol{\Omega} = \Omega_z\boldsymbol{k}$，由于 $\frac{\partial v}{\partial z} \neq 0$，则将引起原来直线涡旋之扭曲，而变化为曲线涡线。

散度项：$-\boldsymbol{\Omega}(\nabla \cdot \boldsymbol{V})$，流体质点运动过程中其体积的收缩或膨胀将使原有的涡度矢 $\boldsymbol{\Omega} \neq 0$ 发生变化 $\frac{\mathrm{d}\boldsymbol{\Omega}}{\mathrm{d}t} \neq 0$。

黏性项：$\nu\nabla^2\boldsymbol{\Omega}$，由于 $\frac{\partial \boldsymbol{\Omega}}{\partial t} = \nu\nabla^2\boldsymbol{\Omega}$ 表明分子黏性引起涡度的扩散，使流体中涡度矢的分布趋于均匀化。

对流体的整体涡度而言, 扭曲作用项及散度项不起作用, 它仅仅使流体质点的涡度重新分布。个别流体涡度有变化, 但流体之整体涡度不变化, 故前边的讨论认为涡旋变化积分定理中不含这两项。

影响流体整体涡旋变化的因子为黏性、斜压、质量力为非位势力, 当这三个因子都不存在时, 即得到

$$\frac{\mathrm{d}\boldsymbol{\Omega}}{\mathrm{d}t} - (\boldsymbol{\Omega}\cdot\nabla)\boldsymbol{V} + \boldsymbol{\Omega}(\nabla\cdot\boldsymbol{V}) = 0 \tag{5.7.6}$$

这一方程叫做亥姆霍兹方程, 首先由亥姆霍兹得到, 并以此为基础导出了涡强守恒定理, 通常采用下列符号:

$$\mathrm{Helm}\boldsymbol{\Omega} = \frac{\mathrm{d}\boldsymbol{\Omega}}{\mathrm{d}t} - (\boldsymbol{\Omega}\cdot\nabla)\boldsymbol{V} + \boldsymbol{\Omega}(\nabla\cdot\boldsymbol{V}) \tag{5.7.7}$$

于是上式简化为

$$\mathrm{Helm}\boldsymbol{\Omega} = 0 \tag{5.7.8}$$

数学上可以证明, 任意一个矢量场 $\boldsymbol{a}$, 只要满足 $\mathrm{Helm}\boldsymbol{a} = 0$, 则它的矢量线、矢量管以及矢管强度必守恒。因此, 由亥姆霍兹方程便可直接得到**亥姆霍兹涡旋守恒定理**, 从亥姆霍兹方程可以看到, 所谓涡旋守恒($\mathrm{Helm}\boldsymbol{\Omega} = 0$) 不意味着 $\dfrac{\mathrm{d}\boldsymbol{\Omega}}{\mathrm{d}t} = 0$ 或 $\dfrac{\partial\boldsymbol{\Omega}}{\partial t} = 0$。

利用涡度方程, 可直接研究黏性、斜压及非位势力对形成涡旋的作用。例如, $\nabla\alpha\times(-\nabla p)$ 就是斜压力管项, 如果只考虑斜压项作用, 取一个有限范围计算面积分, 则有

$$\iint_\sigma (\mathrm{Helm}\boldsymbol{\Omega})\cdot\delta\boldsymbol{\sigma} = \iint_\sigma [\nabla\alpha\times(-\nabla p)]\cdot\delta\boldsymbol{\sigma} \tag{5.7.9}$$

上式左端可由数学运算改写为

$$\frac{\mathrm{d}}{\mathrm{d}t}\iint_\sigma \boldsymbol{\Omega}\cdot\delta\boldsymbol{\sigma} = \frac{\mathrm{d}\Gamma}{\mathrm{d}t} \tag{5.7.10}$$

这样, 本书又从涡度方程出发导出了皮叶克尼斯定理。

利用涡度方程可研究涡旋特性的演变规律, 求得演变后的涡度场。如需要讨论此结果, 涡度场即相应的流场, 即需由涡度场来确定速度场, 在数学上是一个求解微分方程的积分问题。一般情况下

$$\boldsymbol{V} = \boldsymbol{V}_r + \boldsymbol{V}_\varphi \tag{5.7.11}$$

式中, $\boldsymbol{V}_r$ 是由涡度场确定的流速积分; $\boldsymbol{V}_\varphi$ 为由 φ 确定的流速积分。

5.1　求下列流场的涡量场及涡线:

(1) 流体质点的速度与质点到 Ox 轴的距离成正比, 并与 Ox 轴平行, $u = c(y^2 + z^2)^{\frac{1}{2}}$, $v = w = 0$, c 为常数。

(2) 给定流场 $\boldsymbol{V} = xyz\boldsymbol{r}, \boldsymbol{r} = x\boldsymbol{i} + y\boldsymbol{j} + z\boldsymbol{k}$。

(3) 如果流体绕固定轴像刚体一样做旋转运动。

5.2　平面不可压缩定常流流经相距 b 的两个固定平板之间, 速度曲线是抛物线, 而其顶点在中心线上, 用如题图 5.2 所示的符号求涡旋值在流场中的变化。

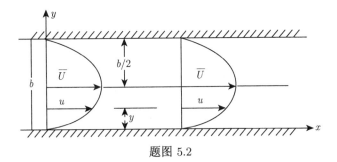

题图 5.2

5.3　若每一流体质点都绕一固定轴旋转, 此圆运动的角速度大小 ω 为到转轴距离的 n 次方, 证明:

(1) 当 $n+2=0$ 时, 运动是无旋的;

(2) 如果一个非常小的球形流体部分突然刚化, 则它将开始绕小球的某一直径以 $\dfrac{n+2}{n}\omega$ 的角速度旋转。

5.4　证明以下速度场:

$$u = -\kappa y, v = \kappa x, w = \sqrt{c - 2\kappa^2(x^2 + y^2)}$$

式中, κ, c 为常数, 所确定的运动其涡度矢量与速度矢量的方向相同, 并求出涡量与速度之间的数量关系。

5.5　求理想正压流体在有势力作用下, 涡线与流线重合的条件。

5.6　若环流积分路径 L 如题图 5.6 所示系由等压线与铅垂线 (或平均等温线) 组成, 证明:

$$\frac{\mathrm{d}\Gamma}{\mathrm{d}t} = -\oint_L \alpha \delta p = R_d \delta \overline{T} \ln \frac{p}{p - \delta p} \approx R_d \delta \overline{T} \frac{\delta p}{p}$$

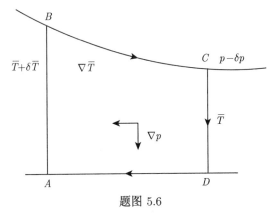

题图 5.6

5.7　证明理想斜压流体在具有位势力作用下, 下式成立:

$$\frac{\mathrm{d}\Gamma}{\mathrm{d}t} = \int_\sigma [\nabla \alpha \times (-\nabla p)] \cdot \delta \boldsymbol{\sigma}$$

5.8　利用上题结果计算海风环流, 其中环流积分路径 l 为水平方向从海岸伸入海洋和大陆各约 10km。垂直方向从地面 ($p = 1000\text{hPa}$) 到 200m 高度 ($p - \delta p = 980\text{hPa}$), 气层中水平方向的平均温度差为 0.3℃/km, 试求温差出现后 1h, 环流回路上的平均风速。

5.9　求流线守恒的运动学条件, 亦即求这样的条件, 在该条件下在某一时刻构成流线的流体质点将在任何时刻也形成流线。

5.10　流体质点在 Oxy 平面绕 Oz 轴做圆周运动，其流速 V 与质点到 Oz 轴距离 r 成反比，即 $V = c/r$，试求涡度场以及沿下列路径之速度环流。

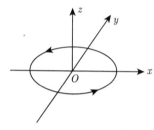

题图 5.10

5.11　如不可压缩黏性流体在有势力作用下做直线运动时，其涡度方程化简为如下扩散方程：

$$\frac{\partial \boldsymbol{\Omega}_y}{\partial t} = \nu \nabla^2 \boldsymbol{\Omega}_y; \quad \frac{\partial \boldsymbol{\Omega}_z}{\partial t} = \nu \nabla^2 \boldsymbol{\Omega}_z$$

再由此证明：

$$\frac{\partial u}{\partial t} = \nu \nabla^2 u + G(t)$$

式中，$G(t)$ 为 t 的任意函数。

第6章 不可压缩流体的黏性流动

6.1 基本方程组

对于不可压缩黏性流体，由于流场中温度变化不大，黏度 ν 及热传导系数 λ 可作为常数。根据式 (3.6.4) 可得其基本方程组为

$$
\begin{cases}
\dfrac{\mathrm{d}\rho}{\mathrm{d}t} + \nabla \cdot (\rho \boldsymbol{V}) = 0 \\[2mm]
\dfrac{\mathrm{d}\boldsymbol{V}}{\mathrm{d}t} = \boldsymbol{f} - \dfrac{1}{\rho}\nabla p + \nu \nabla^2 \boldsymbol{V} \\[2mm]
\rho \dfrac{\mathrm{d}e}{\mathrm{d}t} = \lambda \nabla^2 T + D
\end{cases}
\tag{6.1.1}
$$

式 (6.1.1) 是由 5 个方程组成的二阶偏微分方程组，用以确定 5 个未知函数 u, v, w, p, T。对于不可压缩黏性流体，流场及温度场可分别单独求解，即不考虑黏性对温度场的影响，可选择由连续性方程和运动方程先求出 $\boldsymbol{V}, p$，再由能量方程求出 T。如仅限于讨论流体运动问题，则不可压缩黏性流体动力学问题即可归结为下列定解问题：

$$
\begin{cases}
\nabla \cdot \boldsymbol{V} = 0 \\[2mm]
\dfrac{\mathrm{d}\boldsymbol{V}}{\mathrm{d}t} = \boldsymbol{f} - \dfrac{1}{\rho}\nabla p + \nu \nabla^2 \boldsymbol{V} \\[2mm]
t = t_0 \text{时,} \begin{cases} \boldsymbol{V}(x,y,z,t_0) = \boldsymbol{V}_0(x,y,z) \\ p(x,y,z,t_0) = p_0(x,y,z) \end{cases} \\[4mm]
\boldsymbol{V}_{\text{流体质点}} = \boldsymbol{V}_{\text{壁面}} \quad (\text{固壁处}) \\[2mm]
\begin{cases} p_{nn_1} = p_{nn_2} \quad (\text{两种流体分界面处}) \\ p_{n\tau_1} = p_{n\tau_2} \end{cases} \\[4mm]
\begin{cases} p_{nn} = p_0 \quad (\text{自由面处}) \\ p_{n\tau} = 0 \end{cases}
\end{cases}
\tag{6.1.2}
$$

求得 $\boldsymbol{V}$ 及 ρ 后，应力张量场即由下式决定：

$$
\boldsymbol{P} = -p\boldsymbol{I} + 2\mu\boldsymbol{A}
\tag{6.1.3}
$$

由于 N-S 方程是一个二阶非线性偏微分方程，其惯性项 $(\boldsymbol{V} \cdot \nabla)\boldsymbol{V}$ 构成该方程的非线性项，这一非线性项的存在使得该方程的求解极为困难，非线性偏微分方程完全的一般形式解的存在性和唯一性问题，是至今尚难解决的数学理论课题。虽然在讨论理想流体运动时也存在着非线性的惯性项，但由于相当一部分实际流动都是无旋的，因此惯性项所引起的困难就被克服了。

不可压缩理想流体的无旋运动问题转化为求解线性的拉普拉斯方程, 因而可以由许多简单的流动叠加为复杂的流动, 同时压力分布可由运动积分求出, 从而使问题大大简化。但对于黏性流动, 一般不存在速度势。因此, 不可压缩黏性流体运动问题几乎总是非线性的。

流体力学中求解基本方程组 (6.1.2), 一般存在以下几种方法:

(1) 求准确解: 在一些简单问题中, 惯性项等于 0 或取极简单形式, 从而使方程简化并可求得准确解。

(2) 求近似解: 根据具体情况, 略去方程中的某些次要项, 使方程得到简化再求解。这种近似方法在处理实际问题时被大量采用, 方程的简化可分为两种情况: ①小雷诺数情形, 此时惯性力比黏性力小得多, 惯性项可以全部或部分略去, 使方程得以简化。②大雷诺数情形, 即惯性力较黏性力大得多, 此时黏性的影响只在邻近物体表面的薄层内起作用, 在薄层外可略去黏性项以便于求解。至于薄层内部, 则可应用边界层理论使方程得到简化。

(3) 求数值解: 高速电子计算机的出现, 开辟了用数值方法 (或数值模拟) 进行科学研究的新方向。求数值解就是把流场划分为许多微小网格, 在各网格点或各小区域中求出支配流动的方程式的近似解, 再通过反复计算, 提高近似精度, 从而得到最终解。这种数值解法对任意边界条件都是有效的。常用的黏性流体流动的数值解法包括差分法和有限元法。所谓差分法, 就是用流场中有限个网格点上的函数值代表连续解, 把偏微分方程差分化, 然后用逐次近似法求差分方程的解; 所谓有限元法, 就是先寻求支配流动的微分方程式的泛函, 然后使根据变分原理方法得到的方程离散化, 求对各小区域的方程, 并逐次求它们的解。

流体力学是一个从数值分析中得益最深的领域, 这里包含着深刻的内在因素。尽管流体力学方程是非线性的, 然而制约它的物理规律却较简单。流体力学的非线性方程组在形式上并不十分复杂, 通常又属标准类型, 因此适合于数值计算。这一领域已取得许多重要进展, 今天, 研究流体力学时, 数值方法已发展成与理论分析及实验研究并重的一种重要手段。

本书仅讨论前两种解题方法的典型例子。

6.2 常用正交曲线坐标系中基本方程组的正交分解式

为应用方便, 将式 (6.1.2) 及式 (6.1.3) 在各种坐标系中的正交分解式列出。

直角坐标系 (x, y, z):

$$\begin{cases} \dfrac{\partial u}{\partial x} + \dfrac{\partial v}{\partial y} + \dfrac{\partial w}{\partial z} = 0 \\[2mm] \dfrac{\partial u}{\partial t} + u\dfrac{\partial u}{\partial x} + v\dfrac{\partial u}{\partial y} + w\dfrac{\partial u}{\partial z} = f_x - \dfrac{1}{\rho}\dfrac{\partial p}{\partial x} + \nu\left(\dfrac{\partial^2 u}{\partial x^2} + \dfrac{\partial^2 u}{\partial y^2} + \dfrac{\partial^2 u}{\partial z^2}\right) \\[2mm] \dfrac{\partial v}{\partial t} + u\dfrac{\partial v}{\partial x} + v\dfrac{\partial v}{\partial y} + w\dfrac{\partial v}{\partial z} = f_y - \dfrac{1}{\rho}\dfrac{\partial p}{\partial y} + \nu\left(\dfrac{\partial^2 v}{\partial x^2} + \dfrac{\partial^2 v}{\partial y^2} + \dfrac{\partial^2 v}{\partial z^2}\right) \\[2mm] \dfrac{\partial w}{\partial t} + u\dfrac{\partial w}{\partial x} + v\dfrac{\partial w}{\partial y} + w\dfrac{\partial w}{\partial z} = f_z - \dfrac{1}{\rho}\dfrac{\partial p}{\partial z} + \nu\left(\dfrac{\partial^2 w}{\partial x^2} + \dfrac{\partial^2 w}{\partial y^2} + \dfrac{\partial^2 w}{\partial z^2}\right) \end{cases} \tag{6.2.1}$$

$$
\begin{cases}
p_{xx} = -p + 2\mu \dfrac{\partial u}{\partial x} \\[2mm]
p_{yy} = -p + 2\mu \dfrac{\partial v}{\partial y} \\[2mm]
p_{zz} = -p + 2\mu \dfrac{\partial w}{\partial z} \\[2mm]
p_{xy} = \mu \left(\dfrac{\partial v}{\partial x} + \dfrac{\partial u}{\partial y} \right) \\[2mm]
p_{yz} = \mu \left(\dfrac{\partial w}{\partial y} + \dfrac{\partial v}{\partial z} \right) \\[2mm]
p_{zx} = \mu \left(\dfrac{\partial u}{\partial z} + \dfrac{\partial w}{\partial x} \right)
\end{cases}
\tag{6.2.2}
$$

柱坐标系 (r, θ, z):

$$
\begin{cases}
\dfrac{\partial V_r}{\partial r} + \dfrac{1}{r}\dfrac{\partial V_\theta}{\partial \theta} + \dfrac{\partial V_z}{\partial z} + \dfrac{V_r}{r} = 0 \\[2mm]
\dfrac{\partial V_r}{\partial t} + V_r \dfrac{\partial V_r}{\partial r} + \dfrac{V_\theta}{r}\dfrac{\partial V_r}{\partial \theta} + V_z \dfrac{\partial V_r}{\partial z} - \dfrac{V_\theta^2}{r} = f_r - \dfrac{1}{\rho}\dfrac{\partial p}{\partial r} \\[2mm]
\quad + \nu \left(\dfrac{\partial^2 V_r}{\partial r^2} + \dfrac{1}{r^2}\dfrac{\partial^2 V_r}{\partial \theta^2} + \dfrac{\partial^2 V_r}{\partial z^2} + \dfrac{1}{r}\dfrac{\partial V_r}{\partial r} - \dfrac{2}{r^2}\dfrac{\partial V_\theta}{\partial \theta} - \dfrac{V_r}{r^2} \right) \\[2mm]
\dfrac{\partial V_\theta}{\partial t} + V_r \dfrac{\partial V_\theta}{\partial r} + \dfrac{V_\theta}{r}\dfrac{\partial V_\theta}{\partial \theta} + V_z \dfrac{\partial V_\theta}{\partial z} + \dfrac{V_r V_\theta}{r} = f_\theta - \dfrac{1}{\rho}\dfrac{1}{r}\dfrac{\partial p}{\partial \theta} \\[2mm]
\quad + \nu \left(\dfrac{\partial^2 V_\theta}{\partial r^2} + \dfrac{1}{r^2}\dfrac{\partial^2 V_\theta}{\partial \theta^2} + \dfrac{\partial^2 V_\theta}{\partial z^2} + \dfrac{1}{r}\dfrac{\partial V_\theta}{\partial r} + \dfrac{2}{r^2}\dfrac{\partial V_r}{\partial \theta} - \dfrac{V_\theta}{r^2} \right) \\[2mm]
\dfrac{\partial V_z}{\partial t} + V_r \dfrac{\partial V_z}{\partial r} + \dfrac{V_\theta}{r}\dfrac{\partial V_z}{\partial \theta} + V_z \dfrac{\partial V_z}{\partial z} = f_z - \dfrac{1}{\rho}\dfrac{\partial p}{\partial z} \\[2mm]
\quad + \nu \left(\dfrac{\partial^2 V_z}{\partial r^2} + \dfrac{1}{r^2}\dfrac{\partial^2 V_z}{\partial \theta^2} + \dfrac{\partial^2 V_z}{\partial z^2} + \dfrac{1}{r}\dfrac{\partial V_z}{\partial r} \right)
\end{cases}
\tag{6.2.3}
$$

$$
\begin{cases}
p_{rr} = -p + 2\mu \dfrac{\partial V_r}{\partial r} \\[2mm]
p_{\theta\theta} = -p + 2\mu \left(\dfrac{V_r}{r} + \dfrac{1}{r}\dfrac{\partial V_\theta}{\partial \theta} \right) \\[2mm]
p_{zz} = -p + 2\mu \dfrac{\partial V_z}{\partial z} \\[2mm]
p_{r\theta} = \mu \left(\dfrac{1}{r}\dfrac{\partial V_r}{\partial \theta} + \dfrac{\partial V_\theta}{\partial r} - \dfrac{V_\theta}{r} \right) \\[2mm]
p_{\theta z} = \mu \left(\dfrac{\partial V_\theta}{\partial z} + \dfrac{1}{r}\dfrac{\partial V_z}{\partial \theta} \right) \\[2mm]
p_{zr} = \mu \left(\dfrac{\partial V_z}{\partial r} + \dfrac{\partial V_r}{\partial z} \right)
\end{cases}
\tag{6.2.4}
$$

球坐标系 (r,θ,φ)：

$$
\begin{cases}
\dfrac{\partial V_r}{\partial r} + \dfrac{1}{r}\dfrac{\partial V_\theta}{\partial \theta} + \dfrac{1}{r\sin\theta}\dfrac{\partial V_\varphi}{\partial \varphi} + \dfrac{2V_r}{r} + \dfrac{V_\theta\cot\theta}{r} = 0 \\[2mm]
\dfrac{\partial V_r}{\partial t} + V_r\dfrac{\partial V_r}{\partial r} + \dfrac{V_\theta}{r}\dfrac{\partial V_r}{\partial \theta} + \dfrac{V_\varphi}{r\sin\theta}\dfrac{\partial V_r}{\partial \varphi} - \dfrac{V_\theta^2}{r} - \dfrac{V_\varphi^2}{r} = f_r - \dfrac{1}{\rho}\dfrac{\partial p}{\partial r} + \nu\left(\dfrac{\partial^2 V_r}{\partial r^2} + \dfrac{1}{r^2}\dfrac{\partial^2 V_r}{\partial \theta^2}\right. \\[2mm]
\quad \left. + \dfrac{1}{r^2\sin^2\theta}\dfrac{\partial^2 V_r}{\partial \varphi^2} + \dfrac{2}{r}\dfrac{\partial V_r}{\partial r} + \dfrac{\cot\theta}{r^2}\dfrac{\partial V_r}{\partial \theta} - \dfrac{2}{r^2}\dfrac{\partial V_\theta}{\partial \theta} - \dfrac{2}{r^2\sin\theta}\dfrac{\partial V_\varphi}{\partial \varphi} - \dfrac{2V_r}{r^2} - \dfrac{2V_\theta\cot\theta}{r^2}\right) \\[2mm]
\dfrac{\partial V_\theta}{\partial t} + V_r\dfrac{\partial V_\theta}{\partial r} + \dfrac{V_\theta}{r}\dfrac{\partial V_\theta}{\partial \theta} + \dfrac{V_\varphi}{r\sin\theta}\dfrac{\partial V_\theta}{\partial \varphi} + \dfrac{V_r V_\theta}{r} - \dfrac{V_\varphi^2\cot\theta}{r} = f_\theta - \dfrac{1}{\rho}\dfrac{1}{r}\dfrac{\partial p}{\partial \theta} \\[2mm]
\quad + \nu\left(\dfrac{\partial^2 V_\theta}{\partial r^2} + \dfrac{1}{r^2}\dfrac{\partial^2 V_\theta}{\partial \theta^2} + \dfrac{1}{r^2\sin^2\theta}\dfrac{\partial^2 V_\theta}{\partial \varphi^2} + \dfrac{2}{r}\dfrac{\partial V_\theta}{\partial r} + \dfrac{\cot\theta}{r^2}\dfrac{\partial V_\theta}{\partial \theta}\right. \\[2mm]
\quad \left. - \dfrac{2\cot\theta}{r^2\sin\theta}\dfrac{\partial V_\varphi}{\partial \varphi} + \dfrac{2}{r^2}\dfrac{\partial V_r}{\partial \theta} - \dfrac{V_\theta}{r^2\sin^2\theta}\right) \\[2mm]
\dfrac{\partial V_\varphi}{\partial t} + V_r\dfrac{\partial V_\varphi}{\partial r} + \dfrac{V_\theta}{r}\dfrac{\partial V_\varphi}{\partial \theta} + \dfrac{V_\varphi}{r\sin\theta}\dfrac{\partial V_\varphi}{\partial \varphi} + \dfrac{V_\varphi V_\theta}{r}\cot\theta + \dfrac{V_r V_\varphi}{r} = f_\varphi - \dfrac{1}{\rho}\dfrac{1}{r\sin\theta}\dfrac{\partial p}{\partial \varphi} \\[2mm]
\quad + \nu\left(\dfrac{\partial^2 V_z}{\partial r^2} + \dfrac{1}{r^2}\dfrac{\partial^2 V_\varphi}{\partial \theta^2} + \dfrac{1}{r^2\sin^2\theta}\dfrac{\partial^2 V_\varphi}{\partial \varphi^2} + \dfrac{2}{r}\dfrac{\partial V_\varphi}{\partial r} + \dfrac{\cot\theta}{r^2}\dfrac{\partial V_\varphi}{\partial \theta}\right. \\[2mm]
\quad \left. + \dfrac{2}{r^2\sin\theta}\dfrac{\partial V_r}{\partial \varphi} + \dfrac{2\cot\theta}{r^2\sin\theta}\dfrac{\partial V_\theta}{\partial \varphi} - \dfrac{1}{r^2\sin\theta}V_\varphi\right)
\end{cases}
\tag{6.2.5}
$$

$$
\begin{cases}
p_{rr} = -p + 2\mu\dfrac{\partial V_r}{\partial r} \\[2mm]
p_{\theta\theta} = -p + 2\mu\left(\dfrac{V_r}{r} + \dfrac{1}{r}\dfrac{\partial V_\theta}{\partial \theta}\right) \\[2mm]
p_{\varphi\varphi} = -p + 2\mu\left(\dfrac{1}{r\sin\theta}\dfrac{\partial V_\varphi}{\partial \varphi} + \dfrac{V_r}{r} + \dfrac{V_\theta\cot\theta}{r}\right) \\[2mm]
p_{r\theta} = \mu\left(\dfrac{1}{r}\dfrac{\partial V_r}{\partial \theta} + \dfrac{\partial V_\theta}{\partial r} - \dfrac{V_\theta}{r}\right) \\[2mm]
p_{\theta\varphi} = \mu\left(\dfrac{1}{r\sin\theta}\dfrac{\partial V_\theta}{\partial \varphi} + \dfrac{1}{r}\dfrac{\partial V_\varphi}{\partial \theta} - \dfrac{V_\varphi\cot\theta}{r}\right) \\[2mm]
p_{\varphi r} = \mu\left(\dfrac{\partial V_\varphi}{\partial r} + \dfrac{1}{r\sin\theta}\dfrac{\partial V_r}{\partial \varphi} - \dfrac{V_\varphi}{r}\right)
\end{cases}
\tag{6.2.6}
$$

6.3 黏性流动的基本特性

黏性流动的特性主要表现在三个方面，即能量的耗散性、流动的有旋性和涡旋的扩散性，这是黏性流动的基本特征。

6.3.1 能量的耗散性

$$
\rho T\frac{\mathrm{d}s}{\mathrm{d}t} = D + \nabla\cdot(\lambda\nabla T) + \rho q'
\tag{6.3.1}
$$

不可压缩黏性流体能量方程

$$
\rho\frac{\mathrm{d}e}{\mathrm{d}t} = \lambda\nabla^2 T + D
\tag{6.3.2}
$$

对于绝热流动

$$\rho T \frac{\mathrm{d}s}{\mathrm{d}t} = D \geqslant 0 \tag{6.3.3}$$

所以

$$\frac{\mathrm{d}s}{\mathrm{d}t} \geqslant 0$$

式中, 耗损函数 D 表示单位体积流体在单位时间内由于黏性所耗损的机械能。这部分能量全部转化为热能, 而且由于黏性引起的机械能与内能的转换是 "单向" 的, 即黏性只能使机械能转化为内能。

6.3.2　黏性流动的有旋性

黏性流动在一般情况下是有旋的。现在用反证法来证明这个结论。

对于不可压缩黏性流动问题, 可以由连续性方程和 N-S 方程组成封闭方程组, 即

$$\begin{cases} \nabla \cdot \boldsymbol{V} = 0 \\ \dfrac{\mathrm{d}\boldsymbol{V}}{\mathrm{d}t} = \boldsymbol{f} - \dfrac{1}{\rho}\nabla p + \nu\nabla^2\boldsymbol{V} \end{cases} \tag{6.3.4}$$

设边界为静止固壁, 则有边界条件

$$\begin{cases} V_n = 0 \\ V_\tau = 0 \end{cases}$$

可以通过上述方程组及给定的边界条件求解 $\boldsymbol{V}$ 和 p。

假设流动是无旋的, 则速度必有势, 即

$$\boldsymbol{V} = -\nabla\varphi$$

代入基本方程组可得

$$\begin{cases} \nabla^2\varphi = 0 \\ \dfrac{\mathrm{d}\boldsymbol{V}}{\mathrm{d}t} = \boldsymbol{f} - \dfrac{1}{\rho}\nabla p \end{cases} \tag{6.3.5}$$

这一封闭方程组和不可压缩理想流体的无旋流动问题的封闭方程组完全相同。对这一方程组, 只要给出理想流体运动的边界条件 $(V_n = 0)$ 就可以得到唯一解。

理想流体满足绕流条件的解一般是唯一存在的。但当绕流条件需要满足黏性条件, 对不可压缩黏性流动给出了过多的边界条件, 除个别情况外, 一般不可能有解。既然解不存在, 表明原来关于黏性流动是无旋的假定不能成立, 从而证明了黏性流动在一般情况下是有旋的。

6.3.3　黏性流动的涡旋扩散性

现在来讨论不可压缩黏性流体在质量力有势的条件下的涡旋变化情况。此时运动微分方程可写成

$$\frac{\partial \boldsymbol{V}}{\partial t} + \nabla\left(\frac{\boldsymbol{V}^2}{2}\right) - \boldsymbol{V} \times \boldsymbol{\Omega} = -\nabla\Pi - \frac{1}{\rho}\nabla p + \nu\nabla^2\boldsymbol{V} \tag{6.3.6}$$

对上式两边取旋度

$$\nabla \times \frac{\partial \boldsymbol{V}}{\partial t} + \nabla \times \nabla \left(\frac{\boldsymbol{V}^2}{2}\right) - \nabla \times (\boldsymbol{V} \times \boldsymbol{\Omega}) = \nabla \times (-\nabla \Pi) - \nabla \times \left(\frac{1}{\rho} \nabla p\right) + \nu \nabla \times (\nabla^2 \boldsymbol{V}) \quad (6.3.7)$$

由矢量分析知

$$\nabla \times \nabla \left(\frac{\boldsymbol{V}^2}{2}\right) = 0$$

$$\nabla \times \nabla \Pi = 0$$

$$\nabla \times \nabla p = 0$$

而且有

$$\nabla^2 \boldsymbol{V} = \nabla(\nabla \cdot \boldsymbol{V}) - \nabla \times (\nabla \times \boldsymbol{V})$$

在不可压缩条件下

$$\nabla \cdot \boldsymbol{V} = 0$$

于是

$$\nabla^2 \boldsymbol{V} = -\nabla \times (\nabla \times \boldsymbol{V}) = -\nabla \times \boldsymbol{\Omega}$$

故式 (6.3.7) 可写成

$$\nabla \times \frac{\partial \boldsymbol{V}}{\partial t} - \nabla \times (\boldsymbol{V} \times \boldsymbol{\Omega}) = -\nu \nabla \times (\nabla \times \boldsymbol{\Omega}) \quad (6.3.8)$$

式中

$$\nabla \times \frac{\partial \boldsymbol{V}}{\partial t} = \frac{\partial}{\partial t}(\nabla \times \boldsymbol{V}) = \frac{\partial \boldsymbol{\Omega}}{\partial t}$$

$$\nabla \times (\boldsymbol{V} \times \boldsymbol{\Omega}) = -(\boldsymbol{V} \cdot \nabla)\boldsymbol{\Omega} + (\boldsymbol{\Omega} \cdot \nabla)\boldsymbol{V} - \boldsymbol{\Omega}(\nabla \cdot \boldsymbol{V}) + \boldsymbol{V}(\nabla \cdot \Omega) = -(\boldsymbol{V} \cdot \nabla)\boldsymbol{\Omega} + (\boldsymbol{\Omega} \cdot \nabla)\boldsymbol{V}$$

$$\nabla \times (\nabla \times \boldsymbol{\Omega}) = \nabla(\nabla \cdot \boldsymbol{\Omega}) - (\nabla^2 \boldsymbol{\Omega}) = -\nabla^2 \boldsymbol{\Omega}$$

于是式 (6.3.8) 可以改写成

$$\frac{\partial \boldsymbol{\Omega}}{\partial t} + (\boldsymbol{V} \cdot \nabla)\boldsymbol{\Omega} - (\boldsymbol{\Omega} \cdot \nabla)\boldsymbol{V} = \nu \nabla^2 \boldsymbol{\Omega} \quad (6.3.9)$$

或

$$\frac{\mathrm{d}\boldsymbol{\Omega}}{\mathrm{d}t} - (\boldsymbol{\Omega} \cdot \nabla)\boldsymbol{V} = \nu \nabla^2 \boldsymbol{\Omega} \quad (6.3.10)$$

式 (6.3.10) 为不可压缩黏性流体的涡度方程, 由于存在黏性, $\nu \nabla^2 \boldsymbol{\Omega} \neq 0$, 黏性流动不满足涡旋守恒的条件, 不可压缩黏性流动的涡旋不具有保持性, 而具有扩散性。下边以不可压缩黏性流体的平面运动为例, 进一步研究黏性流动的涡旋扩散性。

对平面流动, 因 $w = 0, \boldsymbol{\Omega}_x = \boldsymbol{\Omega}_y = 0, \boldsymbol{\Omega} = \boldsymbol{\Omega}_z$, 于是式 (6.3.10) 可改写为

$$\frac{\mathrm{d}\boldsymbol{\Omega}}{\mathrm{d}t} = \nu \nabla^2 \boldsymbol{\Omega} \quad (6.3.11)$$

在流场内任取一点 M, 在 M 的邻域内取一小面积 σ, 其周界为闭曲线 l, 根据高斯公式有

$$\int_\sigma \nabla \cdot (\nabla \boldsymbol{\Omega})\mathrm{d}\sigma = \oint_l \boldsymbol{n} \cdot (\nabla \boldsymbol{\Omega})\mathrm{d}l = \oint_l \frac{\partial \boldsymbol{\Omega}}{\partial n}\mathrm{d}l$$

式中，n 为 l 的外法向单位矢。再根据中值公式

$$\int_\sigma \nabla^2 \boldsymbol{\Omega} \mathrm{d}\sigma = (\nabla^2 \boldsymbol{\Omega})_M \cdot \sigma$$

于是

$$(\nabla^2 \boldsymbol{\Omega})_M = \frac{1}{\sigma} \oint_l \frac{\partial \boldsymbol{\Omega}}{\partial n} \mathrm{d}l \qquad (6.3.12)$$

设 M 点的涡量比周围都大，则 $\dfrac{\partial \boldsymbol{\Omega}}{\partial n} < 0$，由上式得 $(\nabla^2 \boldsymbol{\Omega})_M < 0$，再根据式 (6.3.12) 可知，此时有 $\left(\dfrac{\mathrm{d}\boldsymbol{\Omega}}{\mathrm{d}t}\right)_M < 0$，此式说明 M 点的涡量在下一时刻将减少。类似地，若 M 点涡量比周围都小，则得 $\left(\dfrac{\mathrm{d}\boldsymbol{\Omega}}{\mathrm{d}t}\right)_M > 0$，即下一时刻 M 点涡量将增加。这就说明了由于黏性作用，涡旋强的地方将向涡旋弱的地方输送涡旋，直至涡旋强度相等为止，这就是黏性流动中的涡旋扩散性。

6.4 不可压缩黏性流体的定常平行直线流动 —— 黏性流动的准确解

6.4.1 二维平板间平行直线流动

设平板间的距离为 h，考虑平板之间的定常平行直线流动，即只有一个速度分量不等于 0，所有流体质点都沿一个方向运动。取坐标系如图 6.4.1 所示，即取流动方向为 x 轴正方向，取 y 轴位于考虑的运动平面上。则有 $v = w = 0$，而且流动参数与 z 无关。

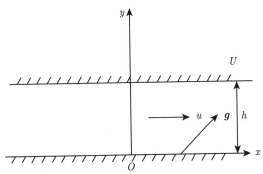

图 6.4.1 二维平板间定常平行直线流动

即

$$\frac{\partial}{\partial t} = 0, \quad v = w = 0, \quad \nabla \cdot \boldsymbol{V} = 0$$

此时基本方程组为

$$\begin{cases} \dfrac{\partial u}{\partial x} = 0 & \text{①} \\[2mm] \mu \dfrac{\mathrm{d}^2 u}{\mathrm{d}y^2} = \dfrac{\partial p}{\partial x} - \rho g_x & \text{②} \\[2mm] \dfrac{\partial p}{\partial y} = \rho g_y & \text{③} \end{cases} \qquad (6.4.1)$$

边界条件为

$$\begin{cases} y = 0, \ u = 0 \\ y = h, \ u = U \end{cases} \tag{6.4.2}$$

由式 (6.4.1) 可知

$$p = p(x, y) \tag{6.4.3}$$

由式 (6.4.1) 之第③式积分可得

$$p = \rho g_y y + G(x) \tag{6.4.4}$$

将上式对 x 求导可得

$$\frac{\mathrm{d}G(x)}{\mathrm{d}x} = \frac{\partial p}{\partial x} = \mu \frac{\mathrm{d}^2 u}{\mathrm{d}y^2} + \rho g_x$$

因上式右端仅为变量 y 的函数, 故有

$$\frac{\mathrm{d}^2 G(x)}{\mathrm{d}x^2} = 0$$

即

$$\frac{\mathrm{d}G(x)}{\mathrm{d}x} = \frac{\partial p}{\partial x} = k(常数) \tag{6.4.5}$$

所以

$$G(x) = kx + c$$

代入式 (6.4.4) 得

$$p = \rho g_y y + kx + p_0 \tag{6.4.6}$$

其中

$$p_0 = p(0, 0)$$

而速度分布则应由下式定之：

$$\begin{cases} \left(\dfrac{\partial^2 u}{\partial y^2} + \dfrac{\partial^2 u}{\partial z^2} \right) = \dfrac{1}{\mu} (k - \rho g_x) \\ u|_{\Sigma} = c \end{cases} \tag{6.4.7}$$

上式即为求解泊松方程的定解问题。

$$\frac{\partial}{\partial t} = 0, \quad \frac{\partial}{\partial x} = 0$$

所以由式 (6.4.1) 的②和式 (6.4.6) 可得

$$\frac{\mathrm{d}^2 u}{\mathrm{d}y^2} = \frac{1}{\mu} \left(\frac{\mathrm{d}p}{\mathrm{d}x} - \rho g_x \right) y = \frac{1}{\mu} (k - \rho g_x) \tag{6.4.8}$$

所以

$$u = \frac{1}{2\mu} (k - \rho g_x) y^2 + c_1 y + c_2 \tag{6.4.9}$$

$$c_2 = 0 \tag{6.4.10}$$

$$U = \frac{1}{2\mu}(k - \rho g_x)h^2 + c_1 h \tag{6.4.11}$$

即

$$c_1 = \frac{U}{h} - \frac{h^2}{2\mu}(k - \rho g_x) \tag{6.4.12}$$

所以

$$
\begin{aligned}
u &= -\frac{1}{2\mu}(k - \rho g_x)y^2 + \frac{U}{h}y - \frac{h}{2\mu}(k - \rho g_x)y \\
&= \left(\frac{y}{h}\right)U - \frac{h^2}{2\mu}(k - \rho g_x)\left(\frac{y}{h}\right)\left(1 - \frac{y}{h}\right)
\end{aligned} \tag{6.4.13}
$$

1) 当 $U \neq 0$ 时

$$\frac{u}{U} = \frac{y}{h} - \frac{h^2}{2\mu U}(k - \rho g_x)\left(\frac{y}{h}\right)\left(1 - \frac{y}{h}\right) \tag{6.4.14}$$

令

$$M = -\frac{h^2}{2\mu U}(k - \rho g_x) \tag{6.4.15}$$

为一无量纲参数，则

$$\frac{u}{U} = \left(\frac{y}{h}\right) + M\left(\frac{y}{h}\right)\left(1 - \frac{y}{h}\right) \tag{6.4.16}$$

当 M 取不同数值时，可分别作出一条 $\dfrac{u}{U} \sim \dfrac{y}{h}$ 图线，如图 6.4.2 所示。

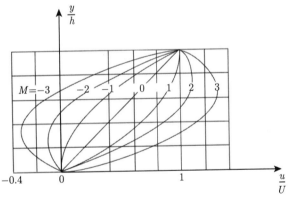

图 6.4.2　$\dfrac{u}{U} \sim \dfrac{y}{h}$ 图线中 M 的分布

由图 6.4.2 可知速度分布有如下特点：

$M = 0$：直线分布，这种流动称为简单剪切流。

$M > 0$：曲线分布，表示流动比在 $M = 0$ 时要快。

$M < 0$：曲线分布，表示流动比在 $M = 0$ 时要慢，且具有逆流区 (即沿 x 负向流动的区域)。

$-1 < M < 0$：曲线分布，不存在逆流。

$M < -1$：曲线分布，在下板附近总有逆流区。当 $M < 0$ 时，有 $-(k - \rho g_x) < 0$，这是作用于流体质点上的阻碍流动的力，即沿 x 负向的力，因此当 $M < 0$ 时，就可能出现逆流。

其中，$M = -1$ 的情况是出现逆流或不出现逆流的条件，而当 $M < -1$ 时，说明阻碍流动的力已足够大，以致上板对流体的牵引力不足以与之平衡，因此逆流区必然出现。

2) 当 $U = 0$ 时

该情况称为**平面泊肃叶流动**(plane Poiseuille flow)。此时有

$$u = -\frac{h^2}{2\mu}(k - \rho g_x)\left(\frac{y}{h}\right)\left(1 - \frac{y}{h}\right) = A\left(\frac{y}{h}\right)\left(1 - \frac{y}{h}\right) \tag{6.4.17}$$

其中

$$A = -\frac{h^2}{2\mu}(k - \rho g_x) \tag{6.4.18}$$

式 (6.4.17) 所表示的速度分布曲线为抛物线，如图 6.4.3 所示。

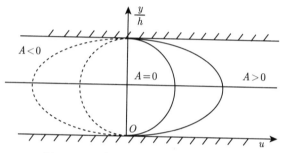

图 6.4.3　平面泊肃叶流速度分布曲线

当 $A > 0$ 或 $A < 0$ 时，式 (6.4.17) 分别表示沿正或负 x 方向的流动。此情况下不再有逆流区存在。若 $A = 0$，则 $u = 0$，即完全没有流动发生，此时压力分布即为静水压力。

6.4.2　直圆管中的平行直线流动

今考虑无限长直圆管中沿轴线方向的定常直线流动，采用柱坐标系，取 z 轴沿圆管轴线，r 轴沿圆管半径向外，于是应有 $V_r = V_\theta = 0$，而 $V = V_z$，设不计质量力，并考虑流动的轴对称性，可得基本方程组为

$$\begin{cases} \dfrac{\partial V_z}{\partial z} = 0 \\[2mm] \dfrac{\partial p}{\partial r} = 0 \\[2mm] \dfrac{\partial p}{\partial \theta} = 0 \\[2mm] \dfrac{\partial p}{\partial z} = \mu\left(\dfrac{\mathrm{d}^2 V_z}{\mathrm{d}r^2} + \dfrac{1}{r}\dfrac{\mathrm{d}V_z}{\mathrm{d}r}\right) \end{cases} \tag{6.4.19}$$

由上列方程组可知，$V_z = V_z(r)$，$p = p(z)$，于是

$$\frac{\mathrm{d}^2 V_z}{\mathrm{d}r^2} + \frac{1}{r}\frac{\mathrm{d}V_z}{\mathrm{d}r} = \frac{1}{\mu}\frac{\mathrm{d}p}{\mathrm{d}z} \tag{6.4.20}$$

上式左端仅为变量 r 的函数，右端只是变量 z 的函数，因此上式两端都只能等于一个常数。

$$\frac{\mathrm{d}^2 V_z}{\mathrm{d}r^2} + \frac{1}{r}\frac{\mathrm{d}V_z}{\mathrm{d}r} = \frac{1}{\mu}\frac{\mathrm{d}p}{\mathrm{d}z} = k \text{ (常数)} \tag{6.4.21}$$

将式 (6.4.21) 中间的项对 z 积分, 可得

$$p = \mu k z + p_0 \qquad (6.4.22)$$

$$p_0 = p(0) \qquad (6.4.23)$$

现积分上式, 并使之满足边界条件:

$$\begin{cases} \dfrac{1}{r}\dfrac{\mathrm{d}}{\mathrm{d}r}\left(r\dfrac{\mathrm{d}V_z}{\mathrm{d}r}\right) = k \\ r = 0, \ V_z \text{为有限值} \\ r = a, \ V_z = 0 \end{cases} \qquad (6.4.24)$$

则得

$$V_z(r) = -\dfrac{1}{4\mu}\dfrac{\mathrm{d}p}{\mathrm{d}z}(a^2 - r^2) \qquad (6.4.25)$$

1. 速度分布

式 (6.4.25) 表明速度按抛物线规律分布, 见图 6.4.4。

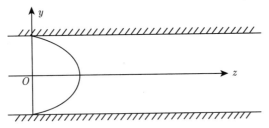

图 6.4.4　直圆管中的平行直线流动的速度分布曲线

速度的最大值在 z 轴上, 其值等于

$$V_{\max} = -\dfrac{a^2}{4\mu}\dfrac{\mathrm{d}p}{\mathrm{d}z} \qquad (6.4.26)$$

2. 截面平均速度

圆管截面上的平均速度 $\overline{V}$ 由下式确定:

$$\overline{V} = \dfrac{1}{\pi a^2}\int_0^a V_r 2\pi r\,\mathrm{d}r = \dfrac{Q}{\pi a^2} = -\dfrac{a^2}{8\mu}\dfrac{\mathrm{d}p}{\mathrm{d}z} \qquad (6.4.27)$$

体积流量 Q 为

$$Q = \pi a^2 \overline{V} = -\dfrac{\pi a^4}{8\mu}\dfrac{\mathrm{d}p}{\mathrm{d}z} \qquad (6.4.28)$$

3. 切应力

切应力由下式决定:

$$p_{rz} = \mu\dfrac{\mathrm{d}V_z}{\mathrm{d}r} = \dfrac{1}{2}\dfrac{\mathrm{d}p}{\mathrm{d}z}r \qquad (6.4.29)$$

即切应力 p_{rz} 是 r 的线性函数, 在管轴处 $(r=0)$, 有 $p_{rz}=0$, 在管壁处 $(r=a)$, $p_{rz}=p_{\max}$。

$$p_{\max} = \frac{1}{2}\frac{\mathrm{d}p}{\mathrm{d}z}\cdot a = -\frac{4\mu}{a}\overline{V} \tag{6.4.30}$$

在层流范围内, 实验结果与上述理论十分符合。

定义

$$\lambda = \frac{|p_{r\,\max}|}{\frac{1}{2}\rho\overline{V}^2} \tag{6.4.31}$$

为圆管的阻力系数。所以

$$\lambda = \frac{8\mu}{\rho\overline{V}a} = \frac{8\nu}{\overline{V}a} = \frac{8}{Re} \tag{6.4.32}$$

式中, $Re = \dfrac{\overline{V}a}{\nu}$ 为由 $\overline{V}$ 定义的**雷诺数** (Re 数)。所以 $\lambda \propto \dfrac{1}{Re}$ 或者 $\lambda \propto \dfrac{1}{V}$, 此结果与实验相符。

6.5　两共轴转动圆柱面之间的不可压缩黏性流体的定常圆周运动

设无限长共轴圆柱面, 内柱面半径为 a_1, 以角速度 ω_1 转动, 外柱面半径为 a_2, 以角速度 ω_2 转动, 则经过相当长的时间后, 在两圆周柱面间不可压缩黏性流体采用定常轴对称的圆周运动。

选择柱坐标

$$\boldsymbol{f} = -g\boldsymbol{k} \tag{6.5.1}$$

$$\frac{\partial}{\partial t}=0, \quad V_r = V_z = 0, \quad V = V_\theta, \quad \frac{\partial}{\partial\theta}=0 \tag{6.5.2}$$

均质不可压缩

$$\rho = c, \quad \nabla\cdot\boldsymbol{V}=0 \tag{6.5.3}$$

基本方程组

$$\begin{cases}
\dfrac{V_r}{r} + \dfrac{\partial V_r}{\partial r} + \dfrac{1}{r}\dfrac{\partial V_\theta}{\partial\theta} + \dfrac{\partial V_z}{\partial z} = 0 \\[2mm]
\dfrac{\partial V_r}{\partial t} + V_r\dfrac{\partial V_r}{\partial r} + \dfrac{V_\theta}{r}\dfrac{\partial V_r}{\partial\theta} + V_z\dfrac{\partial V_z}{\partial z} - \dfrac{V_\theta}{r} = f_r - \dfrac{1}{\rho}\dfrac{\partial p}{\partial r} \\[2mm]
\quad + \nu\left(\dfrac{\partial^2 V_r}{\partial r^2} + \dfrac{1}{r^2}\dfrac{\partial^2 V_r}{\partial\theta^2} + \dfrac{\partial^2 V_r}{\partial z^2} + \dfrac{1}{r}\dfrac{\partial V_r}{\partial r} - \dfrac{2}{r^2}\dfrac{\partial V_\theta}{\partial\theta} - \dfrac{V_r}{r^2}\right) \\[2mm]
\dfrac{\partial V_\theta}{\partial t} + V_r\dfrac{\partial V_\theta}{\partial r} + \dfrac{V_\theta}{r}\dfrac{\partial V_\theta}{\partial\theta} + V_z\dfrac{\partial V_\theta}{\partial z} + \dfrac{V_r V_\theta}{r} = f_\theta - \dfrac{1}{\rho r}\dfrac{\partial p}{\partial\theta} \\[2mm]
\quad + \nu\left(\dfrac{\partial^2 V_\theta}{\partial r^2} + \dfrac{1}{r^2}\dfrac{\partial^2 V_\theta}{\partial\theta^2} + \dfrac{\partial^2 V_\theta}{\partial z^2} + \dfrac{1}{r}\dfrac{\partial V_\theta}{\partial r} + \dfrac{2}{r^2}\dfrac{\partial V_r}{\partial\theta} - \dfrac{V_\theta}{r^2}\right) \\[2mm]
\dfrac{\partial V_z}{\partial t} + V_r\dfrac{\partial V_z}{\partial r} + \dfrac{V_\theta}{r}\dfrac{\partial V_z}{\partial\theta} + V_z\dfrac{\partial V_z}{\partial z} = f_z - \dfrac{1}{\rho}\dfrac{\partial p}{\partial z} \\[2mm]
\quad + \nu\left(\dfrac{\partial^2 V_z}{\partial r^2} + \dfrac{1}{r^2}\dfrac{\partial^2 V_z}{\partial\theta^2} + \dfrac{\partial^2 V_z}{\partial z^2} + \dfrac{1}{r}\dfrac{\partial V_z}{\partial r}\right)
\end{cases} \tag{6.5.4}$$

由式 (6.5.1)~ 式 (6.5.4) 可得

$$
\begin{cases}
\dfrac{V_\theta^2}{r} = -\dfrac{1}{\rho}\dfrac{\partial p}{\partial r} & ① \\[2mm]
0 = \nu\left(\dfrac{\partial^2 V_\theta}{\partial r^2} + \dfrac{1}{r^2}\dfrac{\partial V_\theta}{\partial r} - \dfrac{V_\theta}{r^2}\right) & ② \\[2mm]
0 = -g - \dfrac{1}{\rho}\dfrac{\partial p}{\partial z} \Rightarrow p = -\rho gz + p_1(r) & ③ \\[2mm]
0 = \dfrac{\partial V_\theta}{\partial \theta} \Rightarrow V_\theta 与\theta无关 & ④
\end{cases}
\tag{6.5.5}
$$

由式 (6.5.5) 之①可得

$$
\frac{V_\theta^2}{r} = -\frac{1}{\rho}\frac{\partial p}{\partial r}
\tag{6.5.6}
$$

$$
\frac{\partial}{\partial z}\left(\frac{\partial V_\theta^2}{\partial r}\right) = \frac{\partial}{\partial z}\left(\frac{1}{\rho}\frac{\mathrm{d}p}{\mathrm{d}r}\right) = 0 \Rightarrow \frac{\partial V_\theta}{\partial z} = 0
\tag{6.5.7}
$$

所以

$$
V_\theta = V_\theta(r)
\tag{6.5.8}
$$

所以, 由式 (6.5.5) 可得

$$
\begin{cases}
-\dfrac{\partial p}{\partial r} = \rho\dfrac{V_\theta^2(r)}{r} \\[2mm]
\dfrac{\mathrm{d}^2 V_\theta}{\mathrm{d}r^2} + \dfrac{1}{r}\dfrac{\partial V_\theta}{\partial r} - \dfrac{V_\theta(r)}{r^2} = 0
\end{cases}
\tag{6.5.9}
$$

即

$$
\begin{cases}
p(r) = \rho\displaystyle\int\dfrac{V_\theta^2}{r}\mathrm{d}r + c_1 \\[2mm]
\dfrac{\mathrm{d}}{\mathrm{d}r}\left(\dfrac{1}{r}\dfrac{\mathrm{d}}{\mathrm{d}r}(rV_\theta)\right) = 0
\end{cases}
\tag{6.5.10}
$$

所求流场即归纳为

$$
\begin{cases}
\dfrac{\mathrm{d}}{\mathrm{d}r}\left(\dfrac{1}{r}\dfrac{\mathrm{d}}{\mathrm{d}r}(rV_\theta)\right) = 0 \\[2mm]
r = a_1, \quad V_\theta = a_1\omega_1 \\[2mm]
r = a_2, \quad V_\theta = a_2\omega_2
\end{cases}
\tag{6.5.11}
$$

积分可得

$$
V_\theta(r) = c_2 r + \frac{c_3}{r}
\tag{6.5.12}
$$

由边界条件可得

$$
\begin{cases}
c_2 a_1 + \dfrac{c_3}{a_1} = a_1\omega_1 \\[2mm]
c_2 a_2 + \dfrac{c_3}{a_2} = a_2\omega_2
\end{cases}
\tag{6.5.13}
$$

所以

$$
c_3\left(\frac{a_2}{a_1} - \frac{a_1}{a_2}\right) = \omega_1 a_1 a_2 - \omega_2 a_1 a_2 = a_1 a_2(\omega_1 - \omega_2)
$$

所以

$$\begin{cases} c_3 = \dfrac{a_1 a_2(\omega_1 - \omega_2)}{(a_2^2 - a_1^2)/a_1 a_2} = \dfrac{a_1^2 a_2^2(\omega_1 - \omega_2)}{a_2^2 - a_1^2} \\[3mm] c_2 = \omega_1 - \dfrac{c_3}{a_1} = \omega_1 - \dfrac{a_2^2(\omega_1 - \omega_2)}{a_2^2 - a_1^2} \end{cases} \tag{6.5.14}$$

式 (6.5.14) 代入式 (6.5.12) 得

$$\begin{aligned} V_\theta(r) &= \omega_1 r - \frac{a_2^2(\omega_1 - \omega_2)r}{a_2^2 - a_1^2} + \frac{a_1^2 a_2^2(\omega_1 - \omega_2)}{(a_2^2 - a_1^2)r} \\ &= \frac{\omega_1 a_2^2 - \omega_1 a_1^2 - a_2^2\omega_1 + a_2^2\omega_2}{a_2^2 - a_1^2}r + \frac{a_1^2 a_2^2(\omega_1 - \omega_2)}{a_2^2 - a_1^2}\frac{1}{r} \\ &= \frac{1}{a_2^2 - a_1^2}\left[(\omega_1 a_2^2 - \omega_1 a_1^2)r + a_2^2\frac{(\omega_1 - \omega_2)}{r}\right] \end{aligned}$$

即

$$V_\theta(r) = \frac{1}{a_2^2 - a_1^2}\left[(\omega_1 a_2^2 - \omega_1 a_1^2)r + a_2^2\frac{(\omega_1 - \omega_2)}{r}\right] \tag{6.5.15}$$

式 (6.5.15) 表示两共轴圆柱面内不可压缩黏性流体定常轴对称圆周运动的速度场, 该场由有旋圆运动及无旋圆运动组成, 满足 $\omega_2 a_2^2 = \omega_1 a_1^2 \left(\dfrac{\omega_2}{\omega_1} = \dfrac{a_1^2}{a_2^2}\right)$ 则为无旋圆运动, 而满足条件 $\omega_2 = \omega_1$ 时为有旋圆运动。

压力场分布为

$$\begin{aligned} p &= \rho\int\frac{V_\theta^2}{r}\mathrm{d}r + c_1 \\ &= \rho\int\frac{\mathrm{d}r}{(a_2^2 - a_1^2)^2}\left[(\omega_1 a_2^2 - \omega_1 a_1^2)^2 r + \frac{2(\omega_1 - \omega_2)(\omega_1 a_2^2 - \omega_1 a_1^2)a_1^2 a_2^2}{r} + \frac{(\omega_1 - \omega_2)^2 a_1^4 a_2^4}{r^3}\right] + c_1 \\ &= \frac{\rho}{(a_2^2 - a_1^2)^2}\left[(\omega_1 a_2^2 - \omega_1 a_1^2)^2\frac{r^2}{2} + 2(\omega_1 - \omega_2)(\omega_1 a_2^2 - \omega_1 a_1^2)a_1^2 a_2^2\ln r\right. \\ &\quad\left. - \frac{(\omega_1 - \omega_2)^2 a_1^4 a_2^4}{2r^2}\right] + c_1 \end{aligned} \tag{6.5.16}$$

切应力分布为

$$p_{r\theta} = \mu\left(\frac{\partial V_\theta}{\partial r} - \frac{V_\theta}{r}\right) = -2\mu\frac{(\omega_1 - \omega_2)a_1^2 a_2^2}{(a_2^2 - a_1^2)^2}\frac{1}{r^2} \tag{6.5.17}$$

若使 $a_1 \to 0$, a_2 保持常数, 则得一旋转圆柱面内不可压缩黏性流体的定常圆周运动, 若使 $a_2 \to \infty$, a_1 保持常数, 则得旋转圆柱面外定常圆周运动。

6.6　二维平板非定常流动的瑞利问题

6.6.1　突然加速平板表面附近的层流

均匀不可压缩黏性流体为一无界平板所局限的半无界流动, 设整个系统原先是静止的, 在 $t = 0$ 时使该平板在 y 方向突然具有一匀速度 V_0, 确定平板表面附近流体的流动情况。

不可压缩

$$\nabla \cdot \boldsymbol{V} = 0, \quad \frac{\partial V}{\partial y} = 0$$

平面直线运动

$$\frac{\partial}{\partial x} = 0, \quad u = w = 0$$

$$V = V(z, t)$$

压力均匀分布, 无压力梯度力, 即 $\nabla p = 0$。此时, N-S 方程为

$$
\begin{cases}
\dfrac{\partial V}{\partial t} = \nu \dfrac{\partial^2 V}{\partial z^2} \\[2mm]
t \leqslant 0 时, \quad 对所有的 z, \quad V = 0 \\[2mm]
t > 0, \quad z = 0 处, V = V_0 \\[2mm]
t > 0, \quad z \to 0, V \to 0
\end{cases}
\tag{6.6.1}
$$

式 (6.6.1) 的解必和 z, t 有关, 设解为下列形式:

$$V = V_0 f(\eta) \tag{6.6.2}$$

令 $\eta = \dfrac{z}{\sqrt{4\nu t}}$ 为一无量纲变量, $f(\eta)$ 为一待定函数, 由式 (6.6.2) 可知

$$\frac{\partial V}{\partial t} = V_0 \frac{\partial f(\eta)}{\partial \eta} \frac{\partial \eta}{\partial t} = V_0 \frac{\partial f(\eta)}{\partial \eta} \left(-\frac{1}{2} \frac{\eta}{t} \right) = -\frac{1}{2} \frac{\eta}{t} \frac{\partial f(\eta)}{\partial \eta} V_0$$

而

$$
\begin{aligned}
\frac{\partial^2 V}{\partial z^2} &= V_0 \frac{\partial}{\partial z} \left(\frac{\partial f(\eta)}{\partial \eta} \frac{\partial \eta}{\partial z} \right) = V_0 \frac{\partial}{\partial z} \left(\frac{\partial f(\eta)}{\partial \eta} \frac{1}{\sqrt{4\nu t}} \right) \\[2mm]
&= \frac{V_0}{\sqrt{4\nu t}} \frac{\partial}{\partial \eta} \left(\frac{\partial f(\eta)}{\partial \eta} \right) \frac{\partial \eta}{\partial z} \\[2mm]
&= V_0 \frac{\eta^2}{z^2} \frac{\partial^2 f(\eta)}{\partial \eta^2}
\end{aligned}
$$

故由式 (6.6.1) 可得

$$\frac{\partial^2 f(\eta)}{\partial \eta^2} + 2\eta \frac{\partial f(\eta)}{\partial \eta} = 0 \tag{6.6.3}$$

其中

$$\mu = \mathrm{ML^{-1}T^{-1}}, \quad \nu = \mathrm{L^2 T^{-1}}, \quad q = \mathrm{L^{-1}L} = \mathrm{L^0} = 1$$

$$-\frac{1}{2} \frac{q}{t} V_0 \frac{\partial f(q)}{\partial q} = \nu V_0 \frac{q^2}{z^2} \frac{\partial^2 f(q)}{\partial q^2}$$

原定解问题特征化为

$$
\begin{cases}
\dfrac{\partial^2 f(\eta)}{\partial \eta^2} + 2\eta \dfrac{\partial f(\eta)}{\partial \eta} = 0 & ① \\[2mm]
\eta = 0, \quad f(\eta) = 1 & ② \\[2mm]
\eta \to \infty, \quad f(\eta) \to 0 & ③
\end{cases}
\tag{6.6.4}
$$

引入新变量

$$\phi = \frac{\mathrm{d}f(\eta)}{\mathrm{d}\eta}$$

则由式 (6.6.4) 之①可得

$$\frac{\mathrm{d}\phi}{\mathrm{d}\eta} + 2\eta\phi = 0 \tag{6.6.5}$$

积分上式

$$\phi = \frac{\mathrm{d}\phi}{\mathrm{d}\eta} = c_1 \mathrm{e}^{-\eta^2} \tag{6.6.6}$$

所以

$$f(\eta) = c_1 \int_0^q \mathrm{e}^{-\eta^2}\mathrm{d}\eta + c_2 \tag{6.6.7}$$

根据式 (6.6.4) 中之边界条件确定上式中的积分常数 c_1, c_2。

$$\eta = 0, \quad f(\eta) = 1 \Rightarrow c_2 = 1$$

$$\eta \to \infty, \quad f(\eta) \to 0 \Rightarrow c_2 = \frac{-1}{\displaystyle\int_0^\infty \mathrm{e}^{-\eta^2}\mathrm{d}\eta}$$

所以

$$f(\eta) = 1 - \frac{\displaystyle\int_0^\eta \mathrm{e}^{-\eta^2}\mathrm{d}\eta}{\displaystyle\int_0^\infty \mathrm{e}^{-\eta^2}\mathrm{d}\eta} = 1 - \frac{2}{\sqrt{\pi}} \int_0^\eta \mathrm{e}^{-\eta^2}\mathrm{d}\eta$$

令

$$\mathrm{erf}(\eta) = \frac{\displaystyle\int_0^\eta \mathrm{e}^{-\eta^2}\mathrm{d}\eta}{\displaystyle\int_0^\infty \mathrm{e}^{-\eta^2}\mathrm{d}\eta} = \frac{2}{\sqrt{\pi}} \int_0^\eta \mathrm{e}^{-\eta^2}\mathrm{d}\eta \tag{6.6.8}$$

所以

$$V = V_0 \left[1 - \mathrm{erf}\left(\frac{z}{\sqrt{4\nu t}} \right) \right] \tag{6.6.9}$$

讨论:

(1) $V/V_0 \sim \dfrac{z}{\sqrt{4\nu t}}$ 关系式如图 6.6.1 所示曲线。

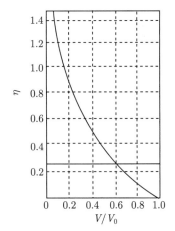

图 6.6.1　$V/V_0 \sim \dfrac{z}{\sqrt{4\nu t}}$ 关系曲线图

(2) 式 (6.6.1) 为**扩散方程**(diffusion equation)，故求解式 (6.6.9) 表示当平板突然移动时，流体黏性之影响从平板表面扩散到流体内部的现象，黏滞作用由固态边界扩散到流体内的现象，在流体力学中甚为重要。

(3) 上述问题，可推广到 $U = U(t) = U_0 t^n$ 的情况，仍有 $U = U(t) = U_0 f(\eta)$，且 $U(t) = U_0 t^n$，及 $u = U_0 t^n [1 - \mathrm{erf}(\eta)]$，上例即为特例。

此即瑞利问题 (Rayleigh 问题)，实际上是斯托克斯 (Stokes) 于 1851 年在其论文中的研究，但习惯上均称为瑞利问题。

(4) $\mathrm{erf}(\eta) \sim \eta$ 之曲线如图 6.6.2 所示。

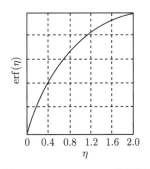

图 6.6.2　$\mathrm{erf}(\eta) \sim \eta$ 曲线图

且 $\eta \to \infty$，$\mathrm{erf}(\eta) \to 1$，$f(q) \to 0$。

6.6.2　瑞利问题的一般情况

该问题又叫**斯托克斯第二问题**(Stokes 第二问题)。设平板速度 U 是时间 t 的周期函数，设板以 ω 做简谐振动。

$$U = U(t) = U_0 \cos \omega t \tag{6.6.10}$$

则该定解问题为：

平面直线运动

$$u = w = 0, \quad V = V(z, t)$$

$$\nabla \cdot \boldsymbol{V} = \frac{\partial V}{\partial y} = 0, \quad \frac{\partial}{\partial x} = 0$$

$$\begin{cases} \dfrac{\partial V}{\partial t} = \dfrac{\partial^2 V}{\partial z^2} \\ V(z,0) = 0 \\ V(0,t) = U_0 \cos \omega t \\ V(\infty,t) = 0 (或 x 有界) \end{cases} \tag{6.6.11}$$

为求式 (6.6.11) 之解，现考虑下列问题: 设为 $F(z,t)$ 一复变函数

$$\begin{cases} \dfrac{\partial F}{\partial t} = \nu \dfrac{\partial^2 F}{\partial z^2} \\ F(z,0) = 0 \\ V(0,t) = U_0 \mathrm{e}^{\mathrm{i}\omega t} \end{cases} \tag{6.6.12}$$

如取式 (6.6.12) 各方程的实部，则得

$$\begin{cases} \dfrac{\partial R(F)}{\partial t} = \nu \dfrac{\partial^2 R(F)}{\partial z^2} \\ R(F)|_{t=0} = 0 \\ R(F)|_{t=0} = R\left(U_0 \mathrm{e}^{\mathrm{i}\omega t}\right) = R\left(U_0 \cos \omega t + \mathrm{i} U_0 R \sin \omega t\right) = U_0 \cos \omega t \end{cases} \tag{6.6.13}$$

比较式 (6.6.11) 和式 (6.6.13)，可知

$$V = R(F) \tag{6.6.14}$$

于是可求解 F，由 F 的实部得到 V，根据边界条件: $F(0,t) = U_0 \mathrm{e}^{\mathrm{i}\omega t}$，可对式 (6.6.12) 取形式解

$$F = \xi(z) U_0 \mathrm{e}^{\mathrm{i}\omega t} \tag{6.6.15}$$

将式 (6.6.15) 代入式 (6.6.12) 解第一和第二方程得

$$\begin{cases} \mathrm{e}^{\mathrm{i}\omega t} \mathrm{i}\omega \xi(z) = \nu \dfrac{\mathrm{d}^2 \xi}{\mathrm{d}z^2} \mathrm{e}^{\mathrm{i}\omega t} \quad \text{①} \\ \mathrm{e}^{\mathrm{i}\omega t} \xi(0) = U_0 \mathrm{e}^{\mathrm{i}\omega t} \quad\quad\quad \text{②} \end{cases} \tag{6.6.16}$$

解式 (6.6.16) 之①，可得通解

$$\begin{aligned} \xi =& A \exp \left(\sqrt{\frac{\mathrm{i}\omega}{\nu}} z\right) + B \exp \left(-\sqrt{\frac{\mathrm{i}\omega}{\nu}} z\right) \\ =& A \exp \left[\sqrt{\frac{\omega}{\nu}} \left(\frac{1+\mathrm{i}}{\sqrt{2}}\right) z\right] + B \exp \left[-\sqrt{\frac{\omega}{\nu}} \left(\frac{1+\mathrm{i}}{\sqrt{2}}\right) z\right] \\ =& A \exp \left(\sqrt{\frac{\omega}{2\nu}}\right) \left[\cos \left(\sqrt{\frac{\omega}{2\nu}} z\right) + \mathrm{i} \sin \left(\sqrt{\frac{\omega}{2\nu}} z\right)\right] \\ &+ B \exp \left(-\sqrt{\frac{\omega}{2\nu}}\right) \left[\cos \left(\sqrt{\frac{\omega}{2\nu}} z\right) - \mathrm{i} \sin \left(\sqrt{\frac{\omega}{2\nu}} z\right)\right] \end{aligned}$$

因为
$$z \to \infty, v \to 0$$

所以
$$A = 0$$

再由式 (6.6.16) 之②可得
$$B = U_0$$

故
$$\xi(z) = U_0 \exp\left(-\sqrt{\frac{\omega}{2\nu}}z\right)\left[\cos\left(\sqrt{\frac{\omega}{2\nu}}z\right) - \mathrm{i}\sin\left(\sqrt{\frac{\omega}{2\nu}}z\right)\right] \tag{6.6.17}$$

根据式 (6.6.15) 可得
$$\begin{aligned}
F &= \xi \exp(\mathrm{i}\omega t) \\
&= U_0 \exp\left(-\sqrt{\frac{\mathrm{i}\omega}{\nu}}z\right)\exp\left(\mathrm{i}\sqrt{\frac{\mathrm{i}\omega}{\nu}}z\right)\exp(\mathrm{i}\omega t) \\
&= U_0 \exp\left(-\sqrt{\frac{\mathrm{i}\omega}{\nu}}z\right)\exp\left(\mathrm{i}\omega t - \sqrt{\frac{\mathrm{i}\omega}{\nu}}z\right) \\
&= U_0 \exp\left(-\sqrt{\frac{\mathrm{i}\omega}{\nu}}z\right)\left[\cos\left(\omega t - \sqrt{\frac{\omega}{2\nu}}z\right) + \mathrm{i}\sin\left(\omega t - \sqrt{\frac{\omega}{2\nu}}z\right)\right]
\end{aligned}$$

所以
$$V = R(F) = U_0 \exp\left(-\sqrt{\frac{\omega}{2\nu}}z\right) \cdot \cos\left(\omega t - \sqrt{\frac{\omega}{2\nu}}z\right) \tag{6.6.18}$$

但式 (6.6.18) 不满足原边界条件
$$V(z,0) = 0 \text{ 或 } F(z,0) = 0$$

故式 (6.6.18) 的解不是原定解问题的解，因此再设真实解为
$$U = V + V_1$$

可以证明，当 t 很大时 (与振动周期相比)，$V_1 \to 0$，则当 t 很大时，即可有 $U = V$。

6.7　基本方程组的无量纲化与相似分析

6.7.1　基本方程组的无量纲化

1. 特征值

为研究某一物理现象，需要引进描述这一现象的一些物理量，例如为研究黏性流动，需引入时间、位移、速度、质量力、压力、密度、黏度等物理量来描述流体的运动情况，在特定的物理现象或物理过程中，这些物理量总是在一定范围内变化。往往选择在该过程中最具有代表意义并能反映一般大小的物理量来代表在这特定的过程中某一物理量的大小，并称为该物理量的**特征值**。

特征值一般是用含有量纲的 10 的幂次数来表示，例如风速的特征值常用 $10^1\mathrm{m/s}$ 表示。

2. 无量纲量

任一具体的物理量均可以表示为该物理量的特征值和某一个无量纲的纯数的乘积, 即

$$h = Hh^* \tag{6.7.1}$$

式中, h 代表某一物理量; H 为其特征值, h^* 为物理量 h 的 **无量纲量**。

由式 (6.7.1) 可知, 某物理量的无量纲量就是以其特征值为尺度所测得该物理量的具体大小。因此任一物理量的无量纲量的数量级总是 10^0。无量纲量的数值与单位制的选择无关。例如, 在 SI 制中, 取风速的特征值为 $V = 10^1\text{m/s}$, 若风速为 8m/s, 则其无量纲量 $V^* = 0.8$。如取 C.G.S. 制 (一种国际通用的单位制式, 即 Ceutimeter-Gram-Second 制, 又称高斯单位制), 风速为 800cm/s, 其特征风速 $V = 10^3\text{cm/s}$, 则无量纲量 V^* 仍为 0.8。

由于特征值在整个过程中为一常数, 它代表整个过程中某物理量的一般大小。因此任一物理量在过程中随时间、空间坐标的变化只反映在其相应的无量纲量上。

3. 基本方程组的无量纲化

1) 黏性流动中的各物理量

根据式 (6.7.1), 与黏性流动中各物理量相对应的无量纲量可按以下方式组成 (上标 $*$ 表示无量纲量):

$$
\begin{cases}
t^* = t/t_0 \\
x_i^* = x_i/L \ (i = 1, 2, 3, \cdots) \\
\boldsymbol{V}^* = \boldsymbol{V}/V_0 \\
p^* = p/p_0 \\
T^* = (T - T_0)/(T_\text{w} - T_0) \\
g^* = g/g_0 \\
\rho^* = \rho/\rho_0 \\
\mu^* = \mu/\mu_0 \\
\nu^* = \nu/\nu_0 \\
\lambda^* = \lambda/\lambda_0 \\
c_p^* = c_p/c_{p0} \\
c_V^* = c_V/c_{V0}
\end{cases}
\tag{6.7.2}
$$

式中, $t_0, L, V_0, p_0, T_0, g_0, \rho_0, \mu_0, \nu_0, \lambda_0, c_{p0}, c_{V0}$ 为各物理量的特征值, 分别称为特征时间、特征长度、特征速度 $\cdots\cdots T_\text{w}$ 是物体壁面上的温度。在一般情况下, 对于外部流动, 通常选择来流的未扰动量作为特征量; 对于内部流动, 则常取滞止值或某已知点值作为特征量。这些特征量的选取原则和目的在于使方程无量纲化, 且不增加新的未知量, 并使式 (6.7.2) 中的无量纲量的数量级为 10^0, 因此它们不是唯一的。例如, 对非定常流动, 当局地惯性力与平流惯性力同量级, 或者对于定常流动, 各运动参量不随时间变化, 流动本身没有特征时间, 可取 $t_0 = L/V_0$, 对于具有圆频率为 ω_0 的周期运动, 可取 $t_0 = 1/\omega_0$。特征长度可取为被绕流物体的某一特定长度或管道的直径。特征速度可取为来流速度或管道某横截面上的平均速度。对于一些常数参量, 例如, 均质不可压缩流体的密度 ρ、动力黏度 μ 及重力 g 等, 它

们的特征值 ρ_0, μ_0 及 g_0 就分别等于各自本身的值, 即 $\rho = \rho_0$, $\mu = \mu_0$, $g = g_0$。所以它们的无量纲量 ρ^*、μ^* 及 g^* 均等于 1。

以式 (6.7.2) 分别代入连续性方程、运动方程和能量方程, 然后加以适当处理就可将基本方程组无量纲化。

2) 连续性方程

以式 (6.7.2) 代入连续性方程可得

$$\frac{L}{V_0 t_0} \frac{\partial \rho^*}{\partial t^*} + \nabla^* \cdot (\rho^* \boldsymbol{V}^*) = 0 \tag{6.7.3}$$

式中, $\dfrac{L}{V_0 t_0}$ 为一无量纲特征参数, 称为特征**斯特劳哈尔数**(St 数), 以符号 St 表示之

$$St = \frac{L}{V_0 t_0} \tag{6.7.4}$$

于是无量纲连续性方程可写作

$$St \frac{\partial \rho^*}{\partial t^*} + \nabla^* \cdot (\rho^* \boldsymbol{V}^*) = 0 \tag{6.7.5}$$

上式中

$$\nabla^* = \boldsymbol{i} \frac{\partial}{\partial x^*} + \boldsymbol{j} \frac{\partial}{\partial y^*} + \boldsymbol{k} \frac{\partial}{\partial z^*}$$

如果流体是不可压缩的, 则无量纲连续性方程为

$$\nabla^* \cdot \boldsymbol{V}^* = 0 \tag{6.7.6}$$

3) N-S 方程

将式 (6.7.2) 代入不可压缩黏性流体的 N-S 方程, 可得

$$\frac{V_0}{t_0} \frac{\partial \boldsymbol{V}^*}{\partial t^*} + \frac{V_0^2}{L} (\boldsymbol{V}^* \cdot \nabla^*) \boldsymbol{V}^* = g_0 \boldsymbol{g}^* - \frac{p_0}{\rho_0 L} \frac{1}{\rho^*} \nabla^* p^* + \frac{\nu_0 V_0}{L^2} \nu^* \nabla^{*2} \boldsymbol{V}^* \tag{6.7.7}$$

式 (6.7.7) 中所有无量纲量 (包括其导数) 组合的量, 根据特征值的概念, 数量级应该是 10^0。如果把运动方程看成是多种作用力的关系式, 则式 (6.7.7) 中各项由特征值组成的量表示各种特征力, 如 $\dfrac{V_0}{t_0}$ 为特征局地惯性力, $\dfrac{V_0}{L^2}$ 为特征平流惯性力, g_0 为特征重力, $\dfrac{p_0}{\rho_0 L_0}$ 为特征压力梯度力, $\dfrac{\nu_0 V_0}{L^2}$ 为特征黏性力。

以 $\dfrac{V_0}{L^2}$ 除式 (6.7.7) 各项, 则得无量纲运动方程如下:

$$St \frac{\partial \boldsymbol{V}^*}{\partial t^*} + (\boldsymbol{V}^* \cdot \nabla^*) \boldsymbol{V}^* = -\frac{g^*}{Fr} - Eu \nabla^* p^* + \frac{1}{Re} \nabla^{*2} \boldsymbol{V}^* \tag{6.7.8}$$

式中

$$\nabla^{*2} = \frac{\partial^2}{\partial x^{*2}} + \frac{\partial^2}{\partial y^{*2}} + \frac{\partial^2}{\partial z^{*2}} \tag{6.7.9}$$

$$Fr = \frac{V_0^2}{g_0 L}, \quad Eu = \frac{p_0}{\rho_0 V_0^2}, \quad Re = \frac{V_0 L}{\nu_0} \tag{6.7.10}$$

式中，Fr, Eu, Re 均为特征无量纲参数，分别称为特征弗劳德数 (Fr 数)，特征欧拉数 (Eu 数) 和特征雷诺数 (Re 数)。

类似地可将初始条件和边界条件无量纲化。

(1) 初始条件

当 $t^* = t_0^*$ 时

$$\begin{cases} \boldsymbol{V}^* = \boldsymbol{V}_0^*(x^*, y^*, z^*) \\ p^* = p_0^*(x^*, y^*, z^*) \end{cases} \tag{6.7.11}$$

(2) 边界条件

在无穷远来流中：$V = V_0, p = p_0$，对不可压缩流体，可定义无量纲压力为

$$p^* = \frac{p - p_0}{\rho_0 V_0^2} \tag{6.7.12}$$

于是无穷远处的边界条件为

$$\boldsymbol{V}^* = 1, \quad p^* = 0 \tag{6.7.13}$$

在静止固壁处：$\boldsymbol{V} = 0$，故

$$\boldsymbol{V}^* = 0 \tag{6.7.14}$$

在液体自由面上：$p = p_0$，于是有

$$\begin{cases} p_{nn}^* = -p/p_0 \\ p_{n\tau}^* = 0 \end{cases} \tag{6.7.15}$$

综上所述，可得黏性不可压缩流体基本方程组和定解条件的无量纲形式：

$$\begin{cases} \nabla^* \cdot \boldsymbol{V}^* = 0 \\ St\dfrac{\partial \boldsymbol{V}^*}{\partial t^*} + (\boldsymbol{V}^* \cdot \nabla^*)\boldsymbol{V}^* = -\dfrac{g^*}{Fr} - Eu\nabla^* p^* + \dfrac{1}{Re}\nabla^{*2}\boldsymbol{V}^* \\ \text{边界条件：} \\ \quad\text{静止固壁处：} \boldsymbol{V}^* = 0 \\ \quad\text{无穷远处：} \boldsymbol{V}^* = 1, p^* = 0 \\ \quad\text{自由面上：} \begin{cases} p_{nn}^* = -p_0/p_0 \\ p_{n\tau}^* = 0 \end{cases} \\ \text{初始条件：} \\ \quad t^* = t_0^* \text{ 时，} \begin{cases} \boldsymbol{V}^* = \boldsymbol{V}_0^*(x^*, y^*, z^*) \\ p^* = p_0^*(x^*, y^*, z^*) \end{cases} \end{cases} \tag{6.7.16}$$

应该指出，无量纲方程与单位制无关。同时在无量纲方程中，可以从特征无量纲数的大小，分析出各特征力的相对重要性，从而可用于简化方程，这是大气动力学中进行尺度分析简化方程的依据。另外，如本书后续章节所述，可以利用无量纲形式的基本方程组和边界条件及初始条件，求得两流动是动力相似的充分和必要条件。

6.7.2　相似分析

把流体力学问题归结为数学上的一个定解问题，这是理论流体力学求解流体力学问题的基本途径。但是，由于黏性流动的基本方程组是一组非线性的偏微分方程，在数学处理上遇到很大困难，只有少数最简单的流动问题才能求得准确解，大量的实际流体流动问题理论分析只能提供近似解，这就需要通过实验获得资料借以改进。因此，实验流体力学是流体力学的重要组成部分。通过流体力学实验既可以弥补理论求解的困难，也可以检验所得理论结果的准确性。

在实验流体力学中，首先要解决的是模拟问题，也就是说如何把实验室中对模型流动的实验结果应用于实际的原型流动。从理论上说这就要求模型流动与原型流动是相似现象。相似理论是实验流体力学的理论基础。目前在大气科学领域里，已开展了大气环流、台风及热对流方面的模拟实验。

所谓**流动现象相似**，就是要求满足几何、运动、动力及热力四个相似条件，且要求初始及边界条件相同，下面分别予以讨论。

1. 几何相似

要求两流场的边界几何形状相似，即两者具有相同的形状，所有对应的线尺度成常数比，各对应角相等。

对于两个几何相似的流动，可以建立时空相似点的概念，将时间 t 和空间坐标 $\boldsymbol{r}$ 看作四维空间中的 4 个坐标，四维空间中每一点与一组 $(t, \boldsymbol{r})$ 值对应，今以特征时间 t_0 及特征长度 L 分别除以 t 及 $\boldsymbol{r}$，则得无量纲时间 $\dfrac{t}{T}$ 及无量纲空间坐标 $\dfrac{\boldsymbol{r}}{L}\left(\dfrac{x}{L}, \dfrac{y}{L}, \dfrac{z}{L}\right)$。在两流动中其无量纲时空坐标相等的点称为时空相似点，也就是说，时空相似点应满足下列条件：

$$\frac{\boldsymbol{r}_1}{L_1} = \frac{\boldsymbol{r}_2}{L_2}; \quad \frac{t_1}{T_1} = \frac{t_2}{T_2} \tag{6.7.17}$$

式中，下标 1 表示原型流动，下标 2 表示模型流动。

2. 运动相似

要求在两流动时空相似点处速度方向相同，大小成常数比。两运动相似流动的流线形式应相同，由于流场的边界形成边界流线，可知运动相似的流动必是几何相似的。运动相似还要求两流动具有相同的流动特征，如果在原型流动中不存在压缩性或空泡效应，这些效应是可以改变流动特征的，则在模型流动中也应该避免产生这些影响。

3. 动力相似

两几何相似的流动在所有时空相似点处同类力的方向相同，大小成常数比。为了达到动力相似，两流动必须是几何相似及运动相似的。也就是说，动力相似包含了力、时间、长度三个基本力学量的相似。由此可知动力相似要求一切力学量均满足相似条件。若以 h 表示流动中的任一物理量，选 H 作为该物理量的特征量，则得相应的无量纲物理量为 $\dfrac{h}{H}$。于是在两动力相似的流动中所有时空相似点处，任一无量纲物理量都相等。即

$$\frac{h_1}{H_1} = \frac{h_2}{H_2} \tag{6.7.18}$$

4. 热力相似

两运动相似流动中时空相似点的温度成比例，且通过时空相似点上对应面元的热流量方向相同，大小成比例。

如仅限于讨论两流动的力学相似，则不要求满足热力相似条件。

利用无量纲化基本方程组 (6.7.16)，可导出两个不可压缩黏性流动为力学相似的充分和必要条件是：两流动的无量纲基本方程组及定解条件中所包含的所有无量纲特征参数都一一对应地相等。下面首先推导必要条件，设两个几何相似的流动力学相似，则由式 (6.7.18)有

$$\begin{cases} \boldsymbol{V}_1^* = \boldsymbol{V}_2^* \\ p_1^* = p_2^* \end{cases} \tag{6.7.19}$$

即两流动的无量纲速度及无量纲压力分别对应地相等，由此可知 $\boldsymbol{V}^*$ 及 p^* 所满足的无量纲基本方程组和定解条件式 (6.7.16) 亦应相等，于是得到下列必要条件：

$$\begin{cases} St_1 = St_2 \\ Fr_1 = Fr_2 \\ Eu_1 = Eu_2 \\ Re_1 = Re_2 \end{cases} \tag{6.7.20}$$

再推导充分条件，若两流动满足式 (6.7.20)，且定解条件相同，则两流动必满足完全相同的无量纲基本方程组，如果方程组的解是唯一的，则有

$$\boldsymbol{V}_1^* = \boldsymbol{V}_2^*, \quad p_1^* = p_2^* \tag{6.7.21}$$

根据定义两流动属力学相似。因此式 (6.7.20) 就是两几何相似的不可压缩黏性流动力学相似的充分必要条件。两流动现象力学相似的充分必要条件合在一起称为相似律。无量纲特征参数 St, Fr, Eu, Re 称为相似准则。可以证明，在相似准则 St, Fr, Eu, Re 中，St, Fr, Re 三个是独立的，Eu 是 St, Fr, Re 的函数。于是在充分必要条件式 (6.7.20) 中的 $Eu_1 = Eu_2$ 可以去掉，只要求 St, Fr, Re 相等就可以了。

在不可压缩黏性流动的模拟实验中，一般不可能同时满足所有的相似准则都对应相等的条件，实际上只能做到使主要的相似准则对应相等，而放弃次要相似准则对应相等的要求。一般说来，模拟黏性流体的低速流动时，流体可作为不可压缩流体，这时，必须保证 Re 数，Pr 数[①] 及 T_w/T_0 对应相等，如果问题只涉及力和速度等动力学参数，而与热力学参数无关，则只需保证 Re 数相等；模拟自由表面的波动时，相似准则中必须包括 Fr 数；模拟周期性的非定常流动时，相似准则中必须包括 St 数。应特别注意的是，在流动现象相似的前提下，模型实验和实际流动中，所有对应的无量纲物理量是相等的，实验所得的数据必须整理成无量纲形式。由这些无量纲量的数值，通过换算，方可得到实际流动中相应的有量纲物理量的数值。通常模型实验和实际流动中这些有量纲的物理量并不是对应相等的。切不可不加分析地把有量纲的实验结果移用到实际问题中去。

---

① Pr 数叫做普朗特数，其定义式为 $Pr = \dfrac{\mu_0 c_{p0}}{\lambda_0}$，该特征无量纲数表征流体物性的影响。

6.7.3 特征无量纲数的物理意义

1. 雷诺数

雷诺数是黏性流动的相似准则。由

$$Re = \frac{V_0 L}{\nu_0} = \frac{\dfrac{V_0^2}{L}}{\dfrac{\nu_0 V_0}{L^2}} \tag{6.7.22}$$

可知雷诺数表示特征平流惯性力对特征黏性力之比，它的大小反映了这两项在运动微分方程中的相对重要性。$Re \gg 1$，表示特征黏性力相对于特征平流惯性力为很小，黏性对流动的影响很小，这种流动即所谓大雷诺数的弱黏性流动；$Re \ll 1$，表示特征黏性力相对于平流惯性力为很大，黏性对流动的作用很强，这种流动称为小雷诺数的强黏性流动；$Re \approx 1$，则代表一般黏性流动，此时特征黏性力与特征平流惯性力同等重要。

由雷诺数的定义式可知，Re 的大小不仅与流体的黏性有关，还与流动的快慢以及运动尺度的大小有关。对同一种流体而言，由于运动尺度和流动快慢的不同，黏性对流动影响的相对程度是不同的，小尺度缓慢流动中黏性的作用比在大尺度高速流动中要强得多。

2. 弗劳德数

在质量力仅为重力的条件下

$$Fr = \frac{V_0^2}{GL} = \frac{\dfrac{V_0^2}{L}}{\dfrac{G}{L}} \tag{6.7.23}$$

Fr 表示特征平流惯性力对特征重力之比，它反映重力作用项在运动方程中的相对重要性，$Fr \gg 1$，表示重力作用项相对于平流惯性项为很小，称为大弗劳德数的轻流体 (即不考虑重力作用) 流动，这属于空气动力学范围；$Fr \ll 1$，表示重力作用对流动影响为很大，称为小弗劳德数流动，属于地球物理流体力学范围。

重力作用对流动的影响也与流动的快慢和运动的尺度有关。同样处于地球重力场中的空气运动，对于小尺度的高速流动，重力的影响可略去不计，如航空工程中的高速气流的空气动力学问题；而对大尺度的缓慢运动的大气动力学问题，则必须考虑重力的作用。

Fr 是重力作用相似的判据。与重力有关的现象必须考虑 Fr 数，例如在表面波和舰船的兴波阻力问题中，Fr 是相似判据之一。

3. 斯特劳哈尔数

斯特劳哈尔数是流动非定常性的相似准则，其表达式为

$$St = \frac{L}{V_0 T} = \frac{\dfrac{V_0}{T}}{\dfrac{V_0^2}{L}} \tag{6.7.24}$$

它表示特征局地惯性力对特征平流惯性力之比，是特征局地惯性力相对大小的量度，反映了流动非定常性的相对重要性。对于定常流动可以不考虑此判据。一般情况下，把流动视为定常流动的条件为 $St = \dfrac{V_0}{T} \Big/ \dfrac{V_0^2}{L} = \dfrac{L}{V_0 T} \ll 1$。

4. 欧拉数

$$Eu = \frac{p_0}{\rho_0 V_0^2} = \frac{\dfrac{p_0}{\rho_0 L}}{\dfrac{V_0^2}{L}} \tag{6.7.25}$$

它表示特征压力梯度力与特征平流惯性力之比，它的大小反映压力表面力作用的相对重要性，是压力作用相似的判据，与压力作用有关的现象由 Eu 数决定，例如空泡现象。如果问题中不存在自由面，可取 $p_0 = \rho_0 V_0^2$，即 $Eu = 1$。

6.8　小雷诺数条件下绕小球流动

6.8.1　近似方法

本节以小球在无界不可压缩黏性流体中的缓慢运动为例，讨论在小雷诺数条件下的近似解法。所谓**近似方法**，就是根据问题的特点，抓住现象的主要因子，略去其次要因子，从而使方程组或定解条件得到简化的一种方法。在求近似解的过程中，应注意以下两点。

(1) 所略去的次要因子必须是必要的和可能的。所谓必要，就是所略去的因子是求解问题的极大障碍，如不略去，问题就很难解决；所谓可能，就是要略去的因子对所研究的问题不起主要作用，而在略去之后，对问题的结论无原则性影响。

(2) 决定问题的主要因子及次要因子是相对的，是因所研究的具体问题的内容、要求的不同而异，因而在某一具体问题中，哪些因子该略去，哪些因子该保留，应该进行具体分析才能决定，不可生搬硬套。

在 $Re \ll 1$ 的条件下，黏性力的量级比平流惯性力的量级大得多，即黏性力对流动起主导作用，是问题的主要因子，而平流惯性力则成为问题的次要因子。在这种近似方法中，作为零级近似，可将非线性的惯性项全部略去，而作为一级近似，则可保留非线性项中的主要部分而略去其次要部分，从而可使方程组得到不同程度的简化。

6.8.2　问题及其求解

今有一半径为 a 的小球在无界黏性不可压缩流体中以速度 U 做匀速直线运动 (设小球在运动过程中不旋转)，不计质量力，并设本题中满足条件 $Re = \dfrac{U(2a)}{\nu} \ll 1$。求小球拖曳流体运动的速度分布及压力分布以及小球所受的阻力。由于认为在无穷远处流体速度为零，而在圆球附近流体运动是非定常的，且是缓慢流动的。

小球在静止流体中均匀直线运动，如把坐标系固结于运动的小球上，上述问题等价于无穷远处来流速度为 U(方向与小球运动方向相反) 的不可压缩黏性流体绕小球的定常流动问题 (图 6.8.1)。

上述两种情况下，小球所受的阻力是相同的 (由于相对运动决定阻力)，但二者对应的流场不同，前者为非定常流场，后者为定常流场。但前者的流场只需从后者的速度分布中减去 U 即可，此时无限远处流场即为静止的，而小球以速度 U 沿相反方向做匀速直线运动。

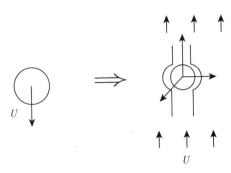

图 6.8.1　小雷诺数绕小球流动

在上述转化当中, 基本方程组不变, 但边界条件转化为

$$\begin{cases} r = a, \ \boldsymbol{V}|_{r=a} = 0, & \text{即} \ V_r|_{r=a} = 0, V_\theta|_{r=a} = 0 \\ r = a, \ \boldsymbol{V}|_{r=\infty} = \boldsymbol{U}, & \text{即} \ V_r|_{r=\infty} = U\cos\theta, V_\theta|_{r=a} = -U\sin\theta \end{cases} \tag{6.8.1}$$

作为零级近似, 略去全部惯性项, 因而方程组简化为

$$\begin{cases} \nabla \cdot \boldsymbol{V} = 0 \\ \dfrac{\partial \boldsymbol{V}}{\partial t} + (\nabla \cdot \boldsymbol{V})\boldsymbol{V} = -\dfrac{1}{\rho}\nabla p + \nu\nabla^2\boldsymbol{V} \end{cases} \tag{6.8.2}$$

由于小球缓慢运动, 因而在小球附近存在

$$Re = \frac{U(2a)}{\nu} \ll 1 \tag{6.8.3}$$

定常均匀绕流

$$\frac{\partial \boldsymbol{V}}{\partial t} = 0 \tag{6.8.4}$$

所以, 上式可以转化为

$$\begin{cases} \nabla \cdot \boldsymbol{V} = 0 \\ \nabla p = \mu\nabla^2\boldsymbol{V} \end{cases} \tag{6.8.5}$$

从数学上可以理解为非线性方程组转化为线性方程组, 而物理上理解为非线性为小项, 可略去不计 (图 6.8.2)。

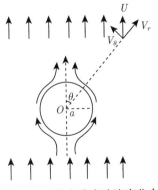

图 6.8.2　绕小球流动速度分布

取球坐系 (r,θ,φ)，使 θ 的起算轴线 z 轴的正向沿来流方向。根据小球绕流问题的轴对称性知

$$V_\varphi = 0 \tag{6.8.6}$$

即

$$\begin{cases} V_r = V_r(r,\theta) \\ V_\theta = V_\theta(r,\theta) \end{cases} \tag{6.8.7}$$

且

$$p = p(r,\theta) \tag{6.8.8}$$

且

$$\frac{\partial V_r}{\partial \varphi} = \frac{\partial V_\theta}{\partial \varphi} = \frac{\partial p}{\partial \varphi} = 0 \tag{6.8.9}$$

因此式 (6.8.5) 的分量式为

$$\begin{cases} \dfrac{\partial V_r}{\partial r} + \dfrac{1}{r}\dfrac{\partial V_\theta}{\partial \theta} + \dfrac{2V_r}{r} + \dfrac{V_\theta}{r}\cot\theta = 0 \\[2mm] \dfrac{\partial p}{\partial r} = \mu\left(\dfrac{\partial^2 V_r}{\partial r^2} + \dfrac{1}{r^2}\dfrac{\partial^2 V_r}{\partial \theta^2} + \dfrac{2}{r}\dfrac{\partial V_r}{\partial r} + \dfrac{\cot\theta}{r^2}\dfrac{\partial V_r}{\partial \theta} - \dfrac{1}{r^2}\dfrac{\partial V_\theta}{\partial \theta} - \dfrac{2V_r}{r^2} - \dfrac{2\cot\theta}{r^2}V_\theta\right) \\[2mm] \dfrac{1}{r}\dfrac{\partial p}{\partial \theta} = \mu\left(\dfrac{\partial^2 V_\theta}{\partial r^2} + \dfrac{1}{r^2}\dfrac{\partial^2 V_\theta}{\partial \theta^2} + \dfrac{2}{r}\dfrac{\partial V_\theta}{\partial r} + \dfrac{\cot\theta}{r^2}\dfrac{\partial V_\theta}{\partial \theta} + \dfrac{2}{r^2}\dfrac{\partial V_r}{\partial \theta} - \dfrac{V_\theta}{r^2\sin^2\theta}\right) \end{cases} \tag{6.8.10}$$

边界条件为

$$\begin{cases} r = a, & V_r = 0, & V_\theta = 0 \\ r \to \infty, & V_r = U\cos\theta, & V_\theta = -U\sin\theta \end{cases} \tag{6.8.11}$$

采用分离变数法求解式 (6.8.10)，可得小球绕流流场的速度分布及压力分布为

$$\begin{cases} V_r(r,\theta) = f(r)F(\theta) \\ V_\theta(r,\theta) = g(r)G(\theta) \\ p(r,\theta) = p_\infty = \mu l(r)L(\theta) \end{cases} \tag{6.8.12}$$

根据边界条件式 (6.8.11) 可知

$$\begin{cases} F(\theta) = \cos\theta \\ G(\theta) = -\sin\theta \end{cases} \tag{6.8.13}$$

即

$$\begin{cases} V_r(r,\theta) = f(r)\cos\theta \\ V_\theta(r,\theta) = -g(r)\sin\theta \end{cases} \tag{6.8.14}$$

所以绕流流场

$$\begin{cases} V_r = U\cos\theta\left(1 - \dfrac{3}{2}\dfrac{a}{r} + \dfrac{1}{2}\dfrac{a^3}{r^3}\right) \\[2mm] V_\theta = -U\sin\theta\left(1 - \dfrac{3}{4}\dfrac{a}{r} - \dfrac{1}{4}\dfrac{a^3}{r^3}\right) \end{cases} \tag{6.8.15}$$

$$p(r, \theta) = -\frac{3}{2}\mu U a \frac{\cos\theta}{r^2} + p_\infty \tag{6.8.16}$$

式中，p_∞ 为无穷远处，均匀来流中的压强，即等于未受扰动的压强。

　　由式 (6.8.15) 所确定的速度分布如图 6.8.3 所示，可知均流绕小球的流动，仅在小球附近受到影响。

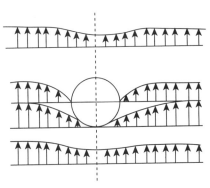

图 6.8.3　绕小球流动压力分布

　　由式 (6.8.15) 所表示的均流无脱体绕流小球流场的速度分布函数中减去均流流场，则得小球在静止黏性不可压缩流体中沿负 z 方向以匀速 U 做直线运动时拖曳黏性流体所产生的流场的速度分布函数。即

$$\begin{cases} V_r'(r, \theta) = V_r(r, \theta) - U\cos\theta = U\cos\theta\left(-\frac{3}{2}\frac{a}{r} + \frac{1}{2}\frac{a^3}{r^3}\right) \\ V_\theta'(r, \theta) = V_\theta(r, \theta) + U\sin\theta = U\sin\theta\left(\frac{3}{4}\frac{a}{r} + \frac{1}{4}\frac{a^3}{r^3}\right) \end{cases} \tag{6.8.17}$$

式 (6.8.17) 所表示的小球缓慢运动的流场公式首先是由斯托克斯于 1851 年得到的，通常称之为**斯托克斯解**，这种小雷诺数条件下的零级近似方法常称为 "斯托克斯近似"。式 (6.8.17) 所表示的流场分布如图 6.8.4 所示。

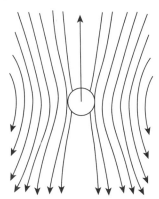

图 6.8.4　斯托克斯解的速度分布

6.8.3　小球所受之阻力

　　现在计算小球所受的阻力，作用于小球的应力矢为 $\boldsymbol{p}_r$，考虑到流动的轴对称性，应力分

量为

$$\begin{cases} p_{rr} = -p + 2\mu\dfrac{\partial V_r}{\partial r} \\[2mm] p_{r\theta} = \mu\left(\dfrac{1}{r}\dfrac{\partial V_r}{\partial \theta} + \dfrac{\partial V_\theta}{\partial r} - \dfrac{V_\theta}{r}\right) \\[2mm] p_{r\varphi} = 0 \end{cases} \tag{6.8.18}$$

由球面上的边界条件知:

$$V_r|_{r=a} = V_\theta|_{r=a} = 0 \tag{6.8.19}$$

且

$$r = a, \quad \frac{\partial V_r}{\partial \theta} = \frac{\partial V_\theta}{\partial \theta} = 0 \tag{6.8.20}$$

又根据连续性方程可知

$$\frac{\partial V_r}{\partial r} = 0 \tag{6.8.21}$$

所以, 将式 (6.8.19)~ 式 (6.8.21) 代入式 (6.8.18) 可得

$$\begin{cases} p_{rr} = -p \\[2mm] p_{r\theta} = \mu\dfrac{\partial V_\theta}{\partial r} \end{cases} \tag{6.8.22}$$

将前面所得之速度分布式 (6.8.15) 及压力分布式 (6.8.16) 代入式 (6.8.22), 并在球面上取值, 即可得球面上的应力分量为

$$\begin{cases} p_{rr} = \dfrac{3}{2}\dfrac{\mu U}{a}\cos\theta - p_\infty \\[2mm] p_{r\theta} = -\dfrac{3}{2}\dfrac{\mu U}{a}\sin\theta \end{cases} \tag{6.8.23}$$

考虑到流动的轴对称性, 在与 z 轴垂直方向的应力分量均相互抵消, 可知作用于小球的合力应沿 z 轴方向 (图 6.8.5)。

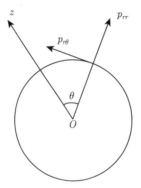

图 6.8.5 小球受力分析

今以 P 表示作用于小球上的应力的合力, 即小球所受之阻力, 则应有

$$P = \oint_\sigma (p_{rr}\cos\theta - p_{r\theta}\sin\theta)\mathrm{d}\sigma$$

$$\begin{aligned}
&= \int_0^\pi (p_{rr}\cos\theta - p_{r\theta}\sin\theta)2\pi a^2\sin\theta \mathrm{d}\theta \\
&= 2\pi a^2 \int_0^\pi \left[\frac{3\mu U}{2a}(\cos^2\theta + \sin^2\theta) - p_\infty\cos\theta\right]\sin\theta \mathrm{d}\theta \\
&= 3\pi\mu U a \int_0^\pi \sin\theta \mathrm{d}\theta - 2\pi a^2 p_\infty \int_0^\pi \cos\theta\sin\theta \mathrm{d}\theta \\
&= 6\pi\mu U a
\end{aligned}$$

即

$$P = 6\pi\mu U a \tag{6.8.24}$$

定义阻力系数 C_D 为

$$C_D = \frac{P}{\frac{1}{2}\rho U^2(\pi a^2)} = \frac{24}{Re} \tag{6.8.25}$$

其中

$$Re = \frac{\rho U(2a)}{\mu} = \frac{\rho U d}{\mu} \tag{6.8.26}$$

式中, $d = 2a$ 为小球直径, 式 (6.8.24) 或式 (6.8.25) 称为**斯托克斯阻力公式**。由此可知小球所受之阻力与速度 U、小球半径 a 以及黏度 μ 成正比, 而阻力系数则与雷诺数成反比。

斯托克斯公式在工程技术中有广泛的应用, 可用以测微小粒子在流体中的下落速度, 或用以测流体的黏度, 但应注意其适用范围是 $Re \ll 1$。

在斯托克斯近似处理中, 全部略去了惯性项, 因而可估计一下所略惯性项的数量级, 并与黏性项及压力梯度项比较, 以分析斯托克斯近似解的适用范围。由式 (6.8.15) 及式 (6.8.16) 可得惯性项的数量级为 $\dfrac{U^2 a}{r^2}$, 而黏性项的数量级 (与压力梯度项同量级) 为 $\dfrac{\mu U a}{\rho r^3}$。惯性项与黏性项之比的量级为 $\dfrac{\rho U r}{\mu} = \dfrac{U r}{\nu}$, 因此可知, 只有当 $r \approx a$ 时, 斯托克斯近似解是适用的, 当 r 较大时, 完全略去惯性项就不合适了。即在远离小球的区域内斯托克斯近似解不能成立。

6.9　大雷诺数流动 —— 边界层理论

6.9.1　大雷诺数的流动特征及其近似处理

1. 流动特征

$Re = \dfrac{UL}{\nu} \gg 1$, 表示弱黏性、大尺度、高速流动。

2. 由式 (6.7.8) 近似处理

$$St\frac{\partial \boldsymbol{V}^*}{\partial t^*} + (\boldsymbol{V}^* \cdot \nabla^*)\boldsymbol{V}^* = -\frac{g^*}{Fr} - Eu\nabla^* p^* + \frac{1}{Re}\nabla^{*2}\boldsymbol{V}^* \tag{6.9.1}$$

式中, $Re = \dfrac{U^2/L}{\nu U/L^2} \gg 1$, 表示特征惯性力远远大于特征黏性力, 因而可忽略黏性项的大雷诺数流动, 于是可以应用理想流体理论求其速度分布及压力分布。但实测资料表明, 这种近似处理对于邻近固壁区域并不适用。

6.9.2 边界层概念

如图 6.9.1 所示，假设一半无界薄平板平行于流速方向放置。流体以匀速 U_0 流过平板，在平板的前缘 A 点，流速处处保持为 U_0，但流过平板时，由于黏性滞止作用，在平板处流体质点满足黏附条件，即在静止平板表面处流速为 0。在离平板某一距离 δ 处，流速由 0 增大至接近 U_0，δ 是平板附近必须考虑黏性滞止作用的范围。随着离 A 点距离的增加，受黏性作用影响的流体层逐渐增厚，在 $Re \gg 1$ 条件下，由于 δ 与固壁的纵向尺度 L 相比很小。在很小的距离 δ 内，流速由零迅速增至 U_0，即沿固壁流速的法向梯度 $\left(\dfrac{\partial u}{\partial y} \gg 1 \right)$ 很大，因此，即使流体的黏性 $\left(\tau = \mu \dfrac{\partial u}{\partial y} \right)$ 较弱，在固壁附近厚为 δ 的薄层内也必须考虑黏性力的作用。而在 δ 的外部区域，由于沿固壁法线方向的速度梯度为零或相对地很小，则可不计黏性影响，而视为理想流体。

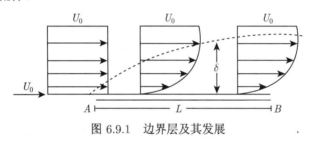

图 6.9.1　边界层及其发展

因此，在 $Re \gg 1$ 条件下，流动可分成上述两个区域分别处理，然后再将所得结果综合起来。在固壁附近必须考虑黏性作用的薄层，称为边界层，δ 就称为边界层厚度。边界层区域 $\dfrac{\delta_{内}}{\mu}$ 小，$\dfrac{\partial u}{\partial y}$ 很大，必须考虑黏性影响，即黏性作用有限，在该层内，由于 δ 很小，可使 N-S 方程得到简化，便于求解。

边界层外部可不计黏性的区域称为外部区域，并称该区内的流动为**外流**或主流。δ 以外的区域，不计黏性且作为理想无旋流动处理，整个流动即为上述两区域之结果综合而得。

引入**边界层概念**，就将流体的黏性影响局限在边界层内部，由于边界层很薄，运动方程可以简化，便于求解。而在外流中则可应用理想势流的理论结果。

边界层和外流区相对厚度的改变取决于惯性力和黏性力之间的关系，也就是说取决于流动雷诺数的数值。雷诺数越大，即惯性力的相对值越大，则边界层的厚度就越薄，相应地外流区的厚度就越大。反之，随着黏性作用的增长，边界层就变厚，而外流区就变小。

以平板为例，估计边界层厚度 δ 的数量级。图 6.9.2 表示对半无界平板的绕流，来流速度为 U_0，平板在 z 方向无界，在 x 方向长度为 L，边界层厚度为 δ。

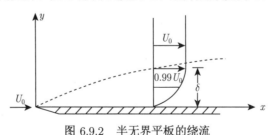

图 6.9.2　半无界平板的绕流

针对 $u\dfrac{\partial u}{\partial x} + v\dfrac{\partial u}{\partial y}$ 和 $\nu\left(\dfrac{\partial^2 u}{\partial x^2} + \dfrac{\partial^2 u}{\partial y^2}\right)$，设 u, x, y 的数量级如下：

$$\begin{cases} u \sim U_0 \\ x \sim L \\ y \sim \delta \end{cases}$$

则

$$u\frac{\partial u}{\partial x} \sim \frac{U_0}{L}U_0 \sim \frac{U_0^2}{L}$$

$$v\frac{\partial u}{\partial y} \sim U_0 \frac{U_0}{\delta} \sim \frac{U_0^2}{\delta}$$

所以

$$V \sim \int_0^\delta \frac{\partial u}{\partial x}\mathrm{d}y \sim \frac{U}{L}\delta$$

$$\frac{\partial^2 u}{\partial x^2} \sim \frac{U_0}{L^2}, \quad \frac{\partial^2 u}{\partial y^2} \sim \frac{U_0}{\delta^2}$$

所以

$$\nu\frac{U_0^2}{\delta} \sim \frac{U_0^2}{L}, \quad Re = \frac{U_0 L}{\nu}$$

即

$$\frac{\delta}{L} \sim \frac{1}{\sqrt{Re}} \tag{6.9.2}$$

故有

$$\delta \sim \sqrt{\frac{\nu L}{U_0}} = \frac{L}{\sqrt{Re}} \tag{6.9.3}$$

其中

$$Re = \frac{U_0 L}{\nu}$$

当 $Re \gg 1$ 时，有

$$\frac{\delta}{L} \ll 1 \tag{6.9.4}$$

即在大雷诺数条件下，边界层厚度远小于被绕流物体的特征长度，这一点已为实验所证实。所以，在大雷诺数条件下 (弱黏性)，在固体壁面附近具有很大法向速度梯度，而必须考虑黏性影响的流体薄层即为边界层。

边界层具有以下特点：层内 $\dfrac{\partial u}{\partial y} \gg 1$，使黏性项与惯性项同量级；$\dfrac{\delta}{L} \ll 1$，层内为强涡旋运动。

边界层的流动状态，分为层流和湍流：

$$Re_\delta = \frac{U\delta}{\nu}$$

$$Re_x = \frac{Ux}{\nu}$$

实验表明，当 Re_x 增大到某一数值后，流动将由层流转化为湍流。对光滑平板而言，存在湍流和层流的临界雷诺数如下 (图 6.9.3)：

$$Re_{\delta_c} = 3000 \sim 5000$$

$$Re_{x_c} = (3.5 \sim 5.0) \times 10^5$$

于是

$$x_c = (3.5 \sim 5.0) \times 10^5 \frac{\nu}{U}$$

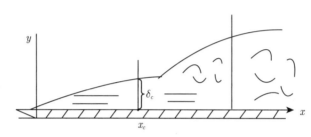

图 6.9.3 光滑平板中的临界雷诺数

6.9.3 边界层厚度的各种定义

严格地说，边界层的厚度是无穷大的，如图 6.9.4 所示，对于任何有限的 y 值，u 的值总是与外流速度 U 有差别，但实际上，u 趋近于 U 的渐近过程是极其迅速的，当 y 大于某一很小的值 δ 时，u 与 U 的差别甚微，黏性的影响即可忽略。通常可以人为地定义边界层厚度 δ，一般取自 $y = 0$ 到 u 值为 $u = 0.99U$，即 $y = \delta$ 处的厚度。这样定义的边界层厚度亦称为边界层的名义厚度。但是在实际应用中，边界层的名义厚度这个概念是很不准确的。由于测量或计算误差的不同，可以使同一问题的边界层名义厚度有很大差异。因而常采用另外一些在实验测量和理论计算中便于准确定义的，并能表示边界层内流动的某些特性的长度量来定义边界层厚度，下面介绍三种常用的边界层厚度定义。

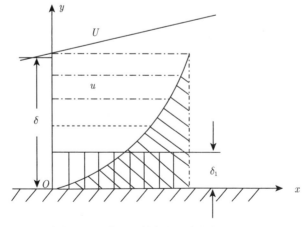

图 6.9.4 边界层的名义厚度与排挤厚度

1. 边界层的排挤厚度

$$\delta_1 = \int_0^\delta \left(1 - \frac{u}{U}\right) \mathrm{d}y \tag{6.9.5}$$

表示由于边界层的存在, 单位时间内有厚度为 δ_1 的理想流体的流量被排挤到外流区域, 式 (6.9.5) 可改写为

$$\rho U \delta_1 = \int_0^\delta \rho(U - u)\mathrm{d}y = \rho U \delta - \int_0^\delta \rho u \mathrm{d}y \tag{6.9.6}$$

式中, ρ 为流体质量密度。上式右端第一项 $\rho U \delta$ 表示理想流体单位时间内通过厚度为 δ 的截面的流量; 第二项 $\int_0^\delta \rho u \mathrm{d}y$ 表示有边界层存在时, 黏性流体单位时间内通过同一截面的流量。两者之差就是由边界层引起的流量减少量, 图 6.9.4 中用斜阴影线表示之。这部分流量只能被排挤到外流区域, 相当于外流区域增加厚度为 δ_1 的一层流体, 因而边界层排挤厚度又称为边界层流量损失厚度。

图 6.9.4 中以垂直的阴影线表示单位时间内以流速 U 通过厚度 δ_1 的截面的流量, 根据式 (6.9.6) 可知, 图中斜线和垂直线阴影的两部分面积应该相等。由于在边界层外部 $\frac{u}{U} \approx 1$, 即 $\int_\delta^\infty \left(1 - \frac{u}{U}\right) \mathrm{d}y \approx 0$。于是式 (6.9.5) 亦可改写为

$$\delta_1 = \int_0^\infty \left(1 - \frac{u}{U}\right) \mathrm{d}y = \int_0^\delta \left(1 - \frac{u}{U}\right) \mathrm{d}y \tag{6.9.7}$$

根据连续性方程, 可以证明排挤厚度 δ_1 等于因边界层的存在而使原来流线偏移的距离。

通过流线和平板间的流量应保持不变 (质量守恒), 设边界层外流流速为 U。流线和平板间的距离原来为 h。由于边界层的存在, 层内流速降低为 u, 为保持流量不变, 流线向外偏移, 流线和平板间的距离变为 h', 根据连续性方程

$$\rho U h = \int_0^\delta \rho u \mathrm{d}y + \rho(h' - \delta)U \tag{6.9.8}$$

所以

$$\rho(h' - h)U = \rho\delta U - \int_0^\delta \rho u \mathrm{d}y = \int_0^\delta \rho(U - u)\mathrm{d}y = \rho U \int_0^\delta \left(1 - \frac{u}{U}\right)\mathrm{d}y = \rho U \delta_1 \tag{6.9.9}$$

所以

$$h' - h = \delta_1 \tag{6.9.10}$$

故对平板, 排挤厚度 δ_1 是由于边界层存在, 使原来流线向外流区偏移的距离。

2. 边界层动量损失厚度

$$\delta_2 = \int_0^\delta \frac{u}{U}\left(1 - \frac{u}{U}\right)\mathrm{d}y \tag{6.9.11}$$

或

$$\delta_2 = \int_0^\infty \frac{u}{U}\left(1 - \frac{u}{U}\right)\mathrm{d}y \tag{6.9.12}$$

表示由于边界层的存在, 单位时间内有厚度为 δ_2 的理想流体的动量损失。根据式 (6.9.11) 有

$$\rho U^2 \delta_2 = \int_0^\delta \rho u(U-u)\mathrm{d}y = U\int_0^\delta \rho u \mathrm{d}y - \int_0^\delta \rho u^2 \mathrm{d}y \tag{6.9.13}$$

式中, 右端第一项 $U\int_0^\delta \rho u \mathrm{d}y$ 表示单位时间内通过厚度为 δ 的截面、质量为 $\int_0^\delta \rho u \mathrm{d}y$ 的理想流体所应具有的动量; 第二项 $\int_0^\delta \rho u^2 \mathrm{d}y$ 表示单位时间内通过厚度为 δ 的截面、质量为 $\int_0^\delta \rho u \mathrm{d}y$ 的黏性流体实际具有的动量, 两者之差表示因存在黏性而损失的动量流出率, 这部分损失等于理想流体单位时间内通过厚度为 δ_2 的截面的动量。

3. 边界层能量损失厚度

$$\delta_3 = \int_0^\delta \frac{u}{U}\left[1 - \left(\frac{u}{U}\right)^R\right]\mathrm{d}y \tag{6.9.14}$$

或

$$\delta_3 = \int_0^\infty \frac{u}{U}\left[1 - \left(\frac{u}{U}\right)^2\right]\mathrm{d}y$$

表示由于边界层的存在, 单位时间内有厚度为 δ_3 的理想流体动能损失。据式 (6.9.13) 有

$$\frac{1}{2}\rho U^3 \delta_3 = \frac{1}{2}U^2\int_0^\delta \rho u \mathrm{d}y - \frac{1}{2}\int_0^\delta \rho u u^2 \mathrm{d}y \tag{6.9.15}$$

式中, 右端第一项 $\frac{1}{2}U^2\int_0^\delta \rho u \mathrm{d}y$ 表示单位时间内通过厚度为 δ 的截面、质量为 $\int_0^\delta \rho u \mathrm{d}y$ 的理想流体应具有的动能; 第二项 $\frac{1}{2}\int_0^\delta \rho u u^2 \mathrm{d}y$ 表示单位时间内通过厚度为 δ 的截面、质量为 $\int_0^\delta \rho u \mathrm{d}y$ 的黏性流体实际具有的动能, 两者之差即为由于黏性而损失的动能流出率。这部分损失等于理想流体单位时间内通过厚度为 δ_3 的截面的动能。

6.9.4 不可压缩流体层流边界层基本方程组

薄平板上的不可压缩流体平面层流边界层流动的基本方程组为 (不计质量力)

$$\begin{cases} \dfrac{\partial u}{\partial t} + u\dfrac{\partial u}{\partial x} + v\dfrac{\partial u}{\partial y} = -\dfrac{1}{\rho}\dfrac{\partial p}{\partial x} + \nu\left(\dfrac{\partial^2 u}{\partial x^2} + \dfrac{\partial^2 u}{\partial y^2}\right) \\[2mm] \dfrac{\partial v}{\partial t} + u\dfrac{\partial v}{\partial x} + v\dfrac{\partial v}{\partial y} = -\dfrac{1}{\rho}\dfrac{\partial p}{\partial y} + \nu\left(\dfrac{\partial^2 v}{\partial x^2} + \dfrac{\partial^2 v}{\partial y^2}\right) \\[2mm] \dfrac{\partial u}{\partial x} + \dfrac{\partial v}{\partial y} = 0 \end{cases} \tag{6.9.16}$$

首先将式 (6.9.16) 化为无量纲形式。为此选取各物理量的特征量。根据边界层流动的特点，可选取平板纵向长度 L，边界层厚度 δ 及边界层外缘局部外流速度 U 分别作为 x, y 及 u 的特征量。

因为 u, x, y 的数量级如下：

$$\begin{cases} u \sim U_0 \\ x \sim L \\ y \sim \delta \end{cases}$$

考虑到式 (6.9.2)，所以

$$V \sim \int_0^\delta \frac{\partial u}{\partial x} \mathrm{d}y \sim \frac{U}{L}\delta \sim \frac{U}{\sqrt{Re}}$$

根据边界层中沿流动方向的压力梯度力应与惯性力具有相同量级，故有

$$p \sim \rho U^2$$

因此可取 ρU^2 作为 p 的特征量。并假定 t 具有 $\frac{L}{U}$ 的量级，即取 $\frac{L}{U}$ 为 t 的特征量，于是可得相应物理量的无量纲量为

$$\begin{cases} x^* = \dfrac{x}{L}, \quad y* = \dfrac{y}{\delta} = \dfrac{y}{L/\sqrt{Re}} \\ t^* = \dfrac{t}{L/U}, \quad u^* = \dfrac{u}{U}, \quad v^* = \dfrac{v}{U/\sqrt{Re}} \\ p^* = \dfrac{p}{\rho U^2} \end{cases} \tag{6.9.17}$$

将式 (6.9.17) 代入式 (6.9.16)，可得无量纲基本方程组为

$$\begin{cases} \dfrac{\partial u^*}{\partial t^*} + u^* \dfrac{\partial u^*}{\partial x^*} + v^* \dfrac{\partial u^*}{\partial y^*} = -\dfrac{\partial p^*}{\partial x^*} + \dfrac{1}{Re}\dfrac{\partial^2 u^*}{\partial x^{*2}} + \dfrac{\partial^2 u^*}{\partial y^{*2}} \\ \dfrac{1}{Re}\left(\dfrac{\partial v^*}{\partial t^*} + u^* \dfrac{\partial v^*}{\partial x^*} + v^* \dfrac{\partial v^*}{\partial y^*} \right) = -\dfrac{\partial p^*}{\partial y^*} + \dfrac{1}{Re^2}\dfrac{\partial^2 v^*}{\partial x^{*2}} + \dfrac{1}{Re}\dfrac{\partial^2 v^*}{\partial y^{*2}} \\ \dfrac{\partial u^*}{\partial x^*} + \dfrac{\partial v^*}{\partial y^*} = 0 \end{cases} \tag{6.9.18}$$

上述无量纲方程中各项的量级完全取决于各项无量纲系数的量级。对于大雷诺数的流动，式 (6.9.18) 中带有 $\frac{1}{Re}$ 及 $\frac{1}{Re^2}$ 系数的项可以略去不计，而得到

$$\begin{cases} \dfrac{\partial u^*}{\partial t^*} + u^* \dfrac{\partial u^*}{\partial x^*} + v^* \dfrac{\partial u^*}{\partial y^*} = -\dfrac{\partial p^*}{\partial x^*} + \dfrac{\partial^2 u^*}{\partial y^{*2}} \\ \dfrac{\partial p^*}{\partial y^*} = 0 \\ \dfrac{\partial u^*}{\partial x^*} + \dfrac{\partial v^*}{\partial y^*} = 0 \end{cases} \tag{6.9.19}$$

利用式 (6.9.17)，将式 (6.9.19) 变换为有量纲形式的方程：

$$\begin{cases} \dfrac{\partial u}{\partial t} + u\dfrac{\partial u}{\partial x} + v\dfrac{\partial u}{\partial y} = -\dfrac{1}{\rho}\dfrac{\partial p}{\partial x} + \nu\dfrac{\partial^2 u}{\partial y^2} \\[2mm] \dfrac{\partial p}{\partial y} = 0 \\[2mm] \dfrac{\partial u}{\partial x} + \dfrac{\partial v}{\partial y} = 0 \end{cases} \tag{6.9.20}$$

式 (6.9.20) 就是沿平板不可压缩流体平面层流边界层的基本方程组，通常叫作 **普朗特方程**，由式 (6.9.20) 之第二式可知，压力沿平板之垂直方向变化率为零。于是边界层内的压力分布就可用外流在边界层外缘上的压力分布代替，在求解边界层问题时，外流的压力分布一般是已知函数。

上述边界层方程也适用于曲率半径 R 满足条件 $R \gg L$ 的二维弯曲壁面。

层流边界层问题的定解条件为

初始条件：$t = t_0$,

$$\begin{cases} u = u(x, y, t_0) \\ v = v(x, y, t_0) \end{cases} \tag{6.9.21}$$

边界条件：

$$y = 0, \quad u = v = 0 \tag{6.9.22}$$

$$\begin{cases} y = \delta, u = U \\[2mm] \dfrac{\partial u}{\partial y} = 0 \end{cases} \tag{6.9.23}$$

严格说来，在 $y = \delta$ 处，$u \neq U$，而是 $u = 0.99U$。因此边界条件式 (6.9.23) 应写为

$$y \to \infty, \begin{cases} u = U \\[2mm] \dfrac{\partial u}{\partial y} = 0 \end{cases} \tag{6.9.24}$$

上述定解条件对弯曲壁面边界层也适用。

$$\begin{cases} \dfrac{\partial u}{\partial t} + u\dfrac{\partial u}{\partial x} + v\dfrac{\partial u}{\partial y} = -\dfrac{1}{\rho}\dfrac{\partial p}{\partial x} + \dfrac{1}{v}\dfrac{\partial^2 u}{\partial y^2} \\[2mm] \dfrac{\partial p}{\partial y} = 0 \\[2mm] \dfrac{\partial u}{\partial x} + \dfrac{\partial v}{\partial y} = 0 \end{cases} \tag{6.9.25}$$

其中

$$\begin{cases} \tau = \mu\dfrac{\partial u}{\partial y}, & \text{层流} \\[3mm] \tau = \mu\dfrac{\partial u}{\partial y} + \rho l^2 \left|\dfrac{\partial \overline{u}}{\partial y}\right| \dfrac{\partial \overline{u}}{\partial y}, & \text{湍流} \end{cases}$$

式中，$\dfrac{\partial p}{\partial y} = 0$ 表示边界层内压力分布和边界层外之压力分布相同，即与无边界层存在时物面上之压力分布，或与连接在零流线上的压力分布一致，外流可视为理想无旋。l 为普朗特混合长。

以 $u = u(x,t)$ 表示外流速度 (或更一般情况下零流线上)，且在边界层外 $v = 0$，则由式 (6.9.25) 第一式可知：

$$\frac{\partial U}{\partial t} + U\frac{\partial U}{\partial x} = -\frac{1}{\rho}\frac{\partial p}{\partial x} \tag{6.9.26}$$

由上式方程所确定的流速 U 称为边界层外缘速度，上式也可以说明压力梯度项与惯性项同量级。

利用式 (6.9.26)，式 (6.9.20) 或式 (6.9.25) 可改写为

$$\begin{cases} \dfrac{\partial u}{\partial t} + u\dfrac{\partial u}{\partial x} + v\dfrac{\partial u}{\partial y} = \dfrac{\partial U}{\partial t} + U\dfrac{\partial U}{\partial x} + \nu\dfrac{\partial^2 u}{\partial y^2} \\[2mm] \dfrac{\partial u}{\partial x} + \dfrac{\partial v}{\partial y} = 0 \end{cases} \tag{6.9.27}$$

$$y = 0, u = v = 0$$

$y \to \infty$ 或 δ 时

$$\begin{cases} u = U \\ \dfrac{\partial u}{\partial y} = 0 \end{cases}$$

定常流动，则有

$$\begin{cases} u\dfrac{\partial u}{\partial x} + v\dfrac{\partial u}{\partial y} = U\dfrac{\partial U}{\partial x} + \nu\dfrac{\partial^2 u}{\partial y^2} \\[2mm] \dfrac{\partial u}{\partial x} + \dfrac{\partial v}{\partial y} = 0 \end{cases} \tag{6.9.28}$$

或

$$\begin{cases} u\dfrac{\partial u}{\partial x} + v\dfrac{\partial u}{\partial y} = -\dfrac{1}{\rho}\dfrac{\partial p}{\partial x} + \nu\dfrac{\partial^2 u}{\partial y^2} \\[2mm] \dfrac{\partial u}{\partial x} + \dfrac{\partial v}{\partial y} = 0 \end{cases} \tag{6.9.29}$$

在定常流动情况下，压力 p 或与之有关的边界层外缘速度 U 仅为 x 的函数。

大雷诺数流动问题就归结为求普朗特方程式(6.9.20)适合定解条件式(6.9.21)~式 (6.9.23) 的解。普朗特方程相对 N-S 方程而言，已经大为简化了。但它仍是非线性方程，精确求解仍较困难。目前常用的求解方法有两种，一种是求方程式 (6.9.20) 的数值解，另一种是将边界层方程对 y 积分以得到所谓卡门动量积分方程，从而求出近似解。限于本书内容，求数值解的方法不作介绍。

6.10   普朗特方程的布拉休斯解

6.10.1   方程的建立

对于定常流动 $\dfrac{\partial}{\partial t} = 0$ 而言，其压力梯度为零，即 $\dfrac{\partial p}{\partial x} = 0$，所以对于半边界平板而言

$$
\begin{cases}
u\dfrac{\partial u}{\partial x} + v\dfrac{\partial u}{\partial y} = \nu\dfrac{\partial^2 u}{\partial y^2} \\[2mm]
\dfrac{\partial u}{\partial x} + \dfrac{\partial v}{\partial y} = 0
\end{cases}
\tag{6.10.1}
$$

由于不可压缩平面，可引入流函数 ψ

$$
\begin{cases}
u = -\dfrac{\partial \psi}{\partial y} \\[2mm]
v = \dfrac{\partial \psi}{\partial x}
\end{cases}
\tag{6.10.2}
$$

代入上式可得

$$
\begin{cases}
-\dfrac{\partial \psi}{\partial y}\dfrac{\partial^2 \psi}{\partial x \partial y} + \dfrac{\partial \psi}{\partial x}\dfrac{\partial^2 \psi}{\partial y^2} = -\nu\dfrac{\partial^3 \psi}{\partial y^3} \\[2mm]
\dfrac{\partial^2 \psi}{\partial y \partial x} + \dfrac{\partial^2 \psi}{\partial x \partial y} = 0
\end{cases}
\tag{6.10.3}
$$

其边界条件为

$$
y = 0, \psi = 0, \frac{\partial \psi}{\partial y} = 0
$$
$$
y \to \infty, \frac{\partial \psi}{\partial y} \to -U
\tag{6.10.4}
$$

式中，边界条件表示 $y = 0$ 的线与 $\psi = 0$ 的零流线重合，而在物面上纵向速度 $u = \dfrac{\partial \psi}{\partial y} = 0$，在 $y = 0$ 时，$v = \dfrac{\partial \psi}{\partial x} = 0$。同时，纵向速度渐近趋向外流速度。

现引入无量纲参数 $\eta(x, y)$ 及无量纲函数 ψ。

$$
\eta(x, y) = \frac{y}{\sqrt{\nu x/U_0}}; \quad f(\eta) = -\frac{\psi}{\sqrt{\nu x U_0}}
\tag{6.10.5}
$$

或

$$
\psi(x, y) = -\sqrt{\nu x U_0}\, f(\eta)
\tag{6.10.6}
$$

又因为

$$
[\nu] = \mathrm{L}^2\mathrm{T}^{-1}; \sqrt{\nu x/U_0} = \left[\mathrm{L}^3\mathrm{T}^{-1}/\mathrm{LT}^{-1}\right]^{\frac{1}{2}} = \mathrm{L}
$$

$$
[\psi] = \mathrm{L}^2\mathrm{T}^{-1}\left[\frac{\psi}{\sqrt{\nu x U_0}}\right] = \frac{\mathrm{L}^2\mathrm{T}^{-1}}{\left[\mathrm{L}^2\mathrm{T}^{-1}\mathrm{LLT}^{-1}\right]^{\frac{1}{2}}} = \frac{\mathrm{L}^2\mathrm{T}^{-1}}{\mathrm{L}^2\mathrm{T}^{-1}} = 1
$$

所以

$$\frac{\partial \psi}{\partial y} = \frac{\partial \psi}{\partial \eta}\frac{\partial \eta}{\partial y} = \left(-\sqrt{\nu x U_0}\frac{\mathrm{d}f}{\mathrm{d}\eta}\right)\left(\frac{1}{\sqrt{\nu x/U_0}}\right) = -U_0\frac{\mathrm{d}f}{\mathrm{d}\eta}$$

$$\frac{\partial^2 \psi}{\partial y^2} = \frac{\partial}{\partial \eta}\left(\frac{\partial \psi}{\partial y}\right)\frac{\partial \eta}{\partial y} = \left(-U_0^2\frac{\mathrm{d}^2 f}{\mathrm{d}\eta^2}\right)\left(\frac{1}{\sqrt{\nu x/U_0}}\right) = -\frac{U_0}{\sqrt{\nu x/U_0}}\frac{\mathrm{d}^2 f}{\mathrm{d}\eta^2}$$

$$\frac{\partial^3 \psi}{\partial y^3} = \frac{\partial}{\partial \eta}\left(\frac{\partial^2 \psi}{\partial y^2}\right)\frac{\partial \eta}{\partial y} = \left(-\frac{U_0}{\sqrt{\nu x/U_0}}\frac{\mathrm{d}^3 f}{\mathrm{d}\eta^3}\right)\left(\frac{1}{\sqrt{\nu x/U_0}}\right) = -\frac{U_0^2}{\sqrt{\nu x}}\frac{\mathrm{d}^3 f}{\mathrm{d}\eta^3}$$

$$\frac{\partial^2 \psi}{\partial x \partial y} = \frac{\partial}{\partial \eta}\left(\frac{\partial \psi}{\partial y}\right)\frac{\partial \eta}{\partial x} = \left(-U_0\frac{\mathrm{d}^2 f}{\mathrm{d}\eta^2}\right)\left(-\frac{y}{2}\frac{1}{\sqrt{\nu x/U_0}}\frac{1}{x}\right) = \frac{U_0 y}{2x}\frac{\mathrm{d}^2 f}{\mathrm{d}\eta^2}$$

$$\begin{aligned}
\frac{\partial \psi}{\partial x} &= \frac{\partial}{\partial x}\psi(x,y) = \left(\frac{\partial \psi}{\partial \eta}\right)_x\frac{\partial \eta}{\partial x} + \left(\frac{\partial \psi}{\partial x}\right)_y \\
&= \left(-\sqrt{\nu x U_0}\frac{\mathrm{d}f}{\mathrm{d}\eta}\right)\left(-\frac{y}{2}\frac{1}{\sqrt{\nu x/U_0}}\frac{1}{x}\right) + \left(-\frac{f}{2}\sqrt{\nu U_0/x}\right) \\
&= \frac{U_0 y}{2x}\frac{\mathrm{d}f}{\mathrm{d}\eta} - \frac{f}{2}\sqrt{\nu U_0/x} \\
&= \frac{\eta}{2}\sqrt{\nu U_0/x}\left(\frac{\mathrm{d}f}{\mathrm{d}\eta} - \frac{f}{\eta}\right)
\end{aligned}$$

将上列各偏导代入 ψ 之三阶偏微分方程,

$$\frac{\partial \psi}{\partial y}\frac{\partial^2 \psi}{\partial x \partial y} - \frac{\partial \psi}{\partial x}\frac{\partial^2 \psi}{\partial y^2} = -\nu\frac{\partial^3 \psi}{\partial y^3}$$

可得

$$-U_0\frac{\mathrm{d}f}{\mathrm{d}\eta}\frac{U_0 y}{2x}\frac{\mathrm{d}^2 f}{\mathrm{d}\eta^2} + \frac{U_0}{\sqrt{\nu x/U_0}}\frac{\mathrm{d}^2 f}{\mathrm{d}\eta^2}\frac{\eta}{2}\sqrt{\nu U_0/x}\left(\frac{\mathrm{d}f}{\mathrm{d}\eta} - \frac{f}{\eta}\right) = \nu\frac{U_0^2}{\sqrt{\nu x}}\frac{\mathrm{d}^3 f}{\mathrm{d}\eta^3}$$

$$\frac{\mathrm{d}^2 f}{\mathrm{d}\eta^2}\frac{\mathrm{d}f}{\mathrm{d}\eta}\left(-\frac{U_0^2 \eta}{2x} + \frac{U_0^2 \eta}{2x}\right) - \frac{U_0^2 \eta}{2x}\frac{\mathrm{d}^2 f}{\mathrm{d}\eta^2}\frac{f}{\eta} = \frac{U_0^2}{x}\frac{\mathrm{d}^3 f}{\mathrm{d}\eta^3}$$

即

$$2\frac{\mathrm{d}^3 f}{\mathrm{d}\eta^3} + f\frac{\mathrm{d}^2 f}{\mathrm{d}\eta^2} = 0 \tag{6.10.7}$$

边界条件

$$\begin{cases} \eta = 0, f = 0, \dfrac{\partial f}{\partial \eta} = 0 \\ \eta \to \infty, \dfrac{\partial f}{\partial \eta} = 1 \end{cases} \tag{6.10.8}$$

或者表示为

$$\begin{cases} y = 0: \psi = 0, u = -\dfrac{\partial \psi}{\partial y} = 0 \\ y \to \infty: u = -\dfrac{\partial \psi}{\partial y} = U_0 \end{cases} \tag{6.10.9}$$

其中

$$\frac{\partial \psi}{\partial y} = -U_0 \frac{\mathrm{d}f}{\mathrm{d}\eta}$$

6.10.2 方程的求解

现求解方程式 (6.10.7)。对 $f(\eta)$ 采用泰勒级数展开，则

$$f(\eta) = A_0 + A_1\eta + \frac{A_2}{2!}\eta^2 + \frac{A_3}{3!}\eta^3 + \cdots \tag{6.10.10}$$

其中 $A_0, A_1, A_2, A_3, \cdots$ 为常数，可由边界条件决定

$$\eta = 0, f = 0, \frac{\partial f}{\partial \eta} = 0 \Rightarrow A_0 = A_1 = 0$$

$$\frac{\mathrm{d}f}{\mathrm{d}\eta} = A_1 + A_2\eta + \frac{A_3}{2!}\eta^2 + \frac{A_4}{3!}\eta^3 + \cdots$$

$$\frac{\mathrm{d}^2 f}{\mathrm{d}\eta^2} = A_2 + A_3\eta + \frac{A_4}{2!}\eta^2 + \frac{A_5}{3!}\eta^3 + \cdots$$

$$\frac{\mathrm{d}^3 f}{\mathrm{d}\eta^3} = A_3 + A_4\eta + \frac{A_5}{2!}\eta^2 + \frac{A_6}{3!}\eta^3 + \cdots$$

将上式代入式 (6.10.7)，并合并 η 之同幂项

$$2\left(A_3 + A_4\eta + \frac{A_5}{2!}\eta^2 + \frac{A_6}{3!}\eta^3 + \cdots\right)$$
$$+ \left(\frac{A_2}{2!}\eta^2 + \frac{A_3}{3!}\eta^3 + \frac{A_4}{4!}\eta^4 \cdots\right)\left(A_2 + A_3\eta + \frac{A_4}{2!}\eta^2 + \frac{A_5}{3!}\eta^3 + \cdots\right) = 0$$

$$2A_3 + 2A_4\eta + \frac{\eta^2}{2!}(A_2^2 + A_5) + \frac{\eta^3}{3!}(4A_2A_3 + 2A_6) + \frac{\eta^4}{4!}(6A_2A_4 + 4A_3^2 + 2A_7) + \cdots = 0$$

于是有

$$\begin{cases} A_3 = 0 \\ A_4 = 0 \\ A_5 = -\dfrac{1}{2}A_2^2 \\ A_6 = 0 \\ A_7 = 0 \\ A_8 = -5A_2A_5 + A_2^3 \end{cases} \tag{6.10.11}$$

所有不为 0 的系数均可用 A_2 表示。即有

$$f(\eta) = \frac{A_2}{2!}\eta^2 + \frac{A_5}{5!}\eta^3 + \frac{A_8}{8!}\eta^4 + \cdots \tag{6.10.12}$$

故

$$f(\eta) = \sum_{n=0}^{\infty}\left(-\frac{1}{2}\right)^n \frac{A_2^{n+1}}{(3n+2)!}\eta^{3n+2} \tag{6.10.13}$$

即

$$f(\eta) = A_2 c_0 \eta^2 + \left(-\frac{1}{2}\right)A_2^2 c_1 \frac{\eta^5}{5!} + \frac{1}{4}A_2^2 c_2 \frac{\eta^3}{8!} + \cdots \tag{6.10.14}$$

式 (6.10.14) 与式 (6.10.12) 比较，并考虑到式 (6.10.11)，可得

$$\begin{cases} c_0 = c_1 = 1 \\ c_2 = 10 \\ c_3 = 375 \\ c_4 = 27897 \\ c_5 = 3817137 \end{cases} \tag{6.10.15}$$

式 (6.10.13) 中唯一未确定的量是 A_2，可由边界条件确定。

当

$$\eta \to \alpha, \eta = 0, f = 0, \frac{\mathrm{d}f}{\mathrm{d}\eta} = 1$$

并采用逐步近似法求解。

取一阶近似

$$f_1 = \eta - \beta$$

取二阶近似为 f_2，以 f_1, f_2'' 代入式 (6.10.7)，所以

$$2\frac{\mathrm{d}^3 f}{\mathrm{d}\eta^3} + (\eta - \beta)\frac{\mathrm{d}^2 f}{\mathrm{d}\eta^2} = 0$$

或者

$$\frac{f_2'''}{f_2''} = \frac{1}{2}(\eta - \beta)$$

积分可得

$$\ln f'' = -\frac{1}{4}(\eta - \beta)^2 + \ln \alpha$$

其中 α 为积分常数。所以

$$\begin{cases} f_2'' = \alpha e^{-\frac{1}{4}(\eta-\beta)^2} \\ f_2' = \alpha \int_{\infty}^{\eta} e^{-\frac{1}{4}(\eta-\beta)^2} \mathrm{d}\eta \end{cases}$$

上式中积分下限是这样考虑的，当 $\eta \to \infty, f_2' = 0$，符合顶部边界条件。

仅限于二级近似，则应有

$$f(\eta) = f_1(\eta) + f_2(\eta)$$

则上式的解为

$$f(\eta) = f_1(\eta) + f_2(\eta) = \eta - \beta + \alpha \int_{\infty}^{\eta} \mathrm{d}\eta \int_{\infty}^{\eta} e^{-\frac{1}{4}(\eta-\beta)^2} \mathrm{d}\eta \tag{6.10.16}$$

在 η 的小值范围，$f(\eta)$ 由级数式 (6.10.10) 表示。

欲使式 (6.10.10) 与式 (6.10.16) 一致，则对两者皆适用的 η 值，分别从两式计算 f, f', f'' 应该相同，于是可解出下列三常数值：

$$A_2 = 0.332, \quad \beta = 1.73, \quad \alpha = 0.231$$

由于可得之数值解, 从而可由下列公式求得边界层流动的速度分布:

$$\begin{cases} u = -\dfrac{\partial \psi}{\partial y} = + U_0 \dfrac{\partial f}{\partial \eta} \\[2mm] v = \dfrac{\partial \psi}{\partial x} = + \sqrt{\dfrac{\nu U_0}{x}} \dfrac{\eta}{2} \left(\dfrac{\mathrm{d} f}{\mathrm{d} \eta} - \dfrac{f}{\eta} \right) \end{cases} \qquad (6.10.17)$$

利用图 6.10.1 所示曲线可求得

$$f' = \frac{U}{U_0}$$

及

$$V \sqrt{\frac{x}{\nu U_0}} = \frac{\eta}{2} \left(f' - \frac{f}{\eta} \right) \qquad (6.10.18)$$

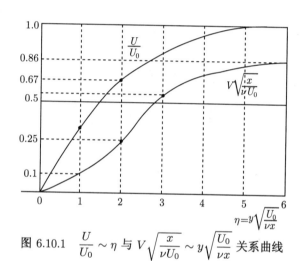

图 6.10.1　$\dfrac{U}{U_0} \sim \eta$ 与 $V \sqrt{\dfrac{x}{\nu U_0}} \sim y \sqrt{\dfrac{U_0}{\nu x}}$ 关系曲线

6.10.3　方程解的分析

$\dfrac{U}{U_0} \sim \eta$ 曲线的特点: 边界层各界面上, 各纵向速度剖面重合, 表明各界面之间纵向速度分布相同; 在小值范围近于直线, 当 η 增大时, $\dfrac{U}{U_0} \to 1$, 即纵向速度渐近趋向外缘速度。

$\dfrac{\nu U_0}{x} \sim \eta$ 曲线的特点: 当 η 很小, 缓慢上升, 在外缘附近, 为与 x 有关的有限值, $\eta \to$ 外缘附近时, $V \sqrt{\dfrac{x}{\nu U_0}} \to 0.8604$。

上述分布曲线表明, 在所采用的近似程度中, 边界层的存在未使外流之纵向速度发生变化。外流中将要产生横向流动, 上边界层对外流的逆向影响, 是由于流体被平板滞止而引起的。上述理论曲线与实测资料相符。

壁面阻力系数 C_f

$$C_f = \frac{\tau_0}{\frac{1}{2} \rho U_0^2}, \quad \tau_0 = \mu \left(\frac{\partial u}{\partial y} \right) \bigg|_{y=0} \qquad (6.10.19)$$

τ_0 为壁面切应力。

$$C_f = \frac{2\mu}{\rho U_0^2}\left(\frac{\partial u}{\partial y}\right)\Big|_{y=0}, \quad U = U_0\frac{\mathrm{d}f}{\mathrm{d}\eta} \tag{6.10.20}$$

$$\frac{\partial u}{\partial y} = \frac{\partial u}{\partial \eta}\frac{\partial \eta}{\partial y} = \frac{\partial}{\partial \eta}\left(U_0\frac{\mathrm{d}f}{\mathrm{d}\eta}\right)\frac{\partial \eta}{\partial y} = U_0\frac{\partial^2 f}{\partial \eta^2}\sqrt{\frac{U_0}{\nu x}}$$

代入上式可得

$$C_f = \frac{2\mu}{\rho U_0^2}U_0\sqrt{\frac{U_0}{\nu x}}\left(\frac{\partial^2 f}{\partial \eta^2}\right)_{\eta=0} = 2\sqrt{U_0\frac{\nu}{x}}\left(\frac{\partial^2 f}{\partial \eta^2}\right)_{\eta=0} \tag{6.10.21}$$

查表，$\left(\dfrac{\partial^2 f}{\partial \eta^2}\right)_{\eta=0} = 0.332$，故

$$C_f = 0.664\sqrt{\frac{\nu U_0}{x}} = \frac{0.664}{\sqrt{Re_x}} \tag{6.10.22}$$

壁面切应力

$$\tau_0 = C_f\frac{1}{2}\rho U_0^2 = \frac{0.332}{\sqrt{Re_x}}\rho U_0^2 \tag{6.10.23}$$

其中，单位宽平板一次所受总摩擦阻力应为

$$\begin{aligned}
F_{Df} &= \int_0^L \tau_0\mathrm{d}x = \int_0^L \frac{0.332}{\sqrt{Re_x}}\rho U_0^2\mathrm{d}x = \int_0^L \frac{0.332}{\sqrt{U_0/\nu}}\rho U_0^2 x^{-\frac{1}{2}}\mathrm{d}x \\
&= \int_0^L \frac{0.332}{\sqrt{\rho U_0/\mu}}\rho U_0^2 x^{-\frac{1}{2}}\mathrm{d}x = \int_0^L \frac{0.332\mu U_0}{\sqrt{U_0/\rho\mu}}x^{-\frac{1}{2}}\mathrm{d}x \\
&= \frac{0.332\mu U_0}{\sqrt{U_0/\nu}}\rho U_0^2\cdot 2\sqrt{L} = \frac{1.328\mu U_0}{\sqrt{U_0 L/\nu}}\cdot\frac{1}{2}\rho U_0^2 L \\
&= \frac{1.328}{\sqrt{Re_x}}\cdot\frac{1}{2}\rho U_0^2 L
\end{aligned} \tag{6.10.24}$$

摩擦阻力系数 C_{Df} 定义为

$$C_{Df} = \frac{F_{Df}}{\left(\dfrac{\rho U_0^2 L}{2}\right)} \tag{6.10.25}$$

所以

$$C_{Df} = \frac{1.328}{\sqrt{Re_x}} \tag{6.10.26}$$

由 δ 定义

$$y = \delta, \quad \frac{U}{U_0} = 0.99 = f'$$

由图 6.10.1 可得，$f' = 0.99$ 时，$\eta|_{y=\delta} = 4.92$。

$$\eta|_{y=\delta} = \left(\frac{y}{\sqrt{\nu x/U_0}}\right)_{y=\delta} = \delta\sqrt{\frac{U_0}{\nu x}} = 4.92 \tag{6.10.27}$$

所以

$$\delta = 4.92\sqrt{\frac{\nu x}{U_0}} = 4.92x/\sqrt{Re_x} \qquad (6.10.28)$$

$\delta^2 \propto x$，所以 δ 呈抛物线 (图 6.10.2)。

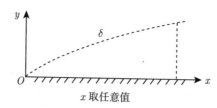

图 6.10.2 δ 与 x 关系曲线

在任何界面上 (x 取任意值)，所以

$$\delta \propto \frac{1}{\sqrt{Re_x}} \qquad (6.10.29)$$

此乃层流边界层的共同性质。

6.11 卡门边界层动量积分方程

卡门于 1921 年根据动量定理导出边界层动量积分方程式，为了叙述简便，只讨论不可压缩定常平面流动的边界层。

6.11.1 方程的建立

1. 微元控制法

在边界层内任取一长度为 $\mathrm{d}x$ 的控制体 $abcd$，如图 6.11.1(a) 所示，对此控制体应用动量定理，即可得边界层动量积分方程。通过控制表面的质量流量关系如图 6.11.1(b) 所示。单位时间，经 ab 面流入控制体积的质量流量为

$$m_{ab} = \int_0^\delta \rho u \mathrm{d}y$$

单位时间内，经 cd 面流出控制体积的质量流量为

$$m_{cd} = \int_0^\delta \rho u \mathrm{d}y + \frac{\partial}{\partial x}\left(\int_0^\delta \rho u \mathrm{d}y\right)\mathrm{d}x$$

根据质量守恒定律，单位时间内，通过 bc 面流入控制体积的质量流量为

$$m_{bc} = m_{cd} - m_{ab} = \frac{\partial}{\partial x}\left(\int_0^\delta \rho u \mathrm{d}y\right)\mathrm{d}x$$

单位时间内，通过控制表面的动量流量关系如图 6.11.1(c) 所示。经 ab 面流入控制体积的 x 方向动量流量率为

$$\int_0^\delta \rho u^2 \mathrm{d}y$$

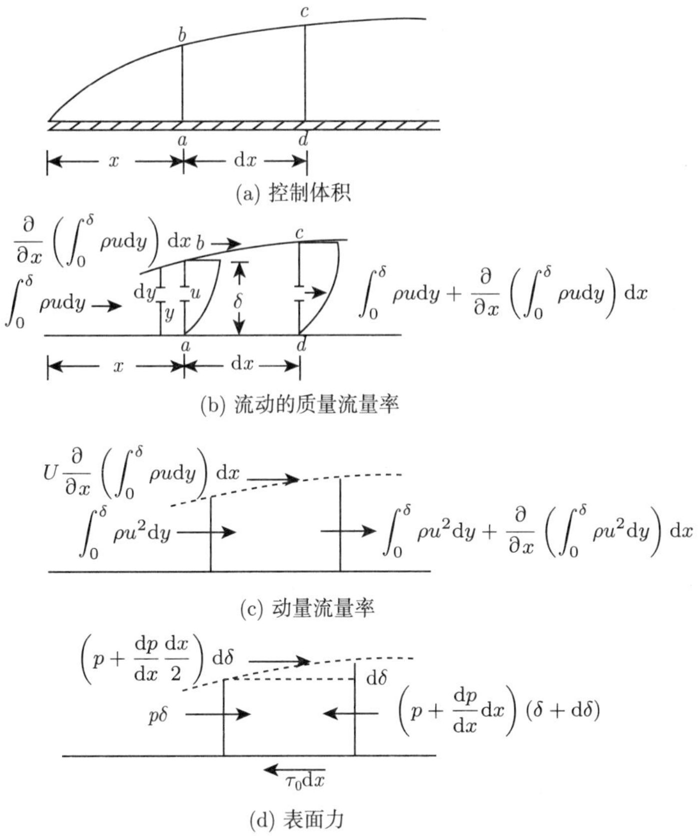

(a) 控制体积

(b) 流动的质量流量率

(c) 动量流量率

(d) 表面力

图 6.11.1 边界层控制体内动量积分过程

经 cd 面流出控制体积的 x 方向动量流量率为

$$\int_0^\delta \rho u^2 \mathrm{d}y + \frac{\partial}{\partial x}\left(\int_0^\delta \rho u^2 \mathrm{d}y\right)\mathrm{d}x$$

经 bc 面流入控制体积的 x 方向动量流量率为

$$U\frac{\partial}{\partial x}\left(\int_0^\delta \rho u \mathrm{d}y\right)\mathrm{d}x$$

于是, 通过整个控制面在 x 方向的净动量流出率为

$$\frac{\partial}{\partial x}\left(\int_0^\delta \rho u^2 \mathrm{d}y\right)\mathrm{d}x - U\frac{\partial}{\partial x}\left(\int_0^\delta \rho u \mathrm{d}y\right)\mathrm{d}x \tag{6.11.1}$$

如图 6.11.1(d) 所示, 控制体内流体所受 x 方向的总力 (不计质量力) 为

$$F_x = p\delta + \left(p + \frac{\mathrm{d}p}{\mathrm{d}x}\frac{\mathrm{d}x}{2}\right)\mathrm{d}\delta - \left(p + \frac{\mathrm{d}p}{\mathrm{d}x}\mathrm{d}x\right)(\delta + \mathrm{d}\delta) - \tau_0\mathrm{d}x = -\left(\delta\frac{\mathrm{d}p}{\mathrm{d}x} + \tau_0\right)\mathrm{d}x \tag{6.11.2}$$

式中, τ_0 表示平板壁面处剪应力。根据动量定理得该控制体的动量方程的 x 方向分量式

$$U\frac{\partial}{\partial x}\left(\int_0^\delta \rho u \mathrm{d}y\right) - \frac{\partial}{\partial x}\left(\int_0^\delta \rho u^2 \mathrm{d}y\right) = \delta\frac{\mathrm{d}p}{\mathrm{d}x} + \tau_0 \tag{6.11.3}$$

这就是卡门动量积分方程式。由于上式中的积分上限 δ 仅是 x 的函数，因此该式中的偏微商符号 $\dfrac{\partial}{\partial x}$ 可写作 $\dfrac{\mathrm{d}}{\mathrm{d}x}$。另外，由于外流区域压力与流速满足伯努利方程，于是式 (6.11.3) 可改写为

$$U\frac{\mathrm{d}}{\mathrm{d}x}\left(\int_0^\delta \rho u\,\mathrm{d}y\right) - \frac{\mathrm{d}}{\mathrm{d}x}\left(\int_0^\delta \rho u^2\,\mathrm{d}y\right) = -\rho\delta U\frac{\mathrm{d}U}{\mathrm{d}x} + \tau_0 \tag{6.11.4}$$

利用计算排挤厚度 δ_1 及动量损失厚度 δ_2 的公式，可将上式写为

$$\frac{\mathrm{d}\delta_2}{\mathrm{d}x} + \frac{1}{U}\frac{\mathrm{d}U}{\mathrm{d}x}(2\delta_2 + \delta_1) = \frac{\tau_0}{\rho U^2} \tag{6.11.5}$$

习惯上令

$$\frac{\delta_1}{\delta_2} = H \tag{6.11.6}$$

则式 (6.11.5) 可写作

$$\frac{\mathrm{d}\delta_2}{\mathrm{d}x} + \frac{1}{U}\frac{\mathrm{d}U}{\mathrm{d}x}\delta_2(2+H) = \frac{\tau_0}{\rho U^2} \tag{6.11.7}$$

2. 方程的讨论

由于外流区压力即速度满足伯努利方程，故

$$\frac{1}{2}\rho U^2 + p = c$$

即

$$\rho U\frac{\mathrm{d}U}{\mathrm{d}x} = \frac{\mathrm{d}p}{\mathrm{d}x} \tag{6.11.8}$$

所以

$$U\frac{\mathrm{d}}{\mathrm{d}x}\int_0^\delta \rho u\,\mathrm{d}y - \frac{\mathrm{d}}{\mathrm{d}x}\left(\int_0^\delta \rho u^2\,\mathrm{d}y\right) = -\rho\delta U\frac{\mathrm{d}U}{\mathrm{d}x} + \tau_0 \tag{6.11.9}$$

卡门动量积分方程的其他形式

$$U\delta_1 = \int_0^\delta (U-u)\,\mathrm{d}y = U\delta - \int_0^\delta u\,\mathrm{d}y$$

即

$$\int_0^\delta u\,\mathrm{d}y = U(\delta - \delta_1) \tag{6.11.10}$$

$$U^2\delta_2 = \int_0^\delta u(U-u)\,\mathrm{d}y = U\int_0^\delta u\,\mathrm{d}y - \int_0^\delta u^2\,\mathrm{d}y = U^2(\delta-\delta_1) - \int_0^\delta u^2\,\mathrm{d}y \tag{6.11.11}$$

将式 (6.11.10) 和式 (6.11.11) 代入式 (6.11.9) 得

$$U\frac{\mathrm{d}}{\mathrm{d}x}\left[U(\delta-\delta_1)\right] - \frac{\mathrm{d}}{\mathrm{d}x}\left[U^2(\delta-\delta_1) - U^2\delta_2\right] = -\delta U\frac{\mathrm{d}U}{\mathrm{d}x} + \frac{\tau_0}{\rho}$$

$$U^2\frac{\mathrm{d}\delta_2}{\mathrm{d}x} + U\frac{\mathrm{d}U}{\mathrm{d}x}(\delta_1-\delta) + 2U\frac{\mathrm{d}U}{\mathrm{d}x}\delta_2 = -\delta U\frac{\mathrm{d}U}{\mathrm{d}x} + \frac{\tau_0}{\rho}$$

所以

$$\frac{\mathrm{d}\delta_2}{\mathrm{d}x} + \frac{1}{U}\frac{\mathrm{d}U}{\mathrm{d}x}(\delta_1 + 2\delta_2) = \frac{\tau_0}{\rho U^2} \tag{6.11.12}$$

令 $\delta_1/\delta_2 = H$

$$\frac{\mathrm{d}\delta_2}{\mathrm{d}x} + \frac{1}{U}\frac{\mathrm{d}U}{\mathrm{d}x}(2+H) = \frac{\tau_0}{\rho U^2} \tag{6.11.13}$$

应当指出，在推导动量积分方程式的过程中，本书并未限制边界层的流动性质，因此上述动量积分方程对层流或湍流边界层均适用。

对于压力梯度为 0 的情况，有 $U = U_0$。则式 (6.11.4) 及式 (6.11.5) 可简化为

$$\tau_0 = \frac{\mathrm{d}}{\mathrm{d}x}\left[\rho U^2\delta\int_0^1\left(1-\frac{u}{U_0}\right)\frac{u}{U_0}\mathrm{d}\left(\frac{y}{\delta}\right)\right] \tag{6.11.14}$$

$$\frac{\mathrm{d}\delta_2}{\mathrm{d}x} = \frac{\tau_0}{\rho U^2}$$

在 $\frac{\mathrm{d}p}{\mathrm{d}x} = 0$ 条件下，就平板表面上均匀流动而言，边界层流动的速度分布曲线，对平板各截面是相似的，通常可假设边界层流动具有下列形式：

$$\frac{u}{U_0} = f\left(\frac{y}{\delta}\right) \tag{6.11.15}$$

在具体应用中，必须先假设速度分布，再依据动量积分方程分析边界层流动。且要求所假设的速度分布必须满足下列边界条件：

$$\begin{cases} y=0, u=0, \dfrac{\partial u}{\partial y} = \text{任意有限值} \\[2mm] y=\delta, u=U_0, \dfrac{\partial u}{\partial y} = 0 \end{cases} \tag{6.11.16}$$

计算表明，对于在 $\frac{\mathrm{d}p}{\mathrm{d}x} = 0$ 条件下，流经平板的定常、平面层流边界层，由式 (6.11.14) 所得的积分值对 u/U_0 和 y/δ 之间的函数关系不太敏感，因而，与卡门积分方程配合使用的速度分布可有若干种，例如取多项式函数或取正弦函数都可得到较满意的结果。

例 1 设层流边界层流动的近似速度分布为 $\dfrac{u}{U_0} = 2\dfrac{y}{\delta} - \left(\dfrac{y}{\delta}\right)^2$，求平板壁面处的剪应力及边界层厚度。

解 将已知速度分布代入式 (6.11.14)，得

$$\tau_0 = \frac{\mathrm{d}}{\mathrm{d}x}\left\{\rho U_0^2\delta\int_0^1\left[1-2\frac{y}{\delta}+\left(\frac{y}{\delta}\right)^2\right]\left[2\frac{y}{\delta}-\left(\frac{y}{\delta}\right)^2\right]\mathrm{d}\left(\frac{y}{\delta}\right)\right\}$$

积分上式可得

$$\tau_0 = \frac{2}{15}\rho U_0^2\frac{\mathrm{d}\delta}{\mathrm{d}x}$$

另有

$$\tau_0 = \mu\left(\frac{\mathrm{d}u}{\mathrm{d}y}\right)_{y=0} = \mu\frac{U_0}{\delta}\left[\frac{\mathrm{d}(u/U_0)}{\mathrm{d}(y/\delta)}\right]_{y/\delta=0} = 2\mu\frac{U_0}{\delta}$$

比较上述两式可得

$$\frac{2}{15}\rho U_0^2 \frac{\mathrm{d}\delta}{\mathrm{d}x} = 2\mu\frac{U_0}{\delta}$$

积分上式, 并设当 $x = 0, \delta = 0$, 则得边界层厚度为

$$\delta = 5.48\sqrt{\frac{\mu x}{\rho U_0}} = \frac{5.48x}{\sqrt{Re_x}}, \quad \left(Re_x = \frac{U_0 x}{\nu}\right)$$

于是

$$\tau_0 = \frac{2\mu U_0}{\delta} = \frac{0.367}{\sqrt{Re_x}}\rho U_0^2$$

3. 直接由普朗特积分推到卡门动量积分方程式

由普朗特积分式 (6.9.20) 和式 (6.11.8) 有

$$\begin{cases} u\dfrac{\partial u}{\partial x} + v\dfrac{\partial u}{\partial y} = U\dfrac{\mathrm{d}U}{\mathrm{d}x} + \nu\dfrac{\partial^2 u}{\partial y^2} & ① \\ \dfrac{\partial u}{\partial x} + \dfrac{\partial v}{\partial y} = 0 & ② \end{cases} \tag{6.11.17}$$

边界条件为

$$\begin{cases} y = 0, u = v = 0 \\ y = \delta, u = U, \dfrac{\partial u}{\partial y} = 0 \end{cases}$$

所以式 (6.11.17) 可以改写为

$$\begin{cases} \dfrac{\partial(u^2)}{\partial x} + \dfrac{\partial(uv)}{\partial y} = U\dfrac{\mathrm{d}U}{\mathrm{d}x} + \nu\dfrac{\partial^2 u}{\partial y^2} & ①' \\ \dfrac{\partial(Uu)}{\partial x} + \dfrac{\partial(Uv)}{\partial y} = u\dfrac{\mathrm{d}U}{\mathrm{d}x} & ②' \end{cases} \tag{6.11.18}$$

所以 ②′ − ①′ 可得

$$\frac{\partial}{\partial x}\left[u(U-u)\right] + \frac{\partial}{\partial y}\left[v(U-u)\right] + (U-u)\frac{\mathrm{d}U}{\mathrm{d}x} = -\nu\frac{\partial^2 u}{\partial y^2}$$

将上式对 y 积分:

$$\int_0^\delta \frac{\partial}{\partial x}\left[u(U-u)\right]\mathrm{d}y + \int_0^\delta \frac{\partial}{\partial y}\left[v(U-u)\right]\mathrm{d}y + (U-u)\frac{\mathrm{d}U}{\mathrm{d}x} = -\nu\frac{\partial^2 u}{\partial y^2} \tag{6.11.19}$$

6.11.2　动量积分方程的物理意义

$$\underbrace{\frac{\partial}{\partial x}\left(\int_0^\delta \rho u^2\mathrm{d}y\right)}_{①} - \underbrace{U\frac{\partial}{\partial x}\left(\int_0^\delta \rho u\mathrm{d}y\right)}_{②} = \underbrace{-\delta\frac{\mathrm{d}p}{\mathrm{d}x}}_{③} \underbrace{-\tau_0}_{④} \tag{6.11.20}$$

$$\oint_{\sigma} \rho u \boldsymbol{V} \mathrm{d}\boldsymbol{\sigma} = F_{\sigma x}$$

且控制体积为 $(1,\delta,1)$。

① 表示单位时间内控制体内通过左右两界面净流出的动量；

② 单位时间内由外部势流通过控制体之上界面进入控制体的动量，故通过控制表面流体动量的净流出率，则为 ①＋② $= \dfrac{\partial}{\partial x}\left(\int_0^{\delta} \rho u^2 \mathrm{d}y\right) - U\dfrac{\partial}{\partial x}\left(\int_0^{\delta} \rho u \mathrm{d}y\right)$；

③ 表示作用于控制体表面上压力动量的 x 分量；

④ 为作用于控制体下界面上的黏性力。

6.11.3　波尔豪森法

应用动量积分方程求解边界层流动问题，$p = p(x), U = U(x)$ 作为已知条件，但仍包含 $u = u(x,y)$ 及 δx 两未知函数，必须给出 (实验的) u 或 δ 的经验假设函数，再与卡门动量积分方程配合求解，一般假设 $u(x,y)$ 求 δ，所假设的速度分布必须满足如下边界条件：

$$\begin{cases} y = 0, u = 0, \dfrac{\partial u}{\partial y} = \text{任意有限值} \\ y = \delta, u = U_0, \dfrac{\partial u}{\partial y} = 0 \end{cases}$$

这种求解方法称为波尔豪森法 (Pohlhausen method)。

6.12　层流边界层

对于在 $\dfrac{\mathrm{d}p}{\mathrm{d}x} = 0$ 条件下，流经平板的定常、平面层流边界层，由式所得的积分值对 u/U_0 和 y/δ 之间的函数关系不太敏感，因而与卡门积分方程配合使用的速度分布可有若干种，例如取多项式函数或取正弦函数都可得到较满意的结果。

今取如下之抛物线速度分布：

$$\frac{U}{U_0} = 2\frac{y}{\delta} - \left(\frac{y}{\delta}\right)^2 \tag{6.12.1}$$

代入式 (6.11.14) 中

$$\begin{aligned}
\tau_0 &= \frac{\mathrm{d}}{\mathrm{d}x}\left\{\rho U_0^2 \delta \int_0^1 \left[1 - 2\frac{y}{\delta} + \left(\frac{y}{\delta}\right)^2\right) \left(2\frac{y}{\delta} - \left(\frac{y}{\delta}\right)^2\right] \mathrm{d}\left(\frac{y}{\delta}\right)\right\} \\
&= \rho U_0^2 \frac{\mathrm{d}}{\mathrm{d}x}\left\{\delta \int_0^1 \left[2\frac{y}{\delta} - 5\left(\frac{y}{\delta}\right)^2 + 9\left(\frac{y}{\delta}\right)^3 - \left(\frac{y}{\delta}\right)^4\right] \mathrm{d}\left(\frac{y}{\delta}\right)\right\} \\
&= \rho U_0^2 \frac{\mathrm{d}}{\mathrm{d}x}\left[\delta\left(2\eta - \frac{5}{3}\eta^3 + \eta^4 - \frac{1}{5}\eta^5\right)_0^1\right] \\
&= \rho U_0^2 \frac{\mathrm{d}}{\mathrm{d}x}\left[\delta\left(1 - \frac{5}{3} + 1 - \frac{1}{5}\right)\right]
\end{aligned}$$

$$= v U_0^2 \frac{\mathrm{d}\delta}{\mathrm{d}x} \left(2 - \frac{28}{15} \right)$$

$$= \frac{2}{15} \rho U_0^2 \frac{\mathrm{d}\delta}{\mathrm{d}x}$$

即

$$\tau_0 = \frac{2}{15} \rho U_0^2 \frac{\mathrm{d}\delta}{\mathrm{d}x} \tag{6.12.2}$$

而

$$\tau_0 = \mu \left(\frac{\mathrm{d}u}{\mathrm{d}y} \right)_{y=0} = \mu \frac{U_0}{\delta} \left[\frac{\mathrm{d}(u/U_0)}{\mathrm{d}(y/\delta)} \right]_{y/\delta=0} = 2\mu \frac{U_0}{\delta} \tag{6.12.3}$$

由式 (6.12.2)∼ 式 (6.12.3) 可得

$$\frac{1}{15} \rho U_0^2 \frac{\mathrm{d}\delta}{\mathrm{d}x} = \mu \frac{U_0}{\delta}$$

所以

$$\delta \mathrm{d}\delta = \frac{15\mu \mathrm{d}x}{\rho U_0^2}$$

$$\frac{1}{2} \delta^2 = \frac{15\mu}{\rho U_0^2} x \quad (x = 0, \delta = 0)$$

所以

$$\delta = 5.48 \sqrt{\frac{\mu x}{\rho U_0}} = \frac{5.48 x}{\sqrt{Re_x}}$$

$$Re_x = \frac{U_0 x}{\nu}$$

则

$$\tau_0 = \frac{2\mu U_0}{5.48 \sqrt{\frac{\mu x}{\rho U_0}}}$$

$$= \frac{2\mu U_0}{5.48} \sqrt{\frac{\rho U_0}{\mu x}}$$

$$= \frac{2 U_0}{5.48} \sqrt{\frac{\rho^2 U_0^2 \mu^2}{\rho U_0 \mu x}}$$

$$= \frac{2}{5.48} \rho U_0^2 \sqrt{\frac{\mu}{\rho U_0 x}}$$

$$= \frac{0.367}{\sqrt{Re_x}} \rho U_0^2$$

即

$$\tau_0 = \frac{0.367}{\sqrt{Re_x}} \rho U_0^2 \tag{6.12.4}$$

所以, 长为 L, 宽为一个单位的平板一次所受总摩擦阻力为

$$F_{Df} = \int_0^L \tau_0 \mathrm{d}x = \int_0^L \frac{2\mu U_0 \mathrm{d}x}{5.48 \sqrt{\frac{\mu x}{\rho U_0}}}$$

$$= 0.367\mu U_0 \sqrt{\frac{\rho U_0}{\mu}} \int_0^L x^{-\frac{1}{2}} \mathrm{d}x$$

$$= 0.367\rho U_0^2 \sqrt{\frac{\mu}{\rho U_0}} 2\sqrt{L}$$

$$= 4 \times 0.367 \frac{1}{2} \rho U_0^2 L \sqrt{\frac{\mu}{\rho U_0 L}}$$

$$= \frac{1.468}{\sqrt{Re_x}} \frac{\rho}{2} U_0^2 L \tag{6.12.5}$$

所以摩擦阻力系数

$$C_{Df} = \frac{F_{Df}}{L\left(\dfrac{1}{2}\rho U_0^2\right)} = \frac{1.468}{\sqrt{Re_x}} \tag{6.12.6}$$

式中，δ, τ_0, C_{Df} 的结果与布拉休斯解相比可知，近似条件下之近似的解与布拉休斯解形式相同，仅在常系数上有差别，误差约为 10%。

6.13　边界层分离

6.13.1　边界层分离

边界层分离指边界层在某个位置开始脱离物体表面的现象，亦称为边界层的脱体运动现象。

6.13.2　纵向压力梯度对边界层的影响

若 $\dfrac{\mathrm{d}p}{\mathrm{d}x} = 0$，压力梯度为零，边界层沿平板表面无限增厚。

若 $\dfrac{\mathrm{d}p}{\mathrm{d}x} < 0$，为顺压力梯度，压力梯度沿边界流动的方向。对流动有加速作用，抵消一部分壁面的剪切力之减速作用，从而降低边界层厚度的增长率。

若 $\dfrac{\mathrm{d}p}{\mathrm{d}x} > 0$，为逆压力梯度，压力梯度的方向与边界层流动的方向相反，对流动亦有减速作用，增强边界层厚度的增长率。

6.13.3　逆压力梯度与边界层流动分离

1. 流动分离现象

在逆压力梯度点，靠近壁面处，由于压力梯度力和很强的黏性剪切力之共同作用，造成壁面处流体质点的急剧减速，因而在某点 s 处，将使壁面处压力梯度为零，即

$$\left(\frac{\partial p}{\partial y}\right)_{\substack{y=0 \\ x=x_s}} = 0 \tag{6.13.1}$$

且

$$\tau_0|_{x=x_s} = 0 \tag{6.13.2}$$

在 s 处之后，将在紧接壁面的区域出现逆向流动，这一逆向流动将在边界层内把流体质点挤离物体表面，形成边界层流动的分离现象。

2. 流动分离点

s 点称为分离点，其位置由式 (6.13.1) 决定。只要求得 $u = u(x, y)$，即可求得 x_s。但是由于在分离点附近边界层变厚，以及不能忽略该推挤运动对外流的扰动影响。在该尾部区，由理想流体计算得到的压力分布不再适用，故一般由实验测定分离点的位置。实测资料表明，x_s 与壁面形状、粗糙度以及外流雷诺数均有关系。

3. 压力梯度

由

$$\begin{cases} u\dfrac{\partial u}{\partial x} + v\dfrac{\partial u}{\partial y} = -\dfrac{1}{\rho}\dfrac{\partial p}{\partial x} + \nu\dfrac{\partial^2 u}{\partial y^2} \\ y = 0, u = 0, v = 0 \end{cases} \tag{6.13.3}$$

可得

$$\mu\left(\frac{\partial^2 u}{\partial y^2}\right)_{y=0} = \frac{\mathrm{d}p}{\mathrm{d}x} \tag{6.13.4}$$

即在壁面附近速度分布曲线的凸凹情况由 $\dfrac{\mathrm{d}p}{\mathrm{d}x}$ 决定。而在边界层外缘由于纵向速度之渐近方式趋向局部外流。所以，在边界层外缘处，恒有

$$\left(\frac{\partial^2 u}{\partial y^2}\right)_{y=\delta} < 0 \tag{6.13.5}$$

(1) 顺压力梯度，$\dfrac{\mathrm{d}p}{\mathrm{d}x} < 0$，所以 $y = 0$，$\left(\dfrac{\partial^2 u}{\partial y^2}\right)_{y=0} < 0$，但在 $y = \delta$，$\left(\dfrac{\partial^2 u}{\partial y^2}\right)_{y=\delta} < 0$。即在整个边界层内均有 $\left(\dfrac{\partial^2 u}{\partial y^2}\right)_{y=0} < 0$ 的速度分布曲线，不存在拐点，不会产生逆流，也不会产生分离现象。

(2) 逆压力梯度，$\dfrac{\mathrm{d}p}{\mathrm{d}x} > 0$，所以 $y = 0$，$\left(\dfrac{\partial^2 u}{\partial y^2}\right)_{y=0} > 0$，但在 $y = \delta$，$\left(\dfrac{\partial^2 u}{\partial y^2}\right)_{y=\delta} < 0$。所以在边界层内，速度分布曲线存在反向点，即可能出现逆流并形成边界层的分离现象。

4. 尾流区

在边界层分离区，即被绕流物体的尾部区域那个大量的扰动涡旋，该涡旋在下游将维持相当距离，直到涡旋因黏性耗散而消失，此时涡旋动能变为内能。

6.14　湍　流

湍流是自然界和工程技术领域中常见的一类流动，作为现代流体力学的重要组成部分，与气象、环保、航空等许多科技领域密切相关，成为近百年来许多科学家致力研究的课题。近些年来，湍流理论探讨以下两个方向的发展。

(1) 湍流统计理论：将湍流视为随机运动的集合，采用较严格的统计途径，着重研究湍流的内部结构，寻求基本规律，以建立普遍适用的湍流理论。

(2) 湍流半经验理论: 结合经验公式对湍流结构作某些假设, 着重研究时均流动的运动规律。

6.14.1　两种流动状态

1. 层流与湍流的定义

实验表明, 黏性流体运动存在着两种截然不同的运动状态, 即层流和湍流。

层流的特征是运动的有规则性, 各层流体层次分明, 没有混合现象, 流体质点的轨线是光滑的曲线, 速度场和压力场随时空坐标作平缓而连续的变化。前文讨论的流体运动均属层流状态。

湍流的特征则是运动的杂乱无规则性, 即所谓脉动性, 不同层次的流体质点发生激烈的混合现象, 湍流运动中流体质点的轨线杂乱无章, 速度场和压力场随时空坐标的变化十分激烈, 无法用简单的时空坐标的函数全面描述运动。但湍流的杂乱无章性, 或其随机性却可用概率理论予以描述。也就是说, 湍流一方面具有随机性, 其各种特性量随时空坐标作无规则的变化, 另一方面其统计平均值却符合一定的统计规律。

2. 湍流的分类

湍流可分为剪切湍流和各向同性湍流两大类。剪切湍流具有时均流速梯度, 例如近壁湍流 (管流、壁面边界层流动) 和自由湍流 (射流、尾流等)。而在各向同性湍流中, 则完全不存在时均流速梯度。

6.14.2　层流与湍流间的相互转变

1. 雷诺实验

层流与湍流这两种不同的运动状态在一定条件下, 可以相互转化。英国物理学家雷诺最早对层流与湍流间的转变问题进行系统研究, 1883 年他通过圆管内黏性流动实验, 论述了层流与湍流的本质差别以及层流与湍流间相互转化的条件。雷诺的实验装置如图 6.14.1 所示。

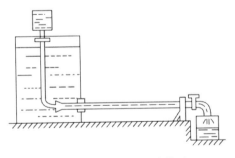

图 6.14.1　雷诺的实验装置

水箱与水平圆管相连, 并用滴管在水内注入染色流体, 以观察水在管中的流动状态。

雷诺实验表明: 当雷诺数较小时, 流动处于层流状态, 流体质点无横向运动。速度沿圆管管径呈现抛物线分布的轮廓。$V_{\max} = 2\overline{V}$, 各点流速随 t 而变。压力沿管轴方向之变化率与平均流速成正比。当雷诺数较大时, 流动处于湍流状态, 流体质点不仅有沿管轴方向的运动，还存在于管轴垂直之横向运动。时均流速沿管径之分布轮廓线接近对数分布曲线；最大时均流速与管道平均流速之比约为 $1.05 \sim 1.3$。在近壁面处，时均流速梯度较层流大很多。

$$\frac{\partial p}{\partial x} \propto \overline{V}^{1.73} \tag{6.14.1}$$

2. 流动状态的判据

实验证实 $Re = \dfrac{VD}{\nu}$(其中 V 为圆管内的平均流速，D 为管径，ν 为水的运动黏度) 是区别流体处于层流还是湍流状态的判据。

当雷诺数小于某一数值时，流动为层流，当雷诺数大于某一数值时，流动为湍流，当雷诺数介于该两数值之间时，流动处于由层流向湍流的过渡状态。上述流动状态由层流转变为湍流的雷诺数的下限称为临界雷诺数，以 Re_c 表示之。

实测资料表明，临界雷诺数的大小与外界扰动情况有关，所谓外界扰动指的是实验中水箱内的水是否平静，玻璃管入口处是否有涡旋产生，玻璃管本身有无振动等因素。若扰动较强，临界雷诺数的数值就较小，即在较小的雷诺数下就发生层流向湍流的过渡。反之，如果扰动较弱，临界雷诺数的数值就较高，即在较高的雷诺数下仍有可能保持层流状态。

对圆管内的水流而言，当 $Re_c < 2300$ 时，不论扰动多强，管流始终保持为层流；当 $Re_c > 2300$ 时，管流可能处于层流或湍流状态。

在层流向湍流的过渡状态中，流动具有间歇性的脉动，其瞬时流速有时脉动强烈，有时脉动较弱，甚至没有脉动产生。也就是说在过渡状态，层流与湍流将交替出现，且层流与湍流交替出现的时间也是不均匀、不规则的 (图 6.14.2)。

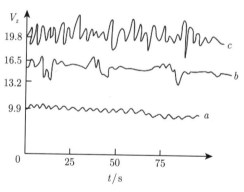

图 6.14.2　不同流速下脉动水平

3. 层流与湍流相互转换的物理实质

在实际流动中既存在着使流动由层流过渡到湍流的各种扰动作用，又存在着消耗扰动能量使流动趋向稳定的黏性稳定作用，实际流动属于哪一种流动状态，是扰动作用与黏性稳定作用两种因素综合影响的结果。从层流与湍流间相互转化的这一物理实质出发，就很容易理解雷诺数成为流动状态判据的道理。雷诺数的数值反映了黏性稳定作用的强弱，雷诺数小表示黏性稳定作用强，雷诺数大则表示黏性稳定作用弱。所以层流与湍流间的相互转化就必然取决于扰动的强弱和雷诺数的大小。

6.14.3　湍流的脉动性

脉动性是湍流的基本特征。在湍流中各点流速的数值与方向不断地发生不规则变化，流速随时间的这种变化就称为流速的脉动。实测资料证实，尽管湍流流速的变化极其复杂，但流速的平均值基本上满足高斯正态分布律。也就是说，湍流的瞬时流速是时空坐标的随机函数，其平均值满足确定的统计规律。

实验表明，湍流流速的脉动性具有以下特点：

(1) 由于湍流流速的数值和方向都在不断变化，不管主流是一维或二维的，脉动总是三维的。

(2) 瞬时流速的脉动量有时可达最大值的几分之一，因而应注意脉动量有时很大，不能作为微量处理。

(3) 湍流脉动是作为连续介质的流体的脉动，即流体微团 (宏观质点) 的脉动，而不是微观流体分子的脉动。湍流流速在空间的脉动必然引起相邻各层流体间的相互交换，这就必将导致动量、压强、浓度等的交换和脉动，湍流中各点的压强的脉动，根据壁面测量资料可知，湍流瞬时压强也基本上符合高斯正态分布律。

(4) 流速和压强的脉动周期都是有大有小的，大周期脉动中附有小周期脉动，小周期脉动中还附有更小周期的脉动，或者是大小不同周期的脉动交替出现。也就是说，流速和压强的脉动都具有连续的频率谱。

由于湍流结构的复杂性，湍流脉动的物理机制至今尚未完全清楚，目前常用涡旋叠加的假设来解释。

在层流转变为湍流的过程中，由于壁面的黏性阻碍作用或外来的扰动作用，在流体内部产生了许多大小不同、转向不同的涡旋，大涡旋中包含着小涡旋，小涡旋内又包含着更小的涡旋。各种不同尺度的涡旋组成连续的涡旋谱，正是由于湍流中充满着大量的具有随机性质的各种尺度的涡旋，以及这些涡旋在流体内的随机运动，引起了流速、压强等各种特性量的脉动。

6.14.4　平均值

湍流的脉动性要求在湍流的理论分析中必须采用平均值的方法。

1. 时间平均值

常用的是**时间平均值**，即对某一物理量 $A(\boldsymbol{r}, t)$，在固定空间点，以某一瞬时 t 为中心，在时间间隔 T 内求其时间平均值

$$\overline{A}(\boldsymbol{r}, t) = \frac{1}{T} \int_{t-\frac{T}{2}}^{t+\frac{T}{2}} A(\boldsymbol{r}, t') \mathrm{d}t' \tag{6.14.2}$$

式中，T 为时均周期，应注意 T 必须比湍流脉动周期的时间尺度大得多，同时又比流场中任何与脉动不相关的缓慢变动的时间尺度小得多。

2. 空间平均值

$$\overline{A}_{空}(x, t) = \frac{1}{L} \int_{x-\frac{L}{2}}^{x+\frac{L}{2}} A(x', t) \mathrm{d}x \tag{6.14.3}$$

3. 统计平均值

$$\overline{A}_p(x,t) = \int_{-\infty}^{+\infty} Af(A)\mathrm{d}A \tag{6.14.4}$$

且

$$\int_{-\infty}^{+\infty} Af(A)\mathrm{d}A = 1 \tag{6.14.5}$$

式中，$f(A)$ 为概率密度函数，$f(A)\mathrm{d}A$ 表示 A 值出现在 $A \sim A + \mathrm{d}A$ 的概率。

湍流的真实物理量 A 可视为平均值 $\overline{A}$ 与脉动值 A' 之和，即

$$A = \overline{A} + A' \tag{6.14.6}$$

例如湍流之瞬时流速 u 可表示为

$$u = \overline{u} + u'$$

而瞬时压强 p 可表示为

$$p = \overline{p} + p'$$

定常湍流是指平均流速不随时间变化的湍流，如平均流速随时间变化则为非定常湍流。定常湍流和非定常湍流的图像如图 6.14.3 所示。

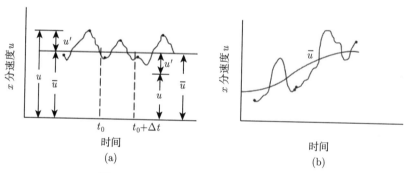

图 6.14.3　定常湍流和非定常湍流的图像

对非均与不定常湍流流动，严格来说，时均法和体均法不能应用。但若不均匀性的空间尺度 L_k 较湍流各态分布尺度 (在此尺度内存在湍流各种状态) 大得多。那么在此 L_k 的尺度中平均特性的变化可以忽略不计，而在尺度 L_k 中包含了湍流的几乎所有状态。即在 L_k 尺度中湍流是各态遍历的，则在尺度 L_k 中的体均法所得平均值十分接近于随机变量的概率平均值，这种体均值在空间是可以变化的。所以在各态遍历假设前提下，可用体均法研究湍流流场。

类似地，若不定常湍流时间尺度 T_k 比湍流本身的时间尺度大得多，则此 T_k 中的尺度内平均特性变化可忽略不计，也就是说，在 T_k 内包含了湍流的几乎所有状态。即在 T_k 尺度中湍流是各态遍历的，于是在尺度 T_k 中应用时均法所得平均值十分近似于随机变量的概率平均值，这种时均值在时间上可以变化。所以，在各态遍历假设成立的条件下，可用时均法研究不定常湍流。

各态遍历假设的结论是对于一个满足各态遍历的系统，三种平均值相等。

各态遍历假设，一个随机变量重复多次的实验中的所有可能状态，能够在一次实验的相当长时间或相当大空间范围以相同的概率出现。N 次实验中出现 $V_i \sim V_i + \Delta V_i$ 的次数为 ΔN。在一次实验中 T 时间内出现 $V_i \sim V_i + \Delta V_i$ 的时间为 Δt，在一次实验的空间范围 τ 内出现 $V_i \sim V_i + \Delta V_i$ 的范围为 $\Delta \tau$，则各态遍历假设认为

$$\frac{\Delta N}{N} = \frac{\Delta t}{T} = \frac{\Delta \tau}{\tau} \tag{6.14.7}$$

6.14.5　平均值的计算规则

平均值的计算应服从以下规则：

$$\overline{\overline{A}} = \overline{A} \tag{6.14.8}$$

$$\overline{A'} = 0 \tag{6.14.9}$$

$$\overline{\overline{A} \cdot B} = \overline{A} \cdot \overline{B} \tag{6.14.10}$$

$$\overline{A + B} = \overline{A} + \overline{B} \tag{6.14.11}$$

$$\overline{A \cdot B} = \overline{A} \cdot \overline{B} + \overline{A' \cdot B'} \tag{6.14.12}$$

$$\overline{\frac{\partial A}{\partial x}} = \frac{\partial \overline{A}}{\partial x} \tag{6.14.13}$$

$$\overline{\frac{\partial A}{\partial t}} = \frac{\partial \overline{A}}{\partial t} \tag{6.14.14}$$

$$\overline{\frac{\partial^{m+n} A}{\partial t^m \partial x^n}} = \frac{\partial^{m+n} \overline{A}}{\partial t^m \partial x^n} \tag{6.14.15}$$

$$\overline{\frac{\partial^{m+n} A'}{\partial t^m \partial x^n}} = 0 \tag{6.14.16}$$

6.14.6　湍流运动基本方程组

1. 雷诺假定

雷诺首先引用以下假定：

(1) 当流体运动从层流状态过渡到湍流状态后，它的物理性质，包括黏度并没有变化，在湍流中仍保持原有数值。

(2) 当流体运动从层流状态过渡到湍流状态后，流体的连续性没有遭受破坏，所以仍可视为连续介质。

(3) 描述黏性流体的 N-S 方程对湍流运动仍然适用。

上述假定虽然至今尚未严密证明，但所有关于湍流的研究都表明，上述假定没有与实际情况发生矛盾，因而目前各国学者均认为在一般情况下应用 N-S 方程研究湍流问题是合适的。所谓一般情况下，就是要求组成湍流的各种尺度的涡旋中最小尺度的涡旋其长度尺度和脉动周期应比分子平均自由程及分子碰撞时间大得多，否则就不能认为湍流是连续的。

实验表明，在空气和水流中湍流的最小尺度为 10^{-4}m，而在标准状况下，空气的分子平均自由程为 $\overline{\lambda}_{空气} = 2 \times 10^{-8}$m，水的分子平均自由程更小，因此，只要湍流的流速不超过分

子热运动的平均速度 $\overline{V} = 5 \times 10^2 \mathrm{m/s}$ 很多时, 上述假定均可适用。但是当湍流流速比分子热运动速度大很多时, 或者当压强很小使分子平均自由程与湍流的长度尺度相当时, 上述假定不能成立。此时就不能采用 N-S 方程来描述湍流问题了。

在不可压缩黏性流体湍流流动中, 密度和黏度等为已知常数。速度和压强则应表示为平均值和脉动量之和, 即

$$\begin{cases} u = \overline{u} + u' \\ v = \overline{v} + v' \\ w = \overline{w} + w' \\ p = \overline{p} + p' \end{cases} \tag{6.14.17}$$

将式 (6.14.17) 代入连续性方程和 N-S 方程, 并对时间取平均值。

2. 湍流连续性方程

$$\frac{\partial u}{\partial x} + \frac{\partial v}{\partial y} + \frac{\partial w}{\partial z} = 0 \tag{6.14.18}$$

所以, 代入式 (6.14.17) 有

$$\frac{\partial(\overline{u} + u')}{\partial x} + \frac{\partial(\overline{v} + v')}{\partial y} + \frac{\partial(\overline{w} + w')}{\partial z} = 0 \tag{6.14.19}$$

对上式取平均, 可得

$$\frac{\partial \overline{u}}{\partial x} + \frac{\partial \overline{v}}{\partial y} + \frac{\partial \overline{w}}{\partial z} = 0 \tag{6.14.20}$$

即

$$\nabla \cdot \overline{\boldsymbol{V}} = 0 \tag{6.14.21}$$

所以由式 (6.14.19) 和式 (6.14.20) 可得

$$\frac{\partial u'}{\partial x} + \frac{\partial v'}{\partial y} + \frac{\partial w'}{\partial z} = 0 \tag{6.14.22}$$

$$\frac{\partial u_i'}{\partial x_i} = 0 \tag{6.14.23}$$

即

$$\nabla \cdot \boldsymbol{V}' = 0 \tag{6.14.24}$$

3. 湍流时均运动方程 —— 雷诺方程

$$\begin{cases} \dfrac{\partial u}{\partial t} + u\dfrac{\partial u}{\partial x} + v\dfrac{\partial u}{\partial y} + w\dfrac{\partial u}{\partial z} = f_x - \dfrac{1}{\rho}\dfrac{\partial p}{\partial x} + \nu\nabla u \\[2mm] \dfrac{\partial v}{\partial t} + u\dfrac{\partial v}{\partial x} + v\dfrac{\partial v}{\partial y} + w\dfrac{\partial v}{\partial z} = f_y - \dfrac{1}{\rho}\dfrac{\partial p}{\partial y} + \nu\nabla v \\[2mm] \dfrac{\partial w}{\partial t} + u\dfrac{\partial w}{\partial x} + v\dfrac{\partial w}{\partial y} + w\dfrac{\partial w}{\partial z} = f_z - \dfrac{1}{\rho}\dfrac{\partial p}{\partial z} + \nu\nabla w \end{cases}$$

由于 $\nabla \cdot \boldsymbol{V} = 0$，上式可得

$$
\begin{cases}
\dfrac{\partial u}{\partial t} + \dfrac{\partial (u^2)}{\partial x} + \dfrac{\partial (uv)}{\partial y} + \dfrac{\partial (uw)}{\partial z} = f_x - \dfrac{1}{\rho}\dfrac{\partial p}{\partial x} + \nu \nabla^2 u \\[2mm]
\dfrac{\partial v}{\partial t} + \dfrac{\partial (uv)}{\partial x} + \dfrac{\partial (v^2)}{\partial y} + \dfrac{\partial (vw)}{\partial z} = f_y - \dfrac{1}{\rho}\dfrac{\partial p}{\partial y} + \nu \nabla^2 v \\[2mm]
\dfrac{\partial w}{\partial t} + \dfrac{\partial (uw)}{\partial x} + \dfrac{\partial (wv)}{\partial y} + \dfrac{\partial (w^2)}{\partial z} = f_z - \dfrac{1}{\rho}\dfrac{\partial p}{\partial z} + \nu \nabla^2 w
\end{cases}
\tag{6.14.25}
$$

对上式求平均，并考虑到 $\nabla \cdot \overline{\boldsymbol{V}} = 0$

$$
\begin{cases}
\dfrac{\partial \overline{u}}{\partial t} + \overline{u}\dfrac{\partial \overline{u}}{\partial x} + \overline{v}\dfrac{\partial \overline{u}}{\partial y} + \overline{w}\dfrac{\partial \overline{u}}{\partial z} = f_x - \dfrac{1}{\rho}\dfrac{\partial \overline{p}}{\partial x} + \nu \nabla^2 \overline{u} \\[2mm]
\quad + \dfrac{1}{\rho}\left[\dfrac{\partial}{\partial x}(-\overline{\rho u' u'}) + \dfrac{\partial}{\partial y}(-\overline{\rho u' v'}) + \dfrac{\partial}{\partial z}(-\overline{\rho u' w'})\right] \\[2mm]
\dfrac{\partial \overline{v}}{\partial t} + \overline{u}\dfrac{\partial \overline{v}}{\partial x} + \overline{v}\dfrac{\partial \overline{v}}{\partial y} + \overline{w}\dfrac{\partial \overline{v}}{\partial z} = f_y - \dfrac{1}{\rho}\dfrac{\partial \overline{p}}{\partial y} + \nu \nabla^2 \overline{v} \\[2mm]
\quad + \dfrac{1}{\rho}\left[\dfrac{\partial}{\partial x}(-\overline{\rho u' v'}) + \dfrac{\partial}{\partial y}(-\overline{\rho v' v'}) + \dfrac{\partial}{\partial z}(-\overline{\rho v' w'})\right] \\[2mm]
\dfrac{\partial \overline{w}}{\partial t} + \overline{u}\dfrac{\partial \overline{w}}{\partial x} + \overline{v}\dfrac{\partial \overline{w}}{\partial y} + \overline{w}\dfrac{\partial \overline{w}}{\partial z} = f_z - \dfrac{1}{\rho}\dfrac{\partial \overline{p}}{\partial z} + \nu \nabla^2 \overline{w} \\[2mm]
\quad + \dfrac{1}{\rho}\left[\dfrac{\partial}{\partial x}(-\overline{\rho u' w'}) + \dfrac{\partial}{\partial y}(-\overline{\rho v' w'}) + \dfrac{\partial}{\partial z}(-\overline{\rho w' w'})\right]
\end{cases}
\tag{6.14.26}
$$

即

$$
\dfrac{\mathrm{d}\overline{\boldsymbol{V}}}{\mathrm{d}t} = \boldsymbol{f} - \dfrac{1}{\rho}\nabla \overline{p} + \nu \nabla^2 \overline{\boldsymbol{V}} + \dfrac{1}{\rho}\nabla \cdot \boldsymbol{p}'
\tag{6.14.27}
$$

4. 均匀不可压缩黏性流体湍流时均运动的基本方程

式 (6.14.21) 和 (6.14.26) 写作如下形式：

$$
\begin{cases}
\nabla \cdot \overline{\boldsymbol{V}} = 0 \\[2mm]
\dfrac{\mathrm{d}\overline{\boldsymbol{V}}}{\mathrm{d}t} = \boldsymbol{f} - \dfrac{1}{\rho}\nabla \overline{p} + \nu^2 \nabla \overline{\boldsymbol{V}} + \dfrac{1}{\rho}\nabla \cdot \boldsymbol{p}'
\end{cases}
\tag{6.14.28}
$$

式中，$\overline{\boldsymbol{V}}$ 表示湍流时均速度矢，$\boldsymbol{p}'$ 称为湍流应力张量或雷诺应力张量，并由下式决定：

$$
\boldsymbol{p}' = \begin{bmatrix}
-\overline{\rho u'^2} & -\overline{\rho u' v'} & -\overline{\rho u' w'} \\
-\overline{\rho u' v'} & -\overline{\rho v'^2} & -\overline{\rho v' w'} \\
-\overline{\rho u' w'} & -\overline{\rho v' w'} & -\overline{\rho w'^2}
\end{bmatrix}
\tag{6.14.29}
$$

湍流应力张量场是由湍流脉动所引起的，由上式可知 $\boldsymbol{p}'$ 为一个二阶对称张量。式 (6.14.28) 中的湍流时均运动方程又称为雷诺方程。

$$
\begin{aligned}
\nabla \cdot \boldsymbol{p}' &= \dfrac{1}{\rho}\left(\dfrac{\partial}{\partial x}\boldsymbol{i} + \dfrac{\partial}{\partial y}\boldsymbol{j} + \dfrac{\partial}{\partial z}\boldsymbol{k}\right) \cdot (\boldsymbol{i}\overline{p_1'} + \boldsymbol{j}\overline{p_2'} + \boldsymbol{k}\overline{p_3'}) \\
&= \dfrac{1}{\rho}\left(\dfrac{\partial \overline{p_1'}}{\partial x} + \dfrac{\partial \overline{p_2'}}{\partial y} + \dfrac{\partial \overline{p_3'}}{\partial z}\right)
\end{aligned}
$$

$$= \frac{1}{\rho} \left[\left(\frac{\partial \overline{p'_{11}}}{\partial x} + \frac{\partial \overline{p'_{21}}}{\partial y} + \frac{\partial \overline{p'_{31}}}{\partial z} \right) \boldsymbol{i} + \left(\frac{\partial \overline{p'_{12}}}{\partial x} + \frac{\partial \overline{p'_{22}}}{\partial y} + \frac{\partial \overline{p'_{32}}}{\partial z} \right) \boldsymbol{j} + \left(\frac{\partial \overline{p'_{13}}}{\partial x} + \frac{\partial \overline{p'_{23}}}{\partial y} + \frac{\partial \overline{p'_{33}}}{\partial z} \right) \boldsymbol{k} \right]$$

$$= \frac{1}{\rho} \left[\left(\frac{\partial (-\overline{\rho u'^2})}{\partial x} + \frac{\partial (-\overline{\rho u'v'})}{\partial y} + \frac{\partial (-\overline{\rho u'w'})}{\partial z} \right) \boldsymbol{i} \right.$$

$$+ \left(\frac{\partial (-\overline{\rho u'v'})}{\partial x} + \frac{\partial (-\overline{\rho v'^2})}{\partial y} + \frac{\partial (-\overline{\rho v'w'})}{\partial z} \right) \boldsymbol{j}$$

$$+ \left. \left(\frac{\partial (-\overline{\rho u'w'})}{\partial x} + \frac{\partial (-\overline{\rho v'w'})}{\partial y} + \frac{\partial (-\overline{\rho w'^2})}{\partial z} \right) \boldsymbol{k} \right] \tag{6.14.30}$$

黏性应力张量:

$$\begin{cases} p_{ij} = -p\delta_{ij} + 2\mu A_{ij} \\ \boldsymbol{p} = -p\boldsymbol{I} + 2\mu\boldsymbol{A} \end{cases} \tag{6.14.31}$$

因而本书可以在湍流运动中引入广义应力张量 $\boldsymbol{P}$, 使

$$\boldsymbol{P} = -\overline{p}\boldsymbol{I} + 2\mu\overline{\boldsymbol{A}} + \boldsymbol{p}' \tag{6.14.32}$$

其中 $\boldsymbol{I}$ 为单位张量。

$$\overline{\boldsymbol{A}} = (\overline{A}_{ij}) \tag{6.14.33}$$

是湍流时均运动的变形率张量, 而

$$\overline{A}_{ij} = \frac{1}{2} \left(\frac{\partial \overline{u_j}}{\partial x_i} + \frac{\partial \overline{u_i}}{\partial x_j} \right), \quad i, j = 1, 2, 3 \tag{6.14.34}$$

在湍流中广义应力张量的分量为

$$p_{ij} = -\overline{p}\delta_i + 2\mu\overline{A}_{ij} + p'_{ij} \tag{6.14.35}$$

其中

$$p'_{ij} = -\overline{\rho u'_i u'_j}, \quad i, j = 1, 2, 3 \tag{6.14.36}$$

为雷诺应力张量 $\boldsymbol{p}'$ 的分量。

在引入式 (6.14.32)~ 式 (6.14.36) 的条件下, 湍流时均运动方程亦可表示为

$$\frac{\mathrm{d}\overline{\boldsymbol{V}}}{\mathrm{d}t} = \boldsymbol{f} + \frac{1}{\rho} \nabla \cdot \boldsymbol{P} \tag{6.14.37}$$

即

$$\begin{cases}
\dfrac{\mathrm{d}\overline{u}}{\mathrm{d}t} = f_x - \dfrac{1}{\rho}\dfrac{\partial \overline{p}}{\partial x} + \nu\nabla^2\overline{u} + \dfrac{1}{\rho}\left[\dfrac{\partial}{\partial x}\left(\mu\dfrac{\partial \overline{u}}{\partial x} - \overline{\rho u'u'}\right)\right. \\
\qquad\qquad \left. + \dfrac{\partial}{\partial y}\left(\mu\dfrac{\partial \overline{u}}{\partial y} - \overline{\rho u'v'}\right) + \dfrac{\partial}{\partial z}\left(\mu\dfrac{\partial \overline{u}}{\partial z} - \overline{\rho u'w'}\right)\right] \\[2mm]
\dfrac{\mathrm{d}\overline{v}}{\mathrm{d}t} = f_y - \dfrac{1}{\rho}\dfrac{\partial \overline{p}}{\partial y} + \nu\nabla^2\overline{v} + \dfrac{1}{\rho}\left[\dfrac{\partial}{\partial x}\left(\mu\dfrac{\partial \overline{v}}{\partial x} - \overline{\rho u'v'}\right)\right. \\
\qquad\qquad \left. + \dfrac{\partial}{\partial y}\left(\mu\dfrac{\partial \overline{v}}{\partial y} - \overline{\rho v'v'}\right) + \dfrac{\partial}{\partial z}\left(\mu\dfrac{\partial \overline{v}}{\partial z} - \overline{\rho v'w'}\right)\right] \\[2mm]
\dfrac{\mathrm{d}\overline{w}}{\mathrm{d}t} = f_z - \dfrac{1}{\rho}\dfrac{\partial \overline{p}}{\partial z} + \nu\nabla^2\overline{w} + \dfrac{1}{\rho}\left[\dfrac{\partial}{\partial x}\left(\mu\dfrac{\partial \overline{w}}{\partial x} - \overline{\rho u'w'}\right)\right. \\
\qquad\qquad \left. + \dfrac{\partial}{\partial y}\left(\mu\dfrac{\partial \overline{w}}{\partial y} - \overline{\rho v'w'}\right) + \dfrac{\partial}{\partial z}\left(\mu\dfrac{\partial \overline{w}}{\partial z} - \overline{\rho w'w'}\right)\right]
\end{cases} \tag{6.14.38}$$

采用爱因斯坦求和约定, 上式可写作

$$\frac{\partial \overline{u_i}}{\partial t} + \overline{u}_j\frac{\partial \overline{u_j}}{\partial x_j} = f_i - \frac{1}{\rho}\frac{\partial \overline{p}}{\partial x_i} + \frac{1}{\rho}\left[\frac{\partial}{\partial x_j}\left(\mu\frac{\partial \overline{u_i}}{\partial x_j} - \overline{\rho u_i'u_j'}\right)\right], \quad i,j = 1,2,3 \tag{6.14.39}$$

由上述讨论可知, 在湍流运动中除了存在时均运动的黏性应力外, 还存在由于脉动所引起的湍流应力 $p_{ij}' = -\overline{\rho u_i'u_j'}$。湍流应力表征着由于湍流脉动运动所引起的通过相应表面的时均运动动量迁移率, 其产生的附加剪应力即为雷诺应力。

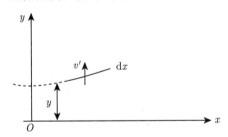

图 6.14.4　雷诺应力

以 $-\overline{\rho u'v'}$ 为例说明, 由于存在 y 方向之脉动速度 v', 单位时间穿 y 处之面元 $\mathrm{d}x$ 的流体质量为 $(\rho v')_y\mathrm{d}x$, 即携带的 x 方向的流体动量为 $(\rho v'u)_y\mathrm{d}x$, 所以单位时间内穿过面元 $\mathrm{d}x$ 流入体元之 x 方向的动量的平均值为

$$\overline{(\rho uv')_y}\mathrm{d}x = \overline{(\rho u'v')_y}\mathrm{d}x \tag{6.14.40}$$

按动量定理这就相当于通过 $\mathrm{d}x$ 面元下层流体对上层流体作用力的 x 分量。

即湍流剪应力为

$$p_{-yx}' = \overline{\rho u'v'} \tag{6.14.41}$$

所以

$$p_{yx}' = -p_{-yx}' = -\overline{\rho u'v'} \tag{6.14.42}$$

故 p_{yx}' 表征着由于脉动运动引起的通过相应表面之运动动量迁移率。时均运动连续性方程和运动方程即组成了湍流时均运动的基本方程组。

$$
\begin{cases}
\nabla \cdot \overline{\boldsymbol{V}} = 0 \\
\dfrac{\mathrm{d}\overline{\boldsymbol{V}}}{\mathrm{d}t} = \boldsymbol{f} + \dfrac{1}{\rho}\nabla \cdot \boldsymbol{P}
\end{cases}
$$

由湍流瞬时流动所满足的 N-S 方程减去湍流时均运动方程 (6.14.39)，可得湍流脉动运动方程

$$
\frac{\partial u_i'}{\partial t} + (\overline{u_j} + u_j')\frac{\partial u_i'}{\partial x_j} + u_j'\frac{\partial \overline{u_i}}{\partial x_j} = -\frac{1}{\rho}\frac{\partial p'}{\partial x_i} + \frac{1}{\rho}\frac{\partial}{\partial x_j}(\tau_{ji}' + \overline{\rho u_i' u_j'}) \tag{6.14.43}
$$

上式中

$$
\tau_{ji}' = \mu \frac{\partial u_i'}{\partial x_j} \tag{6.14.44}
$$

称为脉动分子黏性力。由式 (6.14.43) 可以看出，湍流脉动加速度由脉动压力梯度力、脉动分子黏性力及湍流黏性力所决定。与时均运动方程式 (6.14.39) 相比较，看到雷诺应力项以反号的形式出现于两个方程中。同时两方程中都存在时均运动和脉动运动的耦合项，因此时均运动和脉动运动将相互影响，相互转化。

所以，湍流脉动运动基本方程组

$$
\begin{cases}
\dfrac{\partial u_i'}{\partial x_i} = 0 \\
\dfrac{\partial u_i'}{\partial t} + (\overline{u_j} + u_j')\dfrac{\partial u_i'}{\partial x_j} + u_j'\dfrac{\partial \overline{u_i}}{\partial x_j} = -\dfrac{1}{\rho}\dfrac{\partial p'}{\partial x_i} + \dfrac{1}{\rho}\dfrac{\partial}{\partial x_j}(\tau_{ji}' + \overline{\rho u_i' u_j'})
\end{cases} \tag{6.14.45}
$$

时均流动基本方程组 (6.14.26) 及脉动运动基本方程组 (6.14.45) 都是不闭合的，方程个数是 4 个，但却包含速度、压力及雷诺应力分量共 10 个未知函数，这成为湍流理论探讨的一大困难。为使方程组闭合，必须在雷诺应力和时均速度之间建立补充关系式，同时还需进一步简化运动方程，才有可能对湍流问题求近似解。目前由于对湍流的机理尚未彻底了解，还没有成熟的理论方法。这方面的理论工作目前主要有两个方面，其一是**湍流半经验理论**，该理论根据实验结果并引入一些假设，建立湍流应力和时均速度间的关系以使基本方程组闭合。半经验理论在理论上存在很大的缺陷和局限性，但在一定条件下，往往能得出与实验相符的结果，因而在工程技术中得到广泛应用；其二是**湍流统计理论**，试图利用统计数学的**概念**和方法描绘湍流，探讨脉动运动的变化规律，研究湍流的内部结构，从而建立湍流运动的闭合方程组。迄今为止，仅在均匀各向同性湍流方面取得一些较好结果，但距实际应用尚相差甚远。涉及这方面内容的详细讨论超出本书范围，读者可参阅有关湍流专著。

6.14.7 普朗特动量传递理论

1. 时均运动方程的简化

对于定常沿 x 方向均匀平面平行湍流流经无界平面固体壁面，在不计质量力的情况下

$$
\begin{cases}
\overline{u} = \overline{u}(y) \\
\overline{v} = \overline{w} = 0 \\
\dfrac{\partial}{\partial t} = 0 \\
\dfrac{\partial}{\partial x} = 0, \dfrac{\partial}{\partial z} = 0
\end{cases} \tag{6.14.46}
$$

雷诺方程可简化为

$$\begin{cases} \dfrac{\partial \overline{p}}{\partial x} = \dfrac{\partial}{\partial y}\left(\mu \dfrac{\partial \overline{u}}{\partial y} - \overline{\rho u'v'}\right) \\[3mm] \dfrac{\partial}{\partial y}(\overline{p} + \overline{\rho v'^2}) = 0 \end{cases} \tag{6.14.47}$$

由式 (6.14.47) 的第二式可得

$$\overline{p} + \overline{\rho v'^2} = c \tag{6.14.48}$$

当 $y = 0$ 时，即固体壁面处，存在 $v' = 0$，所以 $\overline{p}$ 在固体壁面处有较大的值。由式 (6.14.47) 的第一式可得，$\dfrac{\partial \overline{p}}{\partial x}$ 与 y 无关，积分可得

$$\mu \frac{\partial \overline{u}}{\partial y} - \overline{\rho u'v'} = \frac{\partial \overline{p}}{\partial x}y + c_1 \tag{6.14.49}$$

上式左端为黏性切应力和雷诺切应力之和，即为总切应力，上式表明总切应力在 y 方向线性变化。

当 $y = 0$ 时，总切应力 $p_r = \tau_0$，所以

$$c_1 = \tau_0$$

所以

$$\mu \frac{\partial \overline{u}}{\partial y} - \overline{\rho u'v'} = \frac{\partial \overline{p}}{\partial x}y + \tau_0 \tag{6.14.50}$$

如能给出雷诺切应力 $-\overline{\rho u'v'}$ 与时均流速间的关系，则可由式 (6.14.50) 求得 τ 的分布。

2. 普朗特动量传递理论的表述

气体分子运动论：分子无规则热运动引起各层流体间宏观定向运动量的迁移，从而引起各流层间相互作用的分子黏性应力。将湍流脉动与气体分子热运动相比拟，湍流中形成的宏观脉动体的宏观脉动将引起湍流运动动量的迁移，从而产生湍流应力。

因此，假设脉动所包含的某种特征量 q 是被动的，即 q 值的大小，不影响流体的运动情况。且特征量 q 是保守的，即脉动体在运行中经距离 l 的过程中 q 值不变，则 l 为混合长度。

$$l \sim \overline{\lambda} \tag{6.14.51}$$

满足上述条件的量称为 l 输运量。

普朗特认为，湍流脉动体在脉动过程中可将被输送量从流体的一部分输送到另一部分。在输送前该特征量取与周围流体相同的平均值。在运行 l 的过程中，该特征量保持不变，经 l 到达流体另一处时，则即刻引起新环境处相应特征量的脉动。现只讨论简单的平面直线脉动 (图 6.14.5)，即设

$$u = \overline{u}(y), \quad \overline{v} = \overline{w} = 0 \tag{6.14.52}$$

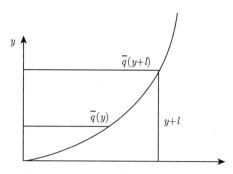

图 6.14.5　平面直线脉动中的输送量

可输送量为

$$q = \bar{q}(y) \tag{6.14.53}$$

在 $y + l$ 处

$$q = \bar{q}(y + l)$$

所以

$$q' = |\bar{q}(y + l) - \bar{q}(y)| = \left| l \frac{\partial \bar{q}}{\partial y} \right| = l \left| \frac{\partial \bar{q}}{\partial y} \right| \tag{6.14.54}$$

设

$$\begin{cases} q = u \\ \bar{q} = \bar{u} \\ q' = u' \end{cases} \tag{6.14.55}$$

所以

$$\bar{u}(y + l) - \bar{u}(y) \approx l \frac{\mathrm{d}\bar{u}}{\mathrm{d}y} = u' \tag{6.14.56}$$

所以

$$|u'| = l \left| \frac{\mathrm{d}\bar{u}}{\mathrm{d}y} \right| \tag{6.14.57}$$

$$u' = \pm l \frac{\mathrm{d}\bar{u}}{\mathrm{d}y} \tag{6.14.58}$$

注意, u' 之符号由 $\dfrac{\mathrm{d}\bar{u}}{\mathrm{d}y}$ 及 v' 决定, 当 $\dfrac{\mathrm{d}\bar{u}}{\mathrm{d}y} > 0$, 若 $v' > 0$, 则 $u' < 0$。式 (6.14.57) 之物理意义 $\rho u' = l \left| \dfrac{\mathrm{d}(\rho\bar{u})}{\mathrm{d}y} \right|$, 即脉动体在 x 方向动量之脉动值 $\rho u'$ 等于该动量分量之时均值在横向经距离 l 所产生的变化量 $l \left| \dfrac{\mathrm{d}(\rho\bar{u})}{\mathrm{d}y} \right|$。特征量的脉动值与特征量时均值在横向的梯度成正比, 比例系数即为混合长度 l, 这就是联系脉动量与平均值的基本关系式 (图 6.14.6)。

$$q' = l \left| \frac{\partial \bar{q}}{\partial y} \right|$$

$$u' = l \left| \frac{\partial \bar{u}}{\partial y} \right|$$

且

$$|u'| \sim |v'|$$

即

$$v' = cl\left|\frac{\mathrm{d}\overline{u}}{\mathrm{d}y}\right|$$

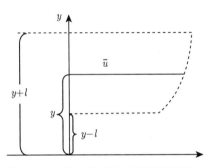

图 6.14.6 横向脉动与时均流速的脉动

由于横向脉动将引起纵向时均流速的脉动,可能为纵向的辐合或者纵向的辐散。由于流体是连续介质,上述纵向辐合或者辐散将引起流体在横向的辐合或者辐散运动,即产生横向脉动速度 v'。

$$p'_{yx} = -\overline{\rho u' v'} = \overline{\rho cl^2 \left|\frac{\mathrm{d}\overline{u}}{\mathrm{d}y}\right| \frac{\mathrm{d}\overline{u}}{\mathrm{d}y}} \tag{6.14.59}$$

记为

$$p'_{yx} = \rho l^2 \left|\frac{\mathrm{d}\overline{u}}{\mathrm{d}y}\right| \frac{\mathrm{d}\overline{u}}{\mathrm{d}y} \tag{6.14.60}$$

因为 p'_{yx} 的符号与 $\dfrac{\mathrm{d}\overline{u}}{\mathrm{d}y}$ 相同,令 $A = \rho l^2 \left|\dfrac{\mathrm{d}\overline{u}}{\mathrm{d}y}\right|$ 为湍流黏度,只有在湍流状态才有雷诺应力和 A,常称为虚黏度。

而

$$\varepsilon_m = \frac{A}{\rho} = l^2 \left|\frac{\mathrm{d}\overline{u}}{\mathrm{d}y}\right| \tag{6.14.61}$$

称为湍流交换系数。所以

$$p'_{yx} = A\frac{\mathrm{d}\overline{u}}{\mathrm{d}y} \tag{6.14.62}$$

或者

$$p'_{yx} = \rho \varepsilon_m \frac{\mathrm{d}\overline{u}}{\mathrm{d}y} \tag{6.14.63}$$

上式即为普朗特湍流应力公式。

一般运动情况下

$$p'_{ij} = A A_{ij} = A\left(\frac{\partial \overline{u}_i}{\partial x_j} + \frac{\partial \overline{u}_j}{\partial x_i}\right) = \rho \varepsilon_m \left(\frac{\partial \overline{u}_i}{\partial x_j} + \frac{\partial \overline{u}_j}{\partial x_i}\right) \tag{6.14.64}$$

普朗特理论解决了用平均运动量表示雷诺应力的问题,此即所谓湍流应力的参数化。动力气象学的发展中曾遇到各种尺度间相互作用的问题,处理这种问题的方法即是参数化,这就源于雷诺应力的参数化。

普朗特又假设在近壁面处

$$l = ky \tag{6.14.65}$$

式中,y 为距离壁面的距离;k 为普适常数,由实验资料确定,k 通常取 0.4。

在普朗特动量传递理论的问题中,由于 $u' \propto \dfrac{\mathrm{d}\overline{u}}{\mathrm{d}y}$ 与实验不符,流管中心均有 $\dfrac{\mathrm{d}\overline{u}}{\mathrm{d}y} = 0$,但 $u' \neq 0$。且 $|u'| \sim |v'|$ 与实验不符,管流壁面附近湍流边界层中 u', v' 在垂线上分布不同。但由普朗特混合理论所得之结论又在一定范围内与实测资料相符。

6.14.8 流经无界平面固壁的定常平面平行直线流动的时均速度分布

基于

$$\frac{\partial \overline{A}}{\partial t} = \frac{\partial \overline{A}}{\partial x} = \frac{\partial \overline{A}}{\partial z} = 0, \overline{u} = \overline{u}(y), \overline{v} = \overline{w} = 0 \tag{6.14.66}$$

$$\mu \frac{\mathrm{d}\overline{u}}{\mathrm{d}y} + \rho k^2 y^2 \left(\frac{\mathrm{d}\overline{u}}{\mathrm{d}y} \right)^2 = \frac{\partial \overline{p}}{\partial x} y + \tau_0 \tag{6.14.67}$$

上式求解十分困难,根据流动的物理性质,可将求解区分为三个部分 (图 6.14.7)。

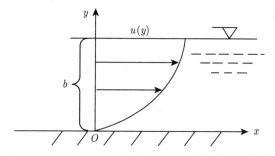

图 6.14.7 无界平面固壁的定常平面平行直线流动速度分布

1. 层流底层

近壁区,速度的脉动因壁面黏性的限制作用而减小,湍流切应力很小,使流动处于层流状态的区域,其厚度 δ_s 很小 (图 6.14.8)。

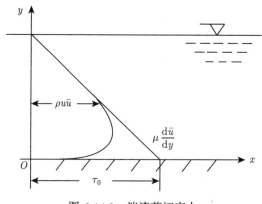

图 6.14.8 湍流剪切应力

由式 (6.14.67) 可得

$$\mu\frac{\mathrm{d}\overline{u}}{\mathrm{d}y} = \tau_0 \tag{6.14.68}$$

$$\overline{u} = \frac{\tau_0}{\mu}y \quad (y=0, \overline{u}=0) \tag{6.14.69}$$

以 $\sqrt{\dfrac{\tau_0}{\rho}}$ 除上式, 可得

$$\frac{\overline{u}}{\sqrt{\tau_0/\rho}} = \frac{\sqrt{\tau_0/\rho}}{\nu}y \tag{6.14.70}$$

令

$$V_\tau = \sqrt{\frac{\tau_0}{\rho}} \tag{6.14.71}$$

称为剪切摩擦速度, 因为其量纲与速度相同。

$$[V_\tau] = \left[\frac{\mathrm{FL}^{-2}}{\mathrm{ML}^{-3}}\right]^{\frac{1}{2}} = \left[\frac{\mathrm{MLT}^{-2}\mathrm{L}}{\mathrm{M}}\right]^{\frac{1}{2}} = \mathrm{LT}^{-1}$$

则

$$y_+ = \frac{\sqrt{\tau_0/\rho}}{\nu}y = \frac{V_\tau}{\nu}y \tag{6.14.72}$$

$$V_+ = \frac{u}{V_\tau} \tag{6.14.73}$$

分别称为无量纲长度和无量纲速度

$$[y_+] = \left[\frac{\sqrt{\tau_0/\rho}}{\nu}y\right] = \left[\frac{\mathrm{LT}^{-1}\cdot\mathrm{L}}{\mathrm{L}^2\mathrm{T}^{-1}}\right] = 1$$

则有

$$y_+ = V_+ \tag{6.14.74}$$

δ_s 为厚度, 实验表明 δ_s 由下列湍流数确定:

$$Re_y = \frac{\overline{u}y}{\nu} \tag{6.14.75}$$

$$y = \delta_s, \quad \overline{u} = \overline{u_s}, \quad Re_y|_{y=\delta_s} = Re_s \tag{6.14.76}$$

实验测得

$$Re_s = \frac{\overline{u_s}\delta_s}{\nu} = (11.6)^2 \tag{6.14.77}$$

因为

$$Re_y = \frac{\overline{u}}{V_\tau}\frac{V_\tau y}{\nu} \tag{6.14.78}$$

由式 (6.14.76)

$$\overline{u_s} = \frac{V_\tau\delta_s}{\nu} \tag{6.14.79}$$

代入式 (6.14.77) 得

$$\frac{V_\tau^2\delta_s^2}{\nu^2} = (11.6)^2 \tag{6.14.80}$$

所以

$$y_{+s} = \frac{\delta_s V_\tau}{\nu} = 11.6 \tag{6.14.81}$$

2. 湍流核心区

远离固体壁面区域，湍流完全展开，黏性应力与湍流应力相比较可忽略不计。设湍流深度 b 甚小，则 $\dfrac{\mathrm{d}\overline{p}}{\mathrm{d}y}$ 与 τ_0 相比较很小，故有

$$\rho k^2 y^2 \left(\frac{\mathrm{d}\overline{u}}{\mathrm{d}y}\right)^2 = \tau_0 \tag{6.14.82}$$

$$ky\frac{\mathrm{d}\overline{u}}{\mathrm{d}y} = \sqrt{\tau_0/\rho} \tag{6.14.83}$$

$$k\mathrm{d}\overline{u} = \sqrt{\tau_0/\rho}\frac{\mathrm{d}y}{y} \tag{6.14.84}$$

所以

$$\frac{\overline{u}}{\sqrt{\tau_0/\rho}} = \frac{1}{k}\ln y + c \tag{6.14.85}$$

由

$$y = \delta_s, \quad \overline{u} = \overline{u_s} \tag{6.14.86}$$

可得

$$c = \frac{\overline{u_s}}{\sqrt{\tau_0/\rho}} - \frac{1}{k}\ln\delta_s \tag{6.14.87}$$

所以

$$\frac{\overline{u}}{\sqrt{\tau_0/\rho}} = \frac{\overline{u_s}}{\sqrt{\tau_0/\rho}} + \frac{1}{k}\ln\frac{y}{\delta_s} \tag{6.14.88}$$

式 (6.14.88) 即为普朗特时均流速分布方程。

湍流核心区时均流速分布轮廓线是对数分布曲线。代入 $k = 0.4$，即

$$\overline{u_s} = \frac{V_\tau\delta_s}{\nu} = \frac{\tau_0/\rho \cdot \delta_s}{\mu/\rho} = \frac{\tau_0}{\mu}\delta_s$$

所以由式 (6.14.89)

$$\frac{\overline{u}}{V_\tau} = \frac{V_\tau}{\nu}\delta_s + \frac{1}{0.4}\ln\frac{V_\tau y}{11.6\nu} = 2.5\ln\frac{V_\tau y}{\nu} - 2.5\ln 11.6 + 11.6 \tag{6.14.89}$$

有

$$\frac{\overline{u}}{V_\tau} = 2.5\ln\frac{V_\tau y}{\nu} + 5.5 \tag{6.14.90}$$

或者

$$\frac{\overline{u}}{V_\tau} = 5.75\lg\frac{yV_\tau}{\nu} + 5.5 \tag{6.14.91}$$

即

$$\begin{cases} V_+ = 2.5\ln y_+ + 5.5 \\ V_+ = 5.75\lg y_+ + 5.5 \end{cases}$$

3. 过渡区

在此区域内黏性应力及湍流应力同等重要, 因而运动方程的求解十分困难, 主要依靠实验求得该区域的时均流速分布。

所以, 光滑圆管中, 湍流在不同条件下由多次实验所得数据及最能与实验数据相吻合的曲线及相应方程如下所示 (图 6.14.9)。

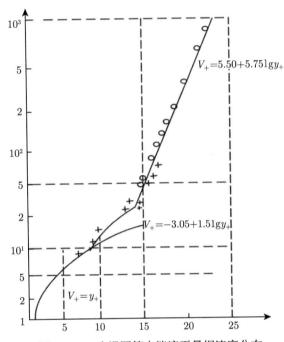

图 6.14.9　光滑圆管中湍流无量纲速度分布

(1) 层流底层

$$y_+ < 5$$

$$V_+ = y_+ \tag{6.14.92}$$

(2) 过渡区

$$5 < y_+ < 30$$

$$V_+ = -3.05 + 1.5 \lg y_+ \tag{6.14.93}$$

(3) 湍流核心区

$$y_+ > 30$$

$$V_+ = 5.50 + 5.75 \lg y_+ \tag{6.14.94}$$

在 $70 < y_+ < 700$ 时, 方可用

$$V_+ = 8.74 (y_+)^{\frac{1}{7}} \tag{6.14.95}$$

6.14.9 湍流能量方程

湍流中脉动本身要消耗能量,为了维持脉动,就需要不断地向湍流提供能量。另外在脉动作用下,随着流体扩散,能量也不断扩散。因而只有当供给湍流的能量、扩散的能量和消耗的能量处于平衡状态时,湍流才能处于稳定状态。否则脉动能量将随时间变化。

湍流运动的发生、发展、保持、衰减或消逝,实际上就是脉动能量的增加、保持或减少的结果。因此,研究脉动能量的变化规律有着十分重要的意义。

1. 三种湍流能量的定义

在讨论湍流能量问题时,可以区分三种能量,即瞬时流能量时均值、时均流能量以及脉动流能量时均值。为简便起见,本书以 x_1, x_2, x_3 分别表示 x, y, z,并以下标 $1, 2, 3$ 代替 x, y, z 的方向,例如 u_1 表示 x 方向的分速。

对于单位质量流体而言,其瞬时流动能为

$$E = \frac{1}{2}(u_1^2 + u_2^2 + u_3^2) = \frac{1}{2}u_j^2 \quad (j = 1, 2, 3)$$

瞬时流动能的平均值为

$$\overline{E} = \frac{1}{2}(\overline{u_1^2} + \overline{u_2^2} + \overline{u_3^2}) = \frac{1}{2}\overline{u_j^2} \quad (j = 1, 2, 3)$$

时均流的动能为

$$\overline{E}_m = \frac{1}{2}(\overline{u}_1^2 + \overline{u}_2^2 + \overline{u}_3^2) = \frac{1}{2}\overline{u}_j^2 \quad (j = 1, 2, 3)$$

脉动流的动能为

$$\frac{1}{2}(u'^2_1 + u'^2_2 + u'^2_3) = \frac{1}{2}u'^2_j \quad (j = 1, 2, 3)$$

脉动流动能的时均值为

$$E_t = \frac{1}{2}(\overline{u'^2_1} + \overline{u'^2_2} + \overline{u'^2_3}) = \frac{1}{2}\overline{u'^2_j} \quad (j = 1, 2, 3)$$

由于

$$u_j = \overline{u_j} + u'_j$$

故有

$$\frac{1}{2}u_j u_j = \frac{1}{2}\overline{u_j}\,\overline{u_j} + \overline{u_j}u'_j + \frac{1}{2}u'_j u'_j$$

对上式求平均得

$$\frac{1}{2}\overline{u_j u_j} = \frac{1}{2}\overline{u_j}\,\overline{u_j} + \frac{1}{2}\overline{u'_j u'_j} \quad (j = 1, 2, 3) \tag{6.14.96}$$

即瞬时流动能的时均值等于时均流动能与脉动流动能时均值之和。称瞬时流动能的时均值为湍流的总动能,脉动流动能时均值称为脉动能或湍能。

2. 时均流能量方程

1) 推导方法

下面讨论湍流的能量关系, 本书仅着重讨论能量关系的物理实质。以 $\overline{u_i}$ 乘时均运动方程式 (6.14.39), 并对 i 求和可得到时均流能量方程

$$\left(\frac{\partial}{\partial t} + \overline{u_j}\frac{\partial}{\partial x_j}\right)\left(\frac{1}{2}\overline{u_i}\,\overline{u_j}\right) = \overline{u_i}f_i + \frac{1}{\rho}\frac{\partial}{\partial x_j}(-\overline{u_i}\,\overline{p}) + \frac{1}{\rho}\frac{\partial}{\partial x_j}(\overline{\tau_{ji}}\,\overline{u_i} - \rho\overline{u_i'u_j'}\,\overline{u_i})$$
$$- \frac{1}{\rho}\overline{\tau_{ji}}\frac{\partial\overline{u_i}}{\partial x_j} + \frac{1}{\rho}\left(\rho\overline{u_i'u_j'}\frac{\partial\overline{u_i}}{\partial x_j}\right) \tag{6.14.97}$$

即

$$\left(\frac{\partial}{\partial t} + \overline{u_j}\frac{\partial}{\partial x_j}\right)\left(\frac{1}{2}\overline{u_i}\,\overline{u_j}\right) = \overline{u_j}f_i - \frac{1}{\rho}\overline{u_i}\frac{\partial\overline{p}}{\partial x_j} + \frac{1}{\rho}\left[\overline{u_i}\frac{\partial}{\partial x_j}\left(\mu\frac{\partial\overline{u_i}}{\partial x_j} - \rho\overline{u_i'u_j'}\right)\right] \tag{6.14.98}$$

式 (6.14.97) 中

$$\overline{\tau_{ji}} = \mu\frac{\partial\overline{u_i}}{\partial x_j} \tag{6.14.99}$$

式 (6.14.98) 中各项的物理意义如下:

$$\left(\frac{\partial}{\partial t} + \overline{u_j}\frac{\partial}{\partial x_j}\right)\left(\frac{1}{2}\overline{u_i}\,\overline{u_j}\right) = \frac{\mathrm{d}E_m}{\mathrm{d}t} \tag{6.14.100}$$

表示单位质量流体时均流动能的随体变化率。

$$\overline{u_i}f_i = \frac{\mathrm{d}W_r}{\mathrm{d}t} \tag{6.14.101}$$

表示外体力在时均流中对单位质量流体所做功率。如外体力是重力, 此项就是重力做功引起的流体动能增加率, 这一项在许多情况下是湍流能量来源。

$$\frac{1}{\rho}\left[\frac{\partial}{\partial x_j}(-\overline{u_i}\,\overline{p}) + \frac{\partial}{\partial x_j}(\overline{\tau_{ji}}\,\overline{u_i} - \rho\overline{u_i'u_j'\overline{u_i}})\right] = \frac{\mathrm{d}W_\sigma}{\mathrm{d}t} \tag{6.14.102}$$

表示表面力 (包括雷诺应力在内的广义应力) 在时均流中对单位质量流体的做功率。

将半经验理论中关于雷诺应力 $p_{ij}' = p_{ji}' = -\rho\overline{u_i'u_j'} = \rho\varepsilon_m\dfrac{\partial\overline{u_i}}{\partial x_j}$ 推广到三维之普遍情况, 应有

$$p_{ij}' = p_{ji}' = -\rho\overline{u_i'u_j'} = \rho\varepsilon_m\left(\frac{\partial\overline{u_i}}{\partial x_j} + \frac{\partial\overline{u_j}}{\partial x_i}\right) \tag{6.14.103}$$

又根据广义牛顿假设有

$$\overline{\tau_{ji}} = \overline{\tau_{ij}} = \rho\nu\left(\frac{\partial\overline{u_i}}{\partial x_j} + \frac{\partial\overline{u_j}}{\partial x_i}\right) \tag{6.14.104}$$

考虑到双重求和中的表和分量可交换, 应用上述结果可有

$$\frac{1}{\rho}\overline{\tau_{ji}}\frac{\partial\overline{u_i}}{\partial x_j} = \frac{1}{2\rho}\left(\overline{\tau_{ji}}\frac{\partial\overline{u_i}}{\partial x_j} + \overline{\tau_{ij}}\frac{\partial\overline{u_j}}{\partial x_i}\right) = \frac{1}{2\rho}\overline{\tau_{ji}}\left(\frac{\partial\overline{u_i}}{\partial x_j} + \frac{\partial\overline{u_j}}{\partial x_i}\right) = \frac{\mu}{2}\left(\frac{\partial\overline{u_i}}{\partial x_j} + \frac{\partial\overline{u_j}}{\partial x_i}\right)^2 \equiv D_m \tag{6.14.105}$$

表示湍流中单位质量流体单位时间内由于分子黏性引起的时均流机械能的耗损。由第 3 章知单位体积流体 (不可压黏性), 在单位时间内, 由于分子黏性而耗散之机械能由耗散函数 D 给定。

$$D = -\frac{2}{3}\mu(\nabla \cdot \boldsymbol{V})^2 + 2\mu A^2$$

对不可压缩流体

$$D = \frac{1}{2}\mu\left[4A_{11}^2 + 4A_{22}^2 + 4A_{33}^2 + 2(A_{12}^2 + A_{23}^2 + A_{31}^2)\right]$$

单位质量流体的耗散函数为 $D_1 = \dfrac{D}{\rho}$。

$$D_1 = \frac{1}{2}\nu\left[4A_{ii}^2 + 2(A_{12}^2 + A_{23}^2 + A_{31}^2)\right]$$

D_1 可改写为

$$D_1 = \frac{\nu}{2}\left(\frac{\partial \overline{u_i}}{\partial x_j} + \frac{\partial \overline{u_j}}{\partial x_i}\right)^2$$

$$D_1 = \frac{\nu}{2}\left[\left(\frac{\partial u_i}{\partial x_1} + \frac{\partial u_1}{\partial x_i}\right)^2 + \left(\frac{\partial \overline{u_i}}{\partial x_2} + \frac{\partial \overline{u_2}}{\partial x_i}\right)^2 + \left(\frac{\partial \overline{u_i}}{\partial x_3} + \frac{\partial \overline{u_3}}{\partial x_i}\right)^2\right]$$

$$= \frac{\nu}{2}\left[\left(\frac{\partial \overline{u_1}}{\partial x_1} + \frac{\partial \overline{u_1}}{\partial x_1}\right)^2 + \left(\frac{\partial \overline{u_1}}{\partial x_2} + \frac{\partial \overline{u_2}}{\partial x_1}\right)^2 + \left(\frac{\partial \overline{u_1}}{\partial x_3} + \frac{\partial \overline{u_3}}{\partial x_1}\right)^2\right.$$

$$+ \left(\frac{\partial \overline{u_2}}{\partial x_1} + \frac{\partial \overline{u_1}}{\partial x_2}\right)^2 + \left(\frac{\partial \overline{u_2}}{\partial x_2} + \frac{\partial \overline{u_2}}{\partial x_2}\right)^2 + \left(\frac{\partial \overline{u_2}}{\partial x_3} + \frac{\partial \overline{u_3}}{\partial x_2}\right)^2$$

$$+ \left(\frac{\partial \overline{u_3}}{\partial x_1} + \frac{\partial \overline{u_1}}{\partial x_3}\right)^2 + \left(\frac{\partial \overline{u_3}}{\partial x_2} + \frac{\partial \overline{u_2}}{\partial x_3}\right)^2 + \left.\left(\frac{\partial \overline{u_3}}{\partial x_3} + \frac{\partial \overline{u_3}}{\partial x_3}\right)^2\right]$$

$$= \frac{\nu}{2}\left\{(2A_{11})^2 + (2A_{22})^2 + (2A_{33})^2 + 2\left[\left(\frac{\partial \overline{u_1}}{\partial x_1} + \frac{\partial \overline{u_1}}{\partial x_1}\right)^2\right.\right.$$

$$+ \left.\left.\left(\frac{\partial \overline{u_1}}{\partial x_3} + \frac{\partial \overline{u_3}}{\partial x_1}\right)^2 + \left(\frac{\partial \overline{u_2}}{\partial x_3} + \frac{\partial \overline{u_3}}{\partial x_2}\right)^2\right]\right\} \qquad (6.14.106)$$

所以

$$\overline{D_1} = \frac{\nu}{2}\overline{\left(\frac{\partial u_i}{\partial x_j} + \frac{\partial u_j}{\partial x_i}\right)^2}$$

$$= \frac{\nu}{2}\overline{\left[\frac{\partial u_i}{\partial x_j}\frac{\partial u_i}{\partial x_j} + 2\frac{\partial u_i}{\partial x_j}\frac{\partial u_j}{\partial x_i} + \frac{\partial u_j}{\partial x_i}\frac{\partial u_j}{\partial x_i}\right]}$$

$$= \frac{\nu}{2}\left[\overline{\frac{\partial u_i}{\partial x_j}\frac{\partial u_i}{\partial x_j}} + 2\overline{\frac{\partial u_i}{\partial x_j}\frac{\partial u_j}{\partial x_i}} + \overline{\frac{\partial u_j}{\partial x_i}\frac{\partial u_j}{\partial x_i}}\right]$$

$$= \frac{\nu}{2}\left[\frac{\partial \overline{u_i}}{\partial x_j}\frac{\partial \overline{u_i}}{\partial x_j} + \overline{\frac{\partial u_i'}{\partial x_j}\frac{\partial u_i'}{\partial x_j}} + 2\left(\frac{\partial \overline{u_i}}{\partial x_j}\frac{\partial \overline{u_j}}{\partial x_i} + \overline{\frac{\partial u_i'}{\partial x_j}\frac{\partial u_j'}{\partial x_i}}\right) + \frac{\partial \overline{u_j}}{\partial x_i}\frac{\partial \overline{u_j}}{\partial x_i} + \overline{\frac{\partial u_j'}{\partial x_i}\frac{\partial u_j'}{\partial x_i}}\right]$$

$$= \frac{\nu}{2}\left[\left(\frac{\partial \overline{u_i}}{\partial x_j} + \frac{\partial \overline{u_j}}{\partial x_i}\right)^2 + \frac{\nu}{2}\overline{\left(\frac{\partial u_i'}{\partial x_j} + \frac{\partial u_j'}{\partial x_i}\right)^2}\right]$$

$$= D_m + D_f \tag{6.14.107}$$

其中

$$D_m = \frac{\nu}{2} \left(\frac{\partial \overline{u_i}}{\partial x_j} + \frac{\partial \overline{u_j}}{\partial x_i} \right)^2 \tag{6.14.108}$$

$$D_f = \frac{\nu}{2} \overline{\left(\frac{\partial u_i'}{\partial x_j} + \frac{\partial u_j'}{\partial x_i} \right)^2} \tag{6.14.109}$$

分别为湍流中分子黏性引起的时均流机械能耗散与脉动流机械能耗散之平均值。

$$\overline{D_1} = D_m + D_f \tag{6.14.110}$$

湍流总机械能耗散的平均值 $\overline{D_1}$ 等于时均流的机械能耗散与脉动流机械能耗散之平均值的和。

$$
\begin{aligned}
\frac{1}{\rho} \left(\overline{\rho u_i' u_j' \frac{\partial \overline{u_i}}{\partial x_j}} \right) &= \frac{1}{2\rho} \left(\overline{\rho u_i' u_j' \frac{\partial \overline{u_i}}{\partial x_j}} + \overline{\rho u_j' u_i' \frac{\partial \overline{u_j}}{\partial x_i}} \right) \\
&= \frac{1}{2\rho} \overline{\rho u_i' u_j'} \left(\frac{\partial \overline{u_i}}{\partial x_j} + \frac{\partial \overline{u_j}}{\partial x_i} \right) \\
&= -\frac{\rho \varepsilon_m}{2\rho} \left(\frac{\partial \overline{u_i}}{\partial x_j} + \frac{\partial \overline{u_j}}{\partial x_i} \right)^2 \\
&= -\frac{\varepsilon_m}{2} \left(\frac{\partial \overline{u_i}}{\partial x_j} + \frac{\partial \overline{u_j}}{\partial x_i} \right)^2 \\
&= -E_t \tag{6.14.111}
\end{aligned}
$$

所以

$$E_t = \frac{\varepsilon_m}{2} \left(\frac{\partial \overline{u_i}}{\partial x_j} + \frac{\partial \overline{u_j}}{\partial x_i} \right)^2 \tag{6.14.112}$$

式中，E_t 是湍流运动所特有项，称为湍流变性能量。其物理意义将在脉动能量方程中讨论。

应用式 (6.14.100)~ 式 (6.14.102)、式 (6.14.105) 及式 (6.14.111)，湍流时均流能量方程 (6.14.97) 亦可表示为

$$\frac{\mathrm{d}E_m}{\mathrm{d}t} = \frac{\mathrm{d}W_r}{\mathrm{d}t} + \frac{\mathrm{d}W\sigma}{\mathrm{d}t} - D_m - E_t \tag{6.14.113}$$

上式说明，湍流时流动能的随体变化率由外体力的做功率、表面力的做功率和因分子黏性所产生的机械能耗损以及变性能量项 $-E_t$ 的作用所决定。

3. 脉动能量方程

脉动能量方程的推导，以 u_i' 乘脉动运动方程 (6.14.43)

$$
\begin{aligned}
\frac{\partial \overline{u_i}}{\partial t} + \overline{u}_j \frac{\partial \overline{u_i}}{\partial x_j} &= f_i - \frac{1}{\rho} \frac{\partial \overline{p}}{\partial x_j} + \nu \nabla^2 u_i \\
&= f_i - \frac{1}{\rho} \frac{\partial \overline{p}}{\partial x_j} + \frac{1}{\rho} \frac{\partial}{\partial x_j} \left(\mu \frac{\partial u_i}{\partial x_j} \right)
\end{aligned}
$$

$$= f_i - \frac{1}{\rho}\frac{\partial \overline{p}}{\partial x_j} + \frac{1}{\rho}\frac{\partial \tau_{ji}}{\partial x_j} \tag{6.14.114}$$

所以

$$\tau_{ji} = \mu \frac{\partial u_i}{\partial x_j}$$

式 (6.14.114) 中各特征量表示为平均值和脉动值之和。

$$\frac{\partial}{\partial t}(\overline{u_i} + u_i') + (\overline{u_j} + u_j')\frac{\partial}{\partial x_j}(\overline{u_i} + u_i') = f_i - \frac{1}{\rho}\frac{\partial}{\partial x_j}(\overline{p} + p') + \frac{1}{\rho}\frac{\partial}{\partial x_j}\left(\overline{\tau_{ji}} + \tau_{ji}'\right)$$

所以

$$\frac{\partial \overline{u_i}}{\partial t} + \frac{\partial u_i'}{\partial t} + \overline{u_j}\frac{\partial \overline{u_i}}{\partial x_j} + u_j'\frac{\partial \overline{u_i}}{\partial x_j} + (\overline{u_j} + u_j')\frac{\partial u_i'}{\partial x_j} = f_i - \frac{1}{\rho}\frac{\partial \overline{p}}{\partial x_j} - \frac{1}{\rho}\frac{\partial p'}{\partial x_j} + \frac{1}{\rho}\frac{\partial \overline{\tau_{ji}}}{\partial x_j} + \frac{1}{\rho}\frac{\partial \tau_{ji}'}{\partial x_j} \tag{6.14.115}$$

再对 i 求和，并考虑到脉动运动连续性方程，可得湍流脉动运动能量方程式

$$\left(\frac{\partial}{\partial t} + \overline{u_j}\frac{\partial}{\partial x_j}\right)\left(\frac{1}{2}\overline{u_i'u_i'}\right) = \frac{1}{\rho}\frac{\partial}{\partial x_j}(-\overline{u_i'p'}) + \frac{1}{\rho}\frac{\partial}{\partial x_j}\left(\overline{\tau_{ji}'u_i'} - \frac{1}{2}\rho\overline{u_i'u_i'u_j'}\right)$$
$$- \frac{1}{\rho}\overline{\tau_{ji}'\frac{\partial u_i'}{\partial x_j}} - \frac{1}{\rho}\left(\rho\overline{u_i'u_j'}\frac{\partial \overline{u_i'}}{\partial x_j}\right) \tag{6.14.116}$$

式 (6.14.116) 中各项的物理意义

$$\left(\frac{\partial}{\partial t} + \overline{u_j}\frac{\partial}{\partial x_j}\right)\left(\frac{1}{2}\overline{u_i'u_i'}\right) = \left(\frac{\partial}{\partial t} + \overline{u_j}\frac{\partial}{\partial x_j}\right)E_f \tag{6.14.117}$$

表示单位质量流体脉动动能时均值的变化率。应当指出，其中迁移变化率是对时均速度 $\overline{u_j}$ 而言，所以是沿时均流轨线的迁移变化率。

$$\frac{1}{\rho}\left[\frac{\partial}{\partial x_j}(-\overline{u_i'p'}) + \frac{\partial}{\partial x_j}\left(\overline{\tau_{ji}'u_i'} - \frac{\rho}{2}\overline{u_i'u_j'u_i'}\right)\right] = \frac{\mathrm{d}W_\sigma'}{\mathrm{d}t} \tag{6.14.118}$$

表示表面力 (广义应力) 在脉动运动中对单位质量流体做功率的时均值。

$$\frac{1}{\rho}\cdot\overline{\tau_{ji}'\frac{\partial u_i'}{\partial x_j}} = D_f$$

D_f 表示单位质量流体在湍流脉动运动中因分子黏性产生的脉动动能耗损率。

于是脉动能量方程可写为

$$\left(\frac{\partial}{\partial t} + \overline{u_j}\frac{\partial}{\partial x_j}\right)E_f = \frac{\mathrm{d}W_\sigma'}{\mathrm{d}t} - D_f + E_t \tag{6.14.119}$$

上式表明，湍流脉动动能时均值的变化率由表面力的做功率、分子黏性引起的脉动动能耗损率以及变性能量项 E_t 的作用所决定。

比较时均流能量方程与脉动能量方程，可以看到其中变性能量项 E_t 以相反的符号出现。E_t 表示时均流动能和脉动动能间的相互转换部分。如 $E_t > 0$，则表示时均流动能中有

E_t 部分转化为脉动动能, 变性能量的名称意义就是如此。变性能量是单位质量流体在单位时间内由时均流动能转化为脉动动能的部分。变性能量 E_t 的正负由雷诺应力与时均流变形率的相关性决定。近年来, 许多关于管流或边界层流动的实测资料表明 $E_t > 0$, 此时变性能量成为脉动发生发展的主要能量来源。但在大气做大范围运动时, 由于热力因子的作用, 许多实测资料表明存在着与 $E_t < 0$ 相应的情况。因此有关湍流中时均流动能与脉动动能之间的转化问题, 还有待进一步研究。

由时均流运动方程与脉动方程相比较可知, 二者中均存在时均流与脉动的耦合项, 这说明湍流中时均运动和脉动可以相互影响和转化。

6.14.10　湍流流场运动中应力及能量耗散的量纲分析

利用量纲分析法讨论湍流尺寸对雷诺应力即脉动动能耗散的影响。

湍流尺度分时均尺度和脉动流尺度两类, 分别称为湍流的外尺度和内尺度。外尺度表征湍流时均流场的整体特性, 内尺度表征湍流的内部特征。

引入下列各种特性量的特征量: L_0 时均流长度特征量; V_0 时均流速度特征量; t_0 时均流时间特征量; L_0' 脉动流长度特征量; V_0' 脉动流速度特征量; t_0' 脉动流时间特征量。

脉动值的特征量是指脉动的平均特征量。通常取脉动值为某种意义上的平均值, 例如, $V_0' = \sqrt{\overline{u_i' u_i'}}$。湍流流场为耗散场, 故相应的雷诺数是表征黏性作用的重要参数。

对时均值

$$Re = \frac{V_0 L_0}{\nu}$$

对脉动值

$$Re' = \frac{V_0' L_0'}{\nu}$$

1. 雷诺应力与黏性应力的相对重要性

$$p_{ij} = -\overline{\rho u_i' u_j'} \sim \rho V_0'^2$$
$$\overline{\tau_{ij}'} = \mu \left(\frac{\partial \overline{u_i}}{\partial x_j} + \frac{\partial \overline{u_j}}{\partial x_i} \right)^2 \sim \mu \frac{V_0}{L_0}$$

$$\frac{p_{ij}'}{\overline{\tau_{ij}'}} = \frac{-\overline{\rho u_i' u_j'}}{\mu \left(\dfrac{\partial \overline{u_i}}{\partial x_j} + \dfrac{\partial \overline{u_j}}{\partial x_i} \right)^2} \sim \frac{\rho V_0'^2}{\mu \dfrac{V_0}{L_0}} = \frac{\rho_0 V_0 L_0}{\mu} \left(\frac{V_0'}{V_0} \right)^2 \tag{6.14.120}$$

即

$$\frac{p_{ij}'}{\overline{\tau_{ij}'}} \sim Re \left(\frac{V_0'}{V_0} \right)^2 \tag{6.14.121}$$

一般有 $\dfrac{V_0'}{V_0} < 1$, 所以只有在雷诺数足够大的情况下, $Re \sim \dfrac{1}{(V_0'/V_0)^2}$ 时, $p_{ij}' \sim \overline{\tau_{ij}'}$。

在雷诺数不确定的条件下, 速度尺度较大的脉动比速度尺度较小的脉动所能引起的雷诺应力大。只有当雷诺数不大时, 速度尺度小的脉动方可不出现, 而在雷诺数很大时, 湍流的细微结构会对时均流场起重要作用。

2. 时均流黏性耗散与脉动流黏性耗散的相对大小

时均流黏性耗散

$$D_m = \frac{\nu}{2} \left(\frac{\partial \overline{u_i}}{\partial x_j} + \frac{\partial \overline{u_j}}{\partial x_i} \right)^2 \sim \nu \frac{V_0^2}{L_0^2}$$

脉动流黏性耗散

$$D_f = \frac{\nu}{2} \overline{\left(\frac{\partial u_i'}{\partial x_j} + \frac{\partial u_j'}{\partial x_i} \right)^2} \sim \nu \frac{V_0'^2}{L_0'^2}$$

所以

$$\frac{D_f}{D_m} \sim \left(\frac{V'}{V_0} \right)^2 \left(\frac{L_0}{L'} \right)^2 \tag{6.14.122}$$

上式表示只有在 $\frac{L_0}{L'} > 1$ 的条件下, 脉动耗散才有可能与时均耗散具有相同的量级 $\left(\frac{V'}{V_0} < 1 \right)$, 故知湍流黏性耗散主要发生于脉动几何尺度比较小的结构中, 大尺度湍流不是湍流黏性耗散的主要因素。在湍流中速度尺度大的脉动力产生较大的雷诺应力, 它起到了能量的输运作用。几何尺度小的脉动则是耗散性的, 使机械能转化为热能。

  习 题

6.1　求黏性液体通过长为 l, 半径为 a 的圆管时能量的耗损。假定流体的动力黏度为 μ, 圆管两端的压力差为 $p_1 - p_2$。

6.2　不可压缩黏性流体沿水平同心环形的圆管做定常的流动, 此管的内径为 a_1, 而外径为 a_2, 试求离管轴为 $r(a_1 < r < a_2)$ 处的流速及在单位时间内由管流出的流量。已知管长为 l, 两端压力差为 $p_1 - p_2$, 动力黏度为 μ (题图 6.2)。

6.3　半径为 R_1 的无限长柱面, 在另一个半径为 R_2 的共轴圆柱面内以匀速 U 平行于中心轴运动, 求介于两柱面间的不可压缩黏性流体的运动速度。

6.4　在两块固定平板间, 具有黏度和密度各为 μ_1, ρ_1 和 μ_2, ρ_2 的两层某深度 (h) 液体层, 它们在恒压力梯度力 $-\frac{\mathrm{d}p}{\mathrm{d}x} = k$ 的作用下, 沿平板方向做平面定常直线流动, 试求平板间的速度分布。

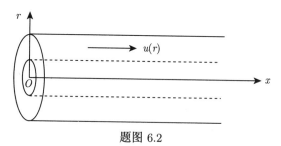

题图 6.2

6.5　考虑两平板间的黏性不可压缩流体的运动, 设两平板为无限平面, 间距为 h, 上板不动, 下板以常速 $\overline{U_1}$ 沿板向运动, 假若沿板向的压力梯度为常量, 运动不随时间改变, 流体所受外力不计, 试研究该情况下的流体运动规律。即求出速度分布、流量大小、平均速度、最大速度、内摩擦力分布和作用在运动板上的摩擦力。

6.6　对于不可压缩黏性流体的轴对称流动，试证：

$$\left(\nu\Delta^* - \frac{\partial}{\partial t}\right)\Delta^*\psi = \left[\left(V_r - \frac{2\nu}{r}\right)\frac{\partial}{\partial r} + V_z\frac{\partial}{\partial z} - \frac{2V_r}{r}\right]\Delta^*\psi$$

式中，$\Delta^* = \dfrac{\partial}{\partial z^2} + \dfrac{\partial}{\partial r^2} - \dfrac{1}{r}\dfrac{\partial}{\partial r}$。

6.7　黏滞系数 η 的不可压缩流体的层流产生在两水平表面之间，两表面相距 h，上表面静止，下表面运动，速度为 $\overline{U}$，静止表面在运动方向上长度为 L，在这个长度上有压强 p。假设两表面在垂直于运动方向宽度无限以至端点影响可不考虑，求通过静止表面横向宽度 B 的下部的流量 Q，同时求流体反抗各表面的切应力密度，以 Q, B, h 和 η 表示。

6.8　直径为 0.01mm 的水滴，在速度为 2cm/s 的上升气流中，问它是否会向地面落下。设已知空气的黏度为 $17 \times 10^{-6}\text{Pa·s}$。

6.9　用总的能量耗散等于重力对小球的净做功率来检验斯托克斯阻力公式。

6.10　写出有势力作用下的不可压缩黏性流体，做缓慢定常流动时的基本方程组，并证明：$\nabla^2(p + \rho\Pi) = 0$。

6.11　某黏性不可压缩牛顿流体，沿着垂直壁向下做定常层流运动，流体层厚度 δ 为常数，流体自由面暴露于大气中，故无压力梯度，对微分控制体积 $dxdydz$ 应用动量方程，求流体层内的速度分布 (题图 6.11)。

条件：

$$\frac{\partial}{\partial t} = 0, \nabla\cdot\boldsymbol{V} = 0, u = u(y), v = w = 0, \frac{\partial p}{\partial x} = 0, \boldsymbol{g} = g\boldsymbol{i}$$

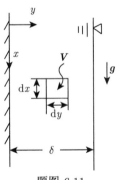

题图 6.11

6.12　如题图 6.12 所示，设想一具有自由表面的薄层黏滞液体的定常层流。

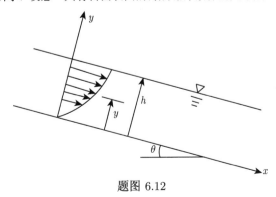

题图 6.12

(1) 试证该流动的速度分布为

$$u = \frac{r}{\mu} y \left(h - \frac{y}{2} \right) \sin \theta$$

(2) 计算单位宽度 (垂直于纸面) 的流量率。

(3) 试找出在自由表面下具有与平均流速相同流速点的深度。

6.13 某气体沿直径为 5cm 的水平流动, 在长为 300m 的管的两端, 其压力差为 $980\mathrm{N/m}^2$, 气体的密度为 $7.5 \times 10^{-4}\mathrm{g/cm}^3$, $\nu = 2 \times 10^{-5}\mathrm{m}^2/\mathrm{s}$, 实际量得平均速度为 4m/s, 如把管内流动当做层流, 试求流动的平均速度, 这平均速度与实际测得的数值误差有多少? 为什么会有这么大的误差?

6.14 一水力系统在 55℃及压力为 20MPa 的条件下工作, 流体为海洋底油 ($SG = 0.92$), 一控制阀门由直径为 25mm 的活塞与相配合的圆筒构成, 其平均径向间隙为 0.005mm, 求漏逸流量, 若活塞低压一侧压力为 1.0MPa(活塞长为 15mm)(题图 6.14)。

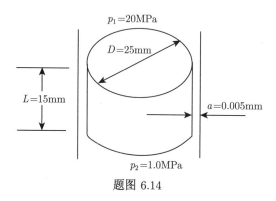

题图 6.14

6.15 在两个半径为 a_1 和 a_2 的同心圆柱面之间的环形空间中, 充满着动力黏度为 μ 的不可压缩流体。若两圆柱面转动后, 使得其间的流体恰好无旋地围绕圆柱面轴线转动。试证明转动这两个圆柱面所需的功率恰好等于流体中的能量耗散。

6.16 利用不可压缩黏性液体之 N-S 方程, 证明平面运动流函数满足方程:

$$\nabla^2 \frac{\partial \psi}{\partial t} - \frac{\partial \psi}{\partial y} \nabla^2 \frac{\partial \psi}{\partial x} + \frac{\partial \psi}{\partial x} \nabla^2 \frac{\partial \psi}{\partial y} = \nu \nabla^2 (\nabla^2 \psi)$$

或

$$\frac{\partial}{\partial t} (\nabla^2 \psi) + J(\psi, \nabla^2 \psi) = \nu \nabla^2 (\nabla^2 \psi)$$

其中, $J(a, b) = \frac{\partial a}{\partial x} \frac{\partial b}{\partial y} - \frac{\partial a}{\partial y} \frac{\partial b}{\partial x}$, a, b 为任意空间函数。

6.17 写出无外力作用的不可压缩黏性流体做非定常直线流动的 N-S 方程, 并证明压力梯度只是时间的函数以及上述方程可化简为 $\frac{\partial u^*}{\partial t} = \nu \nabla^2 u^*$, 其中 $u^* = u - \int \frac{1}{\rho} \frac{\partial p}{\partial x} \mathrm{d}t$。

6.18 证明: 充满整个静止封闭容器的不可压缩黏性流体, 若初始时刻流体为运动, 则最终趋于静止。

6.19 试从不可压缩黏性流体 N-S 方程导出:

$$\rho \frac{\mathrm{d}u}{\mathrm{d}t} = -\frac{\partial}{\partial x} (p + \rho \pi) - \mu \left(\frac{\partial \Omega_z}{\partial y} - \frac{\partial \Omega_y}{\partial z} \right)$$

及其他两个分量方程, 并证明: 如涡旋矢具有势, 则它们简化为欧拉方程。

6.20 流体黏性在能量转化中有何作用?

6.21　一无界平板沿着它自己所在的位置，突然以匀速 $\overline{U}$ 一直移动，试证明平板移动后周围的不可压缩黏性流体将以速度 $u = A \int_0^\eta e^{-\eta^2} d\eta + B = A \operatorname{erf} \eta + B$ 移动，其中参数 $\eta = y/2\sqrt{\nu t}$, erf 为误差函数，并用边界条件解出积分常数 A 和 B。

6.22　无界平板在它所在的平面上以速度 $u = \overline{U} \cos\left(\dfrac{2\pi}{T} t\right)$ 移动，试求出平板上半空间之不可压缩黏性流体的运动速度。

6.23　设有一段半径为 R_1 的圆柱体，其高为 h_1，密度为 ρ_1，当它在另一个半径为 R_2，盛有不可压缩黏性流体 (ρ, μ) 的共轴圆柱筒中自由下落时，试求出该柱体段的最终平均下落速度。

6.24　半径为 a 的小球，以均速 $\overline{U}$ 在黏性流体中运动时，所受到的阻力 P_v 的大小与雷诺数有关，当雷诺数很小 $(Re \leqslant 1)$ 时，$P_v = 6\mu\pi a\overline{U}$，当雷诺数增加时 $(Re \leqslant 5)$，$P_v = 6\mu\pi a\overline{U}\left(1 + \dfrac{3}{8}\dfrac{\rho a\overline{U}}{\mu}\right)$，试分别解释它们的物理意义。并且比较这两个阻力公式的形式，推出当雷诺数再增大时，阻力公式将会变成怎样的形式，或将有怎样的补充订正项出现？

6.25　证明：

(1) $\int_0^\delta \dfrac{u}{U} dy = \delta - \delta_1$

(2) $\int_0^\delta \left(\dfrac{u}{U}\right)^2 dy = \delta - \delta_1 - \delta_2$

(3) $\int_0^\delta \left(\dfrac{u}{U}\right)^3 dy = \delta - \delta_1 - \delta_3$

6.26　计算平面层流流经光滑平板的排挤厚度 δ_1、动量损失厚度 δ_2 及能量损失厚度 δ_3，设层流的速度分布为：

(1) $u = U\dfrac{y}{\delta}$

(2) $u = U \sin\left(\dfrac{\pi}{2}\dfrac{y}{\delta}\right)$

(3) $u = U\left[\dfrac{3}{2}\dfrac{y}{\delta} - \dfrac{1}{2}\left(\dfrac{y}{\delta}\right)^3\right]$

6.27　速度分布如题 6.26 所给，利用卡门动量积分方程式求 τ_0, δ 及 $C_{Df}\left(\dfrac{dp}{dx} = 0\right)$。

6.28　一湍流边界层流经一光滑平板，速度分布为 $\dfrac{u}{U} = \left(\dfrac{y}{\delta}\right)^n$，试计算 $\dfrac{\delta_1}{\delta}, \dfrac{\delta_2}{\delta}, \dfrac{\delta_3}{\delta}$，并计算 $n = \dfrac{1}{7}$ 时，这些量的值。

6.29　一湍流边界层流经一光滑平板，速度分布为 $\dfrac{\overline{u}}{U_0} = \left(\dfrac{y}{\delta}\right)^{\frac{1}{n}}$，利用卡门动量积分方程式求 τ_0, δ, C_{Df}。

6.30　如题图 6.30 所示，水流过平板一侧的二维边界层，前缘速度为均匀的 $\overline{U}$，在下游尾缘处速度廓线如图所示，利用控制体积法求流体作用于板上的切向力。

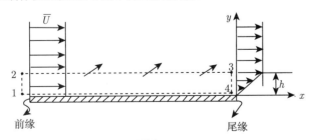

题图 6.30

6.31　边界层的理论根据是什么? 为什么这个理论在黏性流体动力学中占着重要地位?

6.32　不可压缩弱黏性流体, 以均速 $\overline{U}$ 绕过平面薄板时, 其边界层中流速呈 $u/\overline{U} = f(y/\delta_2)$ 的相似分布, 试由动量方程求出 δ_2, 用 $\overline{U}, \nu, f$ 表示的形式。

6.33　静止平板突然以 $\overline{U} = c$(常数) 运动, 平板上的不可压缩弱黏性流体以 $u = \overline{U}\sin\left(\dfrac{\pi y}{2\delta}\right)(0 < y < \delta)$ 做定常流动, 试求此种流动的动量方程。

6.34　分别用 MLT 系和 FLT 系写出下列物理量的量纲: 力 (F), 质量 (m), 密度 (ρ), 压力 (p), 能量 (E), 动量 (k), 动力黏度 (μ), 运动黏度 (ν), 表面张力 (σ)。

6.35　汽车的散热器风扇是一噪声源, 由风扇发射出的声功率 (P) 依赖于其直径 (D) 及角速度 (ω), 流体密度 (ρ) 及声速 (c), 求功率 (P) 与 ω 的关系 (应用量纲分析), 选 ρ, ω, D 为循环变量。

6.36　当喷雾器从燃料喷射射流中分离形成的小液滴, 其直径 d 可以认为与液体密度 ρ、黏度 μ、表面张力 σ 及射流速度 V 和直径 D 有关。表征这一过程需几个无量纲参数? 选 ρ, D, V 为循环变量, 确定这些无量纲参数。

6.37　深水中自由表面重力波波速 V 为波长 λ、水深 D、密度 ρ 及重力加速度 g 的函数, 应用量纲分析, 求 V 与其他变数间的函数关系, 选择 ρ, D, g 为循环变量, 以可能的最简形式表示 V。

6.38　作用于冲角为零的机翼上的阻力为流体的密度、黏度、流速以及长度参数的函数, 一个尺度比为 $1/10$ 的模型在风洞中做实验, $Re = 5.5 \times 10^6$(以弦长为特征长度), 实验条件是风洞的空气流为 10atm, 原型机翼弦长为 2m, 在标准空气中运行, 求风洞实验中的速度以及相应的原型速度。

6.39　作用于一船上的阻力可通过量纲分析表示为

$$\frac{F}{\rho V^2 L^2} = f\left(\frac{\rho V L}{\mu}, \frac{V^2}{Lg}\right)$$

(1) 若在模型上做实验以确定作用于原型的阻力, 在模型和原型间需要满足什么关系?

(2) 如模型的尺寸为 $\dfrac{1}{20}$, 原型的速度为 10m/s, 问模型实验中速度应为多少?

(3) 若原型实验在 20℃的水中进行, 问模型实验应该在运动黏度为多少的液体中进行?

6.40　一汽车以 100km/h 的速度在标准大气压中进行, 以与实际汽车在长度比为 1/3 的模型汽车在水中做实验, 确定所应用的水速, 为保证实验与运动相似, 必须考虑什么因素?

6.41　由于表面张力作用在液体自由面形成毛细波, 其波长很短, 毛细波的波速与表面张力、波长、密度有关, 应用量纲分析表示波速。

6.42　试论流场相似定义和相似判据的异同关系。

6.43　Ⅱ 定理在流场相似中有何用处?

6.44　对自转地球上大气 N-S 方程在右端尚需添加一项科里奥利力 $-2\omega \times \boldsymbol{V}$, 试由相似定义求出相应此项的相似判据 (即罗斯贝数 Ro) 的表示式。

第 7 章　流体的波动

波动的主要特征是流场及有关物理量 (如自由面高度、速度、压力等) 在空间的分布和随时间的变化都具有周期性。波动是自然界中一种常见的运动形式。在大气中，除了压缩引起的声波外，由于地球旋转及重力场的作用，大气运动也经常呈现波动形式。在天气图上可以见到对流层中上层气压场或流场的波动，这种波动的发展、调整对天气演变有直接影响。中小尺度天气现象 (如台风、龙卷风、雷暴等) 的产生也与大气波动有密切关系。因此波动问题在气象科学中具有十分重要的地位。

本章仅研究不可压缩理想流体的重力表面波。

7.1　波动的基本概念

连续介质中的一切质点都是彼此联系着的，当流体质点受到扰动偏离平衡位置时，因某种恢复力的作用而有回到原来位置的趋向，这就形成振动；又由于流体质点间的相互作用，这种振动将逐点依次向外传播开去，于是形成**波动**。流体的波动可以因流体本身性质及作用力性质之不同而具有不同的类型。例如，由于重力作用而产生的波叫**重力波**；由于表面张力而产生的微波叫**涟波**；由于月、日吸引而产生的波叫**潮汐波**；在可压缩流体内部，因压缩、膨胀而产生的波则称为**弹性波**。

重力表面波是具有自由表面的不可压缩理想流体在重力作用下产生的波动。重力表面波产生的物理机制可以这样解释，当平静的水面受到某种扰动出现凹凸不平的起伏时，考虑自由面下某一水平面上不同地方的压力分布。由于重力作用，凸面下部的压力比凹面下部压力大，产生水平压力梯度力，引起流体运动，因而凸面下部出现水平的速度辐散，凹面下部有水平速度辐合。由于流体不可压缩，水平的辐散辐合必引起竖直的下落和上升运动，这样就反过来改变了原来的凹凸不平液面形状，从而形成重力表面波 (图 7.1.1)。

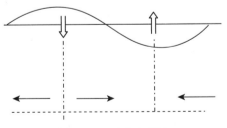

图 7.1.1　重力表面波

可以采用波函数描述重力表面波。对简单的一维波动可表示 $z = z(x,t)$。这里选取 x 轴与未受扰动的平静水面重合，z 轴竖直向上。波面位置 z 常用 ξ 表示，显然 ξ 是 x 和 t 的周期函数。实际上，对于任何形式的波动，根据傅里叶分析，总可看成由无数个或有限个不同频率及不同振幅的简谐波叠加而成。这种简谐波可以用简单的周期函数来表示。例如，余弦

波可表示为

$$\xi = a \cos \frac{2\pi}{\lambda}(x - Ut) = a \cos(kx - \sigma t) \qquad (7.1.1)$$

式中,$(kx - \sigma t)$ 称为**位相**,同位相的点具有相同的状态。位相随 x 和 t 而异。同位相的点组成的面叫波阵面。等位相面以一定速度向前传播,这个速度称为波的**相速**,也就是波的传播速度。在式 (7.1.1) 中

$$k = \frac{2\pi}{\lambda} \qquad (7.1.2)$$

称为**波数**,它表示 2π 距离内所含波的数目。显然,波形是以 $\frac{2\pi}{k}$ 的长度重复出现,这反映出波动的空间分布的周期性。式 (7.1.1) 中

$$\sigma = \frac{2\pi U}{\lambda} = 2\pi\nu \qquad (7.1.3)$$

是频率 ν 的 2π 倍,称为圆频率。波速与波数、圆频率的关系为

$$U = \lambda\nu = \frac{\sigma}{k} \qquad (7.1.4)$$

波动还可用复函数来表示。由于

$$\cos\alpha = \mathrm{Re}\{e^{j\alpha}\} \qquad (7.1.5)$$

一维余弦波方程可写为

$$\xi = \mathrm{Re}\{ae^{j(kx-\sigma t)}\} \qquad (7.1.6)$$

为书写方便,常把取实部符号 Re 省略,直接写成

$$\xi = ae^{j(kx-\sigma t)} \qquad (7.1.7)$$

在波动中,若流体质点振动方向与波形传播方向垂直,则称为**横波**,若质点振动方向与波传播方向一致,则称为**纵波**。又若波长比流体深度大得多,则叫做**长波**,例如潮汐波就属于长波。若波长比深度小得多,并且波动主要局限在流体表面附近一层,对深处流体影响很小,则这种波叫**表面波**,例如重力波、涟波即属此类。

讨论波动问题,主要研究流体作为整体的波动特性以及其中每个流体质点的振动特性,从而掌握各物理量 (自由面高度、压力、速度等) 的空间分布及随时间变化规律。研究的基本思路仍然是从基本方程组出发,借助数学工具进行分析求解。因此,必须首先建立描述重力表面波运动规律的基本方程组。

7.2 基本方程组

7.2.1 不可压缩理想流体在重力作用下的波动是无旋的势流运动

流体在平衡时,其自由面是水平的,各质点速度为 0。若表面上流体质点突然受到一瞬时力的作用 (如阵风吹过),使流体质点发生运动,便形成重力表面波。现在证明,不可压缩理想重流体 (即受重力作用的流体),由于瞬时力作用在自由面上形成的波动是无旋的。

首先证明, 原来静止的不可压缩理想流体, 在表面上的瞬时力作用终了时的运动是无旋的。当瞬时力作用于表面上某点时, 使其压力发生巨大变化, 并立刻引起整个流体内各点压力的变化, 由原来的 p 变为 $p+p^*$, 并且 $p^* \gg p$, $\nabla p^* \gg \nabla p$。由于瞬时力作用时间 δt 很短, 所以该瞬时压力的冲量是有限的, 即

$$p = \int_0^{\delta t} p^* \mathrm{d}t \tag{7.2.1}$$

为了研究瞬时压力冲量的作用, 本书考虑运动微分方程

$$\frac{\partial \boldsymbol{V}}{\partial t} + (\boldsymbol{V} \cdot \nabla)\boldsymbol{V} = \boldsymbol{f} - \frac{1}{\rho}\nabla p - \frac{1}{\rho}\nabla p^*$$

将上式从瞬时力开始 $(t=0)$ 到终了 $(t=\delta t)$ 进行积分, 即

$$\int_0^{\delta t} \frac{\partial \boldsymbol{V}}{\partial t}\mathrm{d}t + \int_0^{\delta t} (\boldsymbol{V}\cdot\nabla)\boldsymbol{V}\mathrm{d}t = \int_0^{\delta t} \boldsymbol{f}\mathrm{d}t - \int_0^{\delta t}\frac{1}{\rho}\nabla p\mathrm{d}t - \int_0^{\delta t}\frac{1}{\rho}\nabla p^*\mathrm{d}t$$

可得

$$\boldsymbol{V} - \boldsymbol{V}_0 = -\int_0^{\delta t}\frac{1}{\rho}\nabla p^*\mathrm{d}t \tag{7.2.2}$$

这是终了时刻的速度场空间分布式。$\boldsymbol{V}$ 和 $\boldsymbol{V}_0$ 表示空间某一点处在瞬时力作用结束及开始时刻的速度。在推导上式时, 由于 $\int_0^{\delta t}(\boldsymbol{V}\cdot\nabla)\boldsymbol{V}\mathrm{d}t$ 及 $\int_0^{\delta t}\boldsymbol{f}\mathrm{d}t$ 和 $-\int_0^{\delta t}\frac{1}{\rho}\nabla p\mathrm{d}t$ 与 $-\int_0^{\delta t}\frac{1}{\rho}\nabla p^*\mathrm{d}t$ 相比为小量, 因此都可略去。

将式 (7.2.2) 右端的梯度运算与对时间积分运算的次序交换, 并考虑流体为不可压缩, 以及初始时刻 $(t=0)$ 流体处于静止状态, 于是有

$$\boldsymbol{V} = -\int_0^{\delta t}\frac{1}{\rho}\nabla p^*\mathrm{d}t = -\nabla\left(\frac{1}{\rho}\int_0^{\delta t} p^*\mathrm{d}t\right) = -\nabla\varphi = -\nabla\left(\frac{p}{\rho}\right) \tag{7.2.3}$$

上式表明, 瞬时作用力结束时刻的流场是无旋的。其速度势为

$$\varphi_1 = \frac{1}{\rho}\int_0^{\delta t} p^*\mathrm{d}t = \frac{p}{\rho} \tag{7.2.4}$$

把瞬时力结束的时刻作为所考虑的波动的初始时刻。由于质量力只考虑重力作用, 因此满足拉格朗日涡旋守恒定理成立的 3 个条件 (理想、不可压、有势), 因此涡旋守恒, 故瞬时力作用停止后, 流体的运动仍然是无旋的。事实上, 如果直接给出理想不可压重流体条件, 由涡旋守恒定理知, 从静止开始的运动总是无旋的, 不管这种运动是由表面瞬时力引起的, 还是由表面初始凹凸不平引起的, 或者两种原因兼有。既然这种波动是无旋势流, 因此可以用速度势 φ_1 来讨论它的性质。

7.2.2 重力表面波的基本方程组

不可压缩理想流体的重力表面波是势流运动, 采用速度势 φ_1 处理, 其基本方程组为

$$\begin{cases} \nabla^2\varphi_1 = 0 \\ -\dfrac{\partial\varphi_1}{\partial t} + gz + \dfrac{p}{\rho} + \dfrac{V^2}{2} = F(t) \end{cases} \tag{7.2.5}$$

从理论上讲，只要给出适当的边界条件和初始条件，即可求解出速度势 φ_1 和压力 p。但实际上，问题是非常复杂的，因为波动的自由边界本身是未知的，而且描述边界条件的方程中要出现非线性项，这对分析求解造成极大困难。但对小振幅波则可使问题得到近似处理。故本书仅限于讨论小振幅波。

所谓**小振幅波**即指波长 λ 比波高 h 大得多的微振幅波，这包含三个假设。

(1) 由波动引起的质点运动速度是一个小量，其平方项为高阶小量。

(2) 波动时的自由面 $z = \xi(x, y, t)$ 相对于静止时的自由面的偏离很小，因此，在讨论自由面边界条件时，可用水平面 $z = 0$ 上的物理量代替自由面 $z = \xi$ 上的物理量。

(3) 自由面的切平面与水平面相差无几，即切平面的斜率 $\dfrac{\partial \xi}{\partial x}$ 及 $\dfrac{\partial \xi}{\partial y}$ 都是小量。当质点运动仅由波动引起时，$u\dfrac{\partial \xi}{\partial x}$ 及 $v\dfrac{\partial \xi}{\partial y}$ 都是高阶小量。

根据小振幅波假设，拉格朗日积分中的 $\dfrac{V^2}{2}$ 项与其他项相比，为高阶小量，可以略去，于是近似得到

$$-\frac{\partial \varphi_1}{\partial t} + gz + \frac{p}{\rho} = F(t) \tag{7.2.6}$$

上式可改写为

$$-\frac{\partial}{\partial t}\left[\varphi_1 + \int F(t)\mathrm{d}t - \frac{p_0}{\rho}t\right] + gz + \frac{p - p_0}{\rho} = 0 \tag{7.2.7}$$

式中，p_0 是自由面上的压强。若引进

$$\varphi = \varphi_1 + \int F(t)\mathrm{d}t - \frac{p_0}{\rho}t \tag{7.2.8}$$

则式 (7.2.7) 可表示为

$$-\frac{\partial \varphi}{\partial t} + gz + \frac{p - p_0}{\rho} = 0 \tag{7.2.9}$$

式中，φ 可代替前面的 φ_1 而作为流场的速度势，因为在原速度势 φ_1 中增加常数项或含时间项，并不改变速度场，而且仍然满足拉普拉斯方程 $\nabla^2 \varphi = 0$。于是对于小振幅波，不可压缩理想流体重力表面波的基本方程组可写为

$$\begin{cases} \nabla^2 \varphi = 0 \\ -\dfrac{\partial \varphi}{\partial t} + gz + \dfrac{p - p_0}{\rho} = 0 \end{cases} \tag{7.2.10}$$

7.2.3 边界条件和初始条件

1. 边界条件

流体的边界一般由底壁和自由面组成。在静止的底壁上的流体必沿切向流动，即法向分速为 0

$$V_n = -\frac{\partial \varphi}{\partial n} = 0$$

若底壁为固定平面 $z = -h$，则底部边界条件可写为

$$\left(\frac{\partial \varphi}{\partial z}\right)_{z=-h} = 0 \tag{7.2.11}$$

$$\left(\frac{\partial \varphi}{\partial z}\right)_{z=-\infty} = 0 \tag{7.2.12}$$

自由面上的边界条件比较复杂, 它可分为动力学条件和运动学条件。

自由面方程为 $z = \xi(x, y, t)$, 在自由面上流体的压力为 p_0, 代入拉格朗日积分式 (7.2.9)

$$-\left(\frac{\partial \varphi}{\partial t}\right)_{z=\xi} + g\xi(x, y, t) = 0$$

即

$$\xi(x, y, t) = \frac{1}{g}\left(\frac{\partial \varphi}{\partial t}\right)_{z=\xi} \tag{7.2.13}$$

此式即为自由面上动力学条件, 若速度势 φ 为已知, 则可由此式确定自由面形状, 即波的轮廓, 所以叫**波轮廓方程**。考虑小振幅波的假设, 其右端在 $z = \xi$ 处的值可近似地用 $z = 0$ 处的值代替, 则有

$$\xi(x, y, t) = \frac{1}{g}\left(\frac{\partial \varphi}{\partial t}\right)_{z=0} \tag{7.2.14}$$

现在讨论自由面的运动学条件。由于自由面是物质面, 即自由面上的流体质点在波动中仍处于自由面上, 因此其垂直速度分量为

$$w = \frac{\mathrm{d}z}{\mathrm{d}t} = \frac{\mathrm{d}\xi}{\mathrm{d}t} = \frac{\partial \xi}{\partial t} + (\boldsymbol{V} \cdot \nabla)\xi = \frac{\partial \xi}{\partial t} + u\frac{\partial \xi}{\partial x} + v\frac{\partial \xi}{\partial y} \tag{7.2.15}$$

由小振幅波的假设, 上式右端后两项可以略去, 左端用速度势表示, 故有

$$-\left(\frac{\partial \varphi}{\partial z}\right)_{z=0} = \left(\frac{\partial \xi}{\partial t}\right)_{z=0} \tag{7.2.16}$$

将式 (7.2.14) 代入, 得

$$\left(\frac{\partial \varphi}{\partial z}\right)_{z=0} = -\frac{1}{g}\left(\frac{\partial^2 \varphi}{\partial t^2}\right)_{z=0} \tag{7.2.17}$$

式 (7.2.14) 及式 (7.2.17) 就是自由面上的动力学条件和运动学条件。

2. 初始条件

要唯一确定一个波动解, 还必须给定初始条件, 即波动开始时的 φ 及 $\dfrac{\partial \varphi}{\partial t}$ 的值。波动的起因可以是因为初始液面不平, 或是因为有瞬时力作用引起初速度 (把瞬时力停止作用的时刻作为研究波动的初时刻), 或是两种原因兼有, 这里给出一般情况下的初始条件, 即在初时刻既存在初始速度, 又存在初始波面, 初始条件的形式为 $t = 0, z = 0$ 处

$$\begin{cases} \varphi = F(x, y) \\ \dfrac{\partial \varphi}{\partial t} = f(x, y) \end{cases} \tag{7.2.18}$$

　　综上所述，不可压缩理想流体的重力表面波是有势流动，这一势流问题可归结为下列定解问题：

$$
\begin{cases}
\nabla^2\varphi = 0 \\
\left(\dfrac{\partial\varphi}{\partial z}\right)_{z=-h} = 0 \text{或} \left(\dfrac{\partial\varphi}{\partial z}\right)_{z=-\infty} = 0(\text{不动底面为无限深}) \\
\left(\dfrac{\partial\varphi}{\partial z}\right)_{z=0} = -\dfrac{1}{g}\left(\dfrac{\partial^2\varphi}{\partial t^2}\right)_{z=0} \\
t = 0, z = 0 \begin{cases} \varphi = F(x,y) \\ \dfrac{\partial\varphi}{\partial t} = f(x,y) \end{cases}
\end{cases}
\tag{7.2.19}
$$

求出速度势 φ，即得速度场

$$
\boldsymbol{V} = -\nabla\varphi
$$

再由拉格朗日积分

$$
-\frac{\partial\varphi}{\partial t} + gz + \frac{p-p_0}{\rho} = 0
$$

求压力场

$$
p = p(x,y,z,t)
$$

并可由

$$
\xi(x,y,t) = \frac{1}{g}\left(\frac{\partial\varphi}{\partial t}\right)_{z=0}
$$

求得波轮廓。

7.3　二维表面波

　　若表面波的波面为无限长的柱面，且在垂直于柱面母线的所有平面上的运动情况均相同，则称该表面波为**二维表面波**，或称为平面波 (图 7.3.1)。

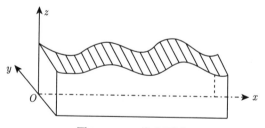

图 7.3.1　二维表面波

　　设平面波在 xOz 平面内沿 x 轴正向传播，在与 xOz 平面平行的各个平面内，流体质点的运动情况完全相同，即 $\dfrac{\partial}{\partial y} = 0$。考虑各物理量与 y 无关，速度势 $\varphi = \varphi(x,y,t)$，本书列出平面波的基本方程和定解条件：

$$
\frac{\partial^2\varphi}{\partial x^2} + \frac{\partial^2\varphi}{\partial z^2} = 0
\tag{7.3.1}
$$

$$-\frac{\partial \varphi}{\partial t} + gz + \frac{p - p_0}{\rho} = 0 \tag{7.3.2}$$

$$\xi = \frac{1}{g}\left(\frac{\partial \varphi}{\partial t}\right)_{z=0} \tag{7.3.3}$$

$$\left(\frac{\partial \varphi}{\partial z}\right)_{z=0} = -\frac{1}{g}\left(\frac{\partial^2 \varphi}{\partial t^2}\right)_{z=0} \tag{7.3.4}$$

$$\left(\frac{\partial \varphi}{\partial z}\right)_{z=-h} = 0 \quad \text{或} \quad \left(\frac{\partial \varphi}{\partial z}\right)_{z=-\infty} = 0 \tag{7.3.5}$$

$$\varphi\big|_{\substack{t=0 \\ z=0}} = F(x) \tag{7.3.6}$$

$$\left(\frac{\partial \varphi}{\partial t}\right)\bigg|_{\substack{t=0 \\ z=0}} = f(x) \tag{7.3.7}$$

由于这里只讨论波动这种周期运动的一般性质,并不特指某一个具体的波,因此可以不必考虑初始条件。这一组方程就是平面小振幅波的基本规律,是分析的依据和出发点。

采用分离变量法求解,可得速度势 φ 的特解为

$$\varphi = \varphi(x, z, t) = (A_1\cos \sigma t + A_2\sin \sigma t)(B_1\cos kx + B_2\sin kx)(C_1\mathrm{e}^{kz} + C_2\mathrm{e}^{-kz}) \tag{7.3.8}$$

由于方程是线性的,因此通解为所有可能之特解的叠加,即

$$\varphi = \varphi(x, z, t) = \sum_{i=1}^{\infty} (A_{1i}\cos \sigma_i t + A_{2i}\sin \sigma_i t)(B_{1i}\cos k_i x + B_{2i}\sin k_i x)(C_{1i}\mathrm{e}^{k_i z} + C_{2i}\mathrm{e}^{-k_i z}) \tag{7.3.9}$$

式中, φ 可看作是各个波长不同的波叠加的总速度势。下面本书着重分析其中一个特解,即式 (7.3.8)。

如果流体在 x 方向无边界,而下界伸展到无限,即流体为无限深,则 φ 必须满足边界条件: $\left(\dfrac{\partial \varphi}{\partial z}\right)_{z=-\infty} = 0$,由此可定出 $C_2 = 0$,因此,无限深水域的平面波速度势特解为

$$\varphi = \varphi(x, z, t) = (A_1\cos \sigma t + A_2\sin \sigma t)(B_1\cos kx + B_2\sin kx)C_1\mathrm{e}^{kz} \tag{7.3.10}$$

它对应于某一个确定波长的平面波,根据叠加原理,还可以把它进一步分解,看作是 4 个速度势之和,即 4 种简单波的叠加:

$$\varphi = \varphi_1 + \varphi_2 + \varphi_3 + \varphi_4 \tag{7.3.11}$$

其中

$$\begin{cases} \varphi_1 = D_1\mathrm{e}^{kz}\cos \sigma t\cos kx, & D_1 = A_1 B_1 C_1 \\ \varphi_2 = D_2\mathrm{e}^{kz}\sin \sigma t\cos kx, & D_2 = A_2 B_1 C_1 \\ \varphi_3 = D_3\mathrm{e}^{kz}\cos \sigma t\sin kx, & D_3 = A_1 B_2 C_1 \\ \varphi_4 = D_4\mathrm{e}^{kz}\sin \sigma t\sin kx, & D_4 = A_2 B_2 C_1 \end{cases} \tag{7.3.12}$$

若把它们分别代入式 (7.3.3)，则可分别求出它们的相应波形

$$
\begin{cases}
\xi_1 = -\dfrac{D_1\sigma}{g}\sin\sigma t\cos kx \\[2mm]
\xi_2 = \dfrac{D_2\sigma}{g}\cos\sigma t\cos kx \\[2mm]
\xi_3 = -\dfrac{D_3\sigma}{g}\sin\sigma t\sin kx \\[2mm]
\xi_4 = \dfrac{D_4\sigma}{g}\cos\sigma t\sin kx
\end{cases}
\tag{7.3.13}
$$

而合成的总波形则为 4 个波叠加而成

$$
\xi = \xi_1 + \xi_2 + \xi_3 + \xi_4
$$

将特解式 (7.3.10) 代入自由面上的运动学条件式 (7.3.4)，得

$$
\sigma^2 = kg \tag{7.3.14}
$$

即

$$
\sigma = \sqrt{kg} \tag{7.3.15}
$$

上式给出无限深水域平面波解中常数 σ 与 k 的关系。对每一任定的 k 值，有一确定的 σ 值与之对应。

本书后面将讨论无限深水域中的两种典型波动，即驻波和行进波，将分析其整体波动特性及单个流体质点的振动特性，求解速度场和压力场。

7.4　驻　　波

前面所讨论的速度势的 4 个叠加单元，式 (7.3.12) 中的每一个都代表驻波。现以 φ_3 为例，分析它所代表的流动情况。为书写简便，去掉其附加下标，记作

$$
\varphi = De^{kz}\cos\sigma t\sin kx \tag{7.4.1}
$$

式中，D, k, σ 均为常系数。

7.4.1　波形

将式 (7.4.1) 代入式 (7.3.3) 得波轮廓线为

$$
\xi = \frac{1}{g}\left(\frac{\partial\varphi}{\partial t}\right)_{z=0} = -\frac{D\sigma}{g}\sin\sigma t\sin kx = A(t)\sin kx \tag{7.4.2}
$$

$$
A(t) = -\frac{D\sigma}{g}\sin\sigma t = a\sin\sigma t \tag{7.4.3}
$$

其中

$$
a = -\frac{D\sigma}{g} \quad (\sigma = \sqrt{kg}) \tag{7.4.4}
$$

式 (7.4.2) 表明, 波的高度随时间和空间呈周期性变化, 为正弦波形。在每一确定时刻, 波轮廓线为正弦型, 即波高随空间坐标按正弦曲线变化; 在每一固定的空间点处 ($x =$ 常数), 波高随时间也按正弦规律变化。并且, 在不同的空间点, 波高变化的幅度也不相同。$-\dfrac{D\sigma}{g} = a$ 是波的最大幅度, 称为**波幅**。

波轮廓线与 x 轴的交点叫波节点, 即某一时刻 $\xi = 0$ 之横坐标。波形的最高点叫**波峰**, 最低点叫**波谷**, 它们统称**波腹**, 这是波动幅度最大的地方 (图 7.4.1)。

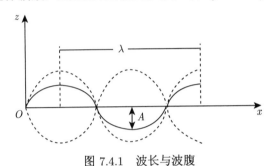

图 7.4.1　波长与波腹

由式 (7.4.2) 可知, 当 $\sin kx = 0$ 时总有 $\xi = 0$, 即

$$A(t) \sin kx = 0 \tag{7.4.5}$$

故节点位置是

$$x = -\frac{n\pi}{k}, \quad n = 0, \pm1, \pm2, \pm3, \cdots \tag{7.4.6}$$

而当 $\sin kx = \pm1$ 时, 则为腹点位置, 即

$$x = -\frac{\pi}{2k}(2m \pm 1), \quad m = 0, \pm1, \pm2, \pm3, \cdots \tag{7.4.7}$$

由式 (7.4.6) 及式 (7.4.7) 可以看出, 波节点和波腹点的位置都是固定点, 其坐标与 t 无关, 其坐标不随时间变化, 这表明流体表面波的波形不传播, 故称为驻波。因此 $\varphi = De^{kz} \cos\sigma t \sin kx$ 所表示的流体运动是波形不移动的驻波。

7.4.2　波长和周期

自由面波形重复出现的邻近距离称为**波长**, 记作 λ, 由于 $\sin kx = \sin\left(x + \dfrac{2\pi}{k}\right)$, 代入式 (7.4.2) 可知, 横坐标相距 $\dfrac{2\pi}{k}$ 时, 波形重复出现, 所以波长为

$$\lambda = \frac{2\pi}{k} \tag{7.4.8}$$

或

$$k = \frac{2\pi}{\lambda} \tag{7.4.9}$$

由此可知, 前面求解 φ 时的常数 k 就是波数。从式 (7.4.2) 还可看出, 由于 $\sin\sigma t = \sin\sigma\left(t + \dfrac{2\pi}{\sigma}\right)$, 即在 t 和 $t + \dfrac{2\pi}{\sigma}$ 时刻, 流体质点振动位相完全相同。也就是说, 经 $\dfrac{2\pi}{\sigma}$ 时

间, 质点完成一个全振动, 所以振动**周期**为

$$T = \frac{2\pi}{\sigma} \tag{7.4.10}$$

或

$$\sigma = \frac{2\pi}{T} \tag{7.4.11}$$

所以 σ 就是**圆频率**。

圆频率与波数间的关系已由式 (7.3.14) 给出, 即

$$\sigma^2 = kg$$

这表示对于一任定的波长 λ 有一确定的圆频率 σ 与之对应, 即这种波的频率与波长之间有着确定的关系。由上式还可得出波长与周期之间的关系:

$$\lambda = \frac{gT^2}{2\pi} \tag{7.4.12}$$

即波长与周期平方成正比。

7.4.3 驻波中个别流体质点的运动情况

1. 速度场

由 $\boldsymbol{V} = -\nabla\varphi$, 很容易求得速度场:

$$\begin{cases} u = -\dfrac{\partial \varphi}{\partial x} = -Dk\mathrm{e}^{kz}\cos\sigma t\cos kx \\[2mm] w = -\dfrac{\partial \varphi}{\partial z} = -Dk\mathrm{e}^{kz}\cos\sigma t\sin kx \end{cases} \tag{7.4.13}$$

由于 $-Dk = -\dfrac{D\sigma}{g} = a\sigma$, 于是

$$\begin{cases} u = a\sigma\mathrm{e}^{kz}\cos\sigma t\cos kx \\[2mm] w = a\sigma\mathrm{e}^{kz}\cos\sigma t\sin kx \end{cases} \tag{7.4.14}$$

速度的数值为

$$V = \sqrt{u^2 + w^2} = a\mathrm{e}^{kz}\cos\sigma t \tag{7.4.15}$$

式 (7.4.15) 表明, 驻波中某一时刻相同高度处的流体质点速度数值相等。

2. 流线

由流线微分方程 $\dfrac{\delta x}{u} = \dfrac{\delta z}{w}$, 可得

$$\frac{\delta x}{\cos kx} = \frac{\delta z}{\sin kx}$$

积分上式得

$$\mathrm{e}^{kz}\cos kx = C \tag{7.4.16}$$

式中不显含 t, 说明流线形状不随时间变化, 波动的非定常性体现在不同时刻流点运动方向的变化, 流线如图 7.4.2 所示。

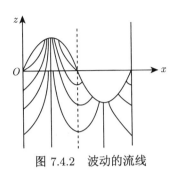

图 7.4.2　波动的流线

3. 轨线

由于流线形状不随时间变化，所以驻波中流体质点轨线与流线一致。在小振幅波的假定下，流体质点在平衡位置附近振动的路径很短，其轨迹可近似当作一小段直线 (与流线相切)。

为求轨线方程，采用拉格朗日表达式，由于任一确定质点在波动中偏离其平衡位置 (x_0, z_0) 很小，因此其速度分量式 (7.4.14) 中 (x, z) 可近似地用 (x_0, z_0) 代换，即

$$
\begin{cases}
\dfrac{\mathrm{d}x}{\mathrm{d}t} = a\sigma \mathrm{e}^{kz} \cos \sigma t \cos kx_0 \\[2mm]
\dfrac{\mathrm{d}z}{\mathrm{d}t} = a\sigma \mathrm{e}^{kz} \cos \sigma t \sin kx_0
\end{cases}
$$

积分得

$$
\begin{cases}
x = x_0 + a\sigma \mathrm{e}^{kz} \sin \sigma t \cos kx_0 \\[2mm]
z = z_0 + a\sigma \mathrm{e}^{kz} \sin \sigma t \sin kx_0
\end{cases}
\tag{7.4.17}
$$

这显然是一个振动方程，2 个积分常数就是振动的平衡位置，亦即 (x_0, z_0)，实际上平衡位置 (x_0, z_0) 就可作为流体质点的标号。由式 (7.4.17) 消去参数 t 得轨线方程为

$$
z - z_0 = \tan kx_0 (x - x_0)
\tag{7.4.18}
$$

这是一个直线方程，表示流点沿着与 x 轴成 kx_0 角度的直线做振动。这个角度随坐标 x_0 变化。在节点处 $x_0 = \dfrac{n\pi}{k}$，则 $\tan kx_0 = 0$，即节点处流体质点沿水平直线做振动 (非静止不动)；在波腹处 $x_0 = \dfrac{\pi}{2k}(2m \pm 1)$，则 $\tan kx_0 \to \infty$，即波腹处流体质点沿竖直方向做振动 (图 7.4.3)。

流体质点振动的振幅为

$$
A = a\mathrm{e}^{kz_0}
$$

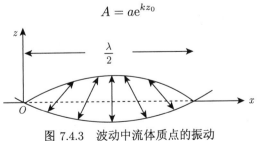

图 7.4.3　波动中流体质点的振动

由此式可得

$$z_0 = 0, \quad A = ae^0 = a$$

$$z_0 = -\lambda, \quad A = ae^{-2\pi} = \frac{1}{535}a$$

$$z_0 \to \infty, \quad A = ae^{-\infty} = 0 (即流体质点静止)$$

也就是说，流体质点的振幅随其位置加深而很快减小，说明波动现象主要发生在表面附近，这是表面波的特点。

7.4.4 驻波的压力分布

将速度势 φ 代入拉格朗日积分便得压力场

$$\frac{p - p_0}{\rho} = -gz + \frac{\partial \varphi}{\partial t} = -gz - D\sigma e^{kz} \sin \sigma t \sin kx$$

或

$$p = p_0 - \rho gz + \rho age^{kz} \sin \sigma t \sin kx \tag{7.4.19}$$

式 (7.4.19) 就是驻波中的压力场，它给出了压力空间分布随时间的变化规律。

为了研究某一个确定流体质点在运动过程中经过不同位置时的压力变化情况，可将式 (7.4.19) 中最后一项的 (x, z) 用质点平衡位置 (x_0, z_0) 代替，而将 $-\rho gz$ 中的 z 用轨线方程式 (7.4.17) 代入，于是近似得到

$$p = p_0 - \rho g(z_0 + ae^{kz_0} \sin \sigma t \sin kx_0) + \rho gae^{kz_0} \sin \sigma t \cdot \sin kx_0$$

$$= p_0 - \rho gz_0$$

即

$$p = p_0 - \rho gz_0 \tag{7.4.20}$$

此式表明，任一确定流点在振动过程中，压力保持不变，都等于其平衡位置处的静压力。平衡位置竖直坐标相等的所有流体质点、压力都相等。

7.5 行 进 波

现在研究无限深水域中的另一典型的简单波动，即**行进波**。

两个驻波叠加，结果可能仍是驻波，也可能是行进波，这要看被叠加的两个驻波之间的位相关系而定。因此前面所讨论的 φ 的四个叠加单元中，任意两个相加，可能仍是驻波，如 $\varphi_3 + \varphi_1$，也可能得到行进波，例如 $\varphi_3 - \varphi_2$，现在讨论后者。令 $D_3 = D_2 = D$，则有

$$\varphi = \varphi_3 - \varphi_2 = De^{kz}(\sin kx \cos \sigma t - \cos kx \sin \sigma t)$$

或

$$\varphi = De^{kz} \sin(kx - \sigma t) \tag{7.5.1}$$

7.5.1 波形

将式 (7.5.1) 代入波轮廓方程得

$$\xi = \frac{1}{g}\left(\frac{\partial \varphi}{\partial t}\right)_{z=0} = -\frac{D\sigma}{g}\cos(kx - \sigma t) = a\cos(kx - \sigma t) \tag{7.5.2}$$

这表明，波高随时间、空间呈周期变化，为余弦波型，式中 $a = -\dfrac{D\sigma}{g}$，为波幅。

由波轮廓方程 $\xi = a\cos(kx - \sigma t)$ 可知，波节点 $\xi = 0$ 位置坐标应满足

$$kx - \sigma t = \left(n \pm \frac{1}{2}\right)\pi$$

即

$$x = \frac{\sigma t}{k} + \frac{\pi}{k}\left(n \pm \frac{1}{2}\right), \quad n = 0, \pm 1, \pm 2, \cdots \tag{7.5.3}$$

由上式可知，波节点位置随时间变化，因此它是行进波。

波节点的移动速度为

$$U = \frac{\mathrm{d}x}{\mathrm{d}t} = \frac{\sigma}{k} \tag{7.5.4}$$

波节点以此速度向 Ox 轴正向方向移动。事实上，对于波峰 (谷) 或其他固定位相的点也可作同样推导而得出一致的结果。这就是说，由式 (7.5.1) 所确定的整个波都是以同一速度 U 沿 x 正向传播。速度 U 就是行进波的传播速度，简称为波速或相速。应注意，波速是指波形的移动速度，而不是流体质点的运动速度。

由波轮廓方程还可看出，某一时刻，当位置坐标 x 增加 $\dfrac{2\pi}{k}$ 时，波面 ξ 值相等，因此波长为 $\lambda = \dfrac{2\pi}{k}$。

若考虑某一固定空间点处，当时间 t 增加 $\dfrac{2\pi}{\sigma}$ 时，波面 ξ 值也相同，说明质点振动已完成一周。因此周期为 $T = \dfrac{2\pi}{\sigma}$。与驻波类似，频率和波长的关系也是 $\sigma^2 = kg$。利用这些关系，行进波波速公式还可表示为

$$U = \frac{\sigma}{k} = \frac{\lambda}{T}$$

对无限深行进波，有

$$U = \sqrt{\frac{g}{k}} = \sqrt{\frac{g\lambda}{2\pi}} \tag{7.5.5}$$

7.5.2 行进波中个别流体质点的运动情况

1. 速度场

由 φ 可求得

$$\begin{cases} u = a\sigma \mathrm{e}^{kz}\cos(kx - \sigma t) \\ w = a\sigma \mathrm{e}^{kz}\sin(kx - \sigma t) \end{cases} \tag{7.5.6}$$

速度的数值为

$$V = \sqrt{u^2 + w^2} = a\sigma \mathrm{e}^{kz} \tag{7.5.7}$$

上式表明，行进波中同高度处流点的速度的数值总是相等。

$$z = 0, \quad V_0 = a\sigma$$

$$z = -\lambda, \quad V_0 = a\sigma e^{-2\pi} = \frac{a\sigma}{e^{2\pi}}$$

2. 流线方程

由

$$\frac{\delta x}{\cos(kx - \sigma t)} = \frac{\delta z}{\sin(kx - \sigma t)}$$

积分得

$$e^{kz} \cos(kx - \sigma t) = C \tag{7.5.8}$$

由上述流线方程可知，对某一确定时刻 t，行进波与驻波的流线形状相同 (图 7.5.1)。但行进波流线方程中含时间 t，流线形状不定常，流线与轨线不相重合。

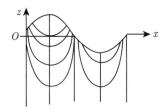

图 7.5.1　某一确定时刻行进波与驻波

3. 轨线

为了求轨线，与讨论驻波一样，由于质点只在平衡位置附近做微振动，因此，考虑确定质点时，其速度表达式中的瞬时位置 (x, z) 可近似地用平衡位置 (x_0, z_0) 代替，即

$$\begin{cases} \dfrac{\mathrm{d}x}{\mathrm{d}t} = a\sigma e^{kz_0} \cos(kx_0 - \sigma t) \\ \dfrac{\mathrm{d}z}{\mathrm{d}t} = a\sigma e^{kz_0} \sin(kx_0 - \sigma t) \end{cases}$$

积分得轨线方程为

$$\begin{cases} x = x_0 - a e^{kz_0} \sin(kx_0 - \sigma t) \\ z = z_0 + a e^{kz_0} \cos(kx_0 - \sigma t) \end{cases} \tag{7.5.9}$$

或

$$(x - x_0)^2 + (z - z_0)^2 = (a e^{kz_0})^2 = r^2 \tag{7.5.10}$$

上式表明，流体质点的近似轨线是以平衡位置 (x_0, z_0) 为圆心，以 $r = a e^{kz_0}$ 为半径的圆。显然，在自由面上 $(z_0 = 0)$，圆的半径 $r_0 = a$ (波幅) 为最大值。随着深度增加，圆半径很快减小；当深度为 $z_0 = -\lambda$ 时，流点轨线圆半径 $r = \dfrac{a}{535}$。而在无限深处 $z_0 \to \infty$，则 $r \to 0$，即流体质点静止不动 (图 7.5.2)。

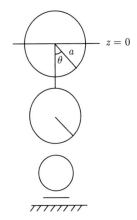

图 7.5.2 波动中流体质点的轨线

质点沿轨线做圆运动的线速度大小近似为 $V = a\sigma e^{kz_0} = r\sigma$，说明质点以角速度绕平衡位置 (x_0, z_0) 做圆运动，由于小振幅波假设，$r \leqslant a$ 是小量，故波动引起的质点速度 V 也是小量。

为确定质点圆运动的方向，本书以右行波为例。现考察质点位置 $M(x, z)$ 至轨线圆心 $M_0(x_0, z_0)$ 的连线与 z 轴负方向之夹角如何随时间变化 (图 7.5.3)。

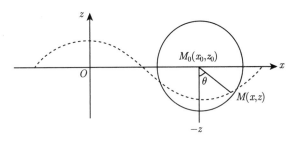

图 7.5.3 波动中流体质点圆运动方向的确定

由于

$$\tan\theta = \frac{x - x_0}{z_0 - z} = \tan(kx_0 - \sigma t)$$

可见，当 t 增加时，θ 减小，即质点沿轨迹圆做顺时针运动。正是由于各个流体质点在轨迹圆的不同位置上做圆运动，而从整体上看构成了一个右行波。从不同时刻各流体质点在轨迹圆上的位置，可看出质点运动与波移动之关系 (图 7.5.4)。

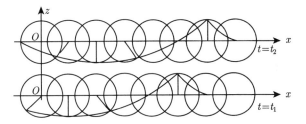

图 7.5.4 流体质点运动与波移动的关系

应该指出，质点运动与波传播不仅概念上不同，而且两者速度大小也不一样。这两者之比

$$\frac{V}{U} = \frac{\sigma r}{\sigma/k} = \frac{r}{\lambda}2\pi = \frac{a}{\lambda}\mathrm{e}^{kz_0} \cdot 2\pi$$

由小振幅假设 $a \gg \lambda$，因此必有 $V \ll U$。

7.5.3　行进波的压力分布

由行进波的速度势可求得压力分布为

$$p = p_0 - \rho gz + \rho ag\mathrm{e}^{kz}\cos(kx - \sigma t) \tag{7.5.11}$$

若要求某确定流体质点 (以平衡位置 (x_0, z_0) 为其标号) 在运动过程中的压力变化，采用类似处理驻波的方法，将上式右端末项中的 (x, z) 用 (x_0, z_0) 代替，$-\rho gz$ 项中的 z 用轨迹方程代入，可得近似结果

$$p = p_0 - \rho gz_0 \tag{7.5.12}$$

即平衡位置沿垂直坐标为 z_0 的确定流点，在做圆运动时压力保持不变，等于平衡位置处的静压力。同时，z_0 坐标相等的各流体质点在运动中压力都相等，构成等压面，可以设想，若把其上部流体层去掉，代之以某等值压力，并不影响余下流体的波动。

7.6　波动能量及其传递

所谓波动能量，是指波动中所有流体质点的机械能，即动能与重力势能之总和。由于波动在空间呈周期性分布，因此只需讨论一个波长内的能量就行了。

7.6.1　波动的势能

波动的势能是由于波动中流体质点离开平衡位置，其垂直坐标发生变化 (即波面升高) 而产生的 (图 7.6.1)。若取平衡位置 ($\xi = 0$) 作为波动势能的零点位置，则 δx 宽的小柱体 (质量为 $\delta m = \rho \xi \mathrm{d}x$，重心为 $\frac{1}{2}\xi$) 的势能为

$$\mathrm{d}E_p = \frac{1}{2}\rho g\xi^2\mathrm{d}x$$

一个波长内的总势能为

$$E_p = \int_0^\lambda \frac{1}{2}\rho g\xi^2\mathrm{d}x \tag{7.6.1}$$

这就是波动势能的计算公式。已知波形 ξ 或速度势 φ，即可计算一个波长内的重力势能。

$$\begin{cases} \varphi = D\mathrm{e}^{kz}\cos\sigma t\sin kx \\ \xi = a\sin\sigma t\sin kx \end{cases} \tag{7.6.2}$$

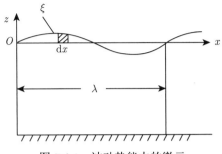

图 7.6.1　波动势能中的微元

7.6.2　波动的动能

波动中流体质点具有速度，因而具有动能。本书首先利用波动的无旋性，导出不可压无旋运动动能的一般计算公式，然后得到二维平面波动能计算公式。

体积为 τ 的流体动能为

$$
\begin{aligned}
E_k &= \iiint_\tau \frac{V^2}{2} \rho \mathrm{d}\tau \\
&= \iiint_\tau \frac{1}{2} (\nabla\varphi \cdot \nabla\varphi) \rho \mathrm{d}\tau \\
&= \iiint_\tau \frac{\rho}{2} \left[\nabla \cdot (\varphi\nabla\varphi) - \varphi\nabla^2\varphi \right] \mathrm{d}\tau \\
&= \frac{\rho}{2} \oiint_\sigma \boldsymbol{n} \cdot (\varphi \cdot \nabla\varphi) \mathrm{d}\sigma \\
&= \frac{\rho}{2} \oiint_\sigma \varphi \frac{\partial\varphi}{\partial\boldsymbol{n}} \mathrm{d}\sigma
\end{aligned}
\tag{7.6.3}
$$

上式是不可压缩流体无旋运动动能的一般计算公式。推导中应用了 $\boldsymbol{V} = -\nabla\varphi$ 及 $\nabla^2\varphi = 0$。对于平面问题，上式改写为

$$
E_k = \frac{\rho}{2} \oint_l \varphi \frac{\partial\varphi}{\partial\boldsymbol{n}} \mathrm{d}l
\tag{7.6.4}
$$

式中，l 是流体的周界，$\boldsymbol{n}$ 是其外法向单位矢。本书讨论一个波长内的流体 (图 7.6.2)。

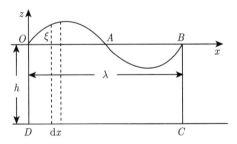

图 7.6.2　一个波长内流体动能的计算

它的周界线有 4 部分：上界 (自由面)、下界 (底面) 及左右两条侧边界。式 (7.6.3) 中的闭合线积分可写作

$$
\oint_l \varphi \frac{\partial\varphi}{\partial n} \mathrm{d}l = \oint_{BAO} \varphi \frac{\partial\varphi}{\partial n} \mathrm{d}l + \oint_{OD} \varphi \frac{\partial\varphi}{\partial n} \mathrm{d}l + \oint_{DC} \varphi \frac{\partial\varphi}{\partial n} \mathrm{d}l + \oint_{CB} \varphi \frac{\partial\varphi}{\partial n} \mathrm{d}l
$$

对于下界底面 CD，有 $\dfrac{\partial \varphi}{\partial n} = 0$，所以 $\displaystyle\int_{CD} \varphi \dfrac{\partial \varphi}{\partial n} = 0$ 中，而左右两条侧边 (BC 及 DO) 上物理量完全对应相等 (因为相隔一个波长)，但二者外法向方向相反，因此两条侧边上的积分等值反号，即

$$\oint_{OD} \varphi \frac{\partial \varphi}{\partial n}\mathrm{d}l + \oint_{CB} \varphi \frac{\partial \varphi}{\partial n}\mathrm{d}l = 0$$

只剩下沿自由面曲线积分。即

$$E_k = \frac{\rho}{2} \int_{\text{自由面}} \varphi \frac{\partial \varphi}{\partial n}\mathrm{d}l \tag{7.6.5}$$

对于小振幅波，波面与静止表面相差甚微，所以可近似取

$$\mathrm{d}l \approx \mathrm{d}x, \qquad \frac{\partial \varphi}{\partial n} = \frac{\partial \varphi}{\partial z}$$

于是得到

$$E_k = \frac{\rho}{2} \int_0^\lambda \left(\varphi \frac{\partial \varphi}{\partial z} \right)_{z=0} \mathrm{d}x \tag{7.6.6}$$

这就是一个波长内波动动能的计算公式，只要已知速度势 φ 即可求得动能 E_k。

7.6.3 驻波及行进波的能量计算

1. 驻波的能量

对无限深水域中的驻波，速度势和波形分别为

$$\begin{cases} \varphi = D e^{kz} \cos \sigma t \cdot \sin kx \\ \xi = a \sin kx \cdot \sin \sigma t \end{cases}$$

利用式 (7.6.1) 及式 (7.6.6)，可以得到

$$\begin{aligned} E_p &= \int_0^\lambda \frac{1}{2}\rho g \xi^2 \mathrm{d}x \\ &= \frac{1}{2}\rho g a^2 \sin^2 \sigma t \int_0^\lambda \sin^2 kx \mathrm{d}x \\ &= \frac{1}{4}\rho g a^2 \lambda \sin^2 \sigma t \end{aligned} \tag{7.6.7}$$

$$\begin{aligned} E_k &= \frac{\rho}{2} \int_0^\lambda \left(\varphi \frac{\partial \varphi}{\partial z} \right)_{z=0} \mathrm{d}x \\ &= \frac{\rho}{2} \int_0^\lambda D^2 \cos^2 \sigma t \sin^2 kx \mathrm{d}x \\ &= \frac{1}{4}\rho g a^2 \lambda \cos^2 \sigma t \end{aligned} \tag{7.6.8}$$

机械能为

$$E = E_p + E_k = \frac{1}{4}\rho g a^2 \lambda \tag{7.6.9}$$

所以，无限深驻波的机械能与波幅平方成正比。其动能、势能都随时间变化，两者可以互相转换，但总和不变，为一常数。

2. 行进波的能量

无限深水域内行进波的速度势和波形分别为

$$\begin{cases} \varphi = De^{kz}\sin(kx - \sigma t) \\ \xi = a\cos(kx - \sigma t) \end{cases}$$

由此可得

$$E_p = \frac{1}{2}\rho g \int_0^\lambda \xi^2 \mathrm{d}x = \frac{1}{2}\rho g \int_0^\lambda a^2\cos^2(kx - \sigma t)\mathrm{d}x = \frac{1}{4}\rho g a^2 \lambda \tag{7.6.10}$$

及

$$E_k = \frac{\rho}{2}\int_0^\lambda \left(\varphi\frac{\partial\varphi}{\partial z}\right)_{z=0}\mathrm{d}x = \frac{\rho}{2}D^2 k\int_0^\lambda \sin^2 kx\mathrm{d}x = \frac{1}{4}\rho g a^2 \lambda \tag{7.6.11}$$

机械能为

$$E = E_p + E_k = \frac{1}{2}\rho g a^2 \lambda \tag{7.6.12}$$

所以，行进波的能量也与波幅平方成正比，其总能量为一常数，且动能与势能相等，都是总能量的一半。

7.6.4　波动能量的传递

行进波中的流体质点并不随波前进，向前传播的只是运动的状态，而运动状态的传播必定伴有能量的传递。

假设已求得每个波长内的行进波总能量。当波动能量以某速 V_E 向前传播时，则对一固定的空间竖直剖面来说，单位时间内就会有确定的能量穿过 (能流率)(图 7.6.3)。

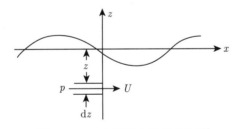

图 7.6.3　一个波长内能量的传递

而这种从剖面左侧向右侧的能量传递，又是通过质点之间做功形式进行的。也就是说，某时刻从左向右穿过剖面的能流率，就等于该剖面左侧对右侧的做功率。考虑到波动是一个非定常的周期运动，不同时刻，这种做功率 (及相应的能流率) 不一样，因此，可对一个周期作时间平均，求得平均的做功率 (对应于平均的能流率)，这样即可推算出能量的传递速度。

无限深行进波速度势为

$$\varphi = De^{kz}\sin(kx - \sigma t)$$

速度的 x 分量为

$$u = -\frac{\partial\varphi}{\partial x} = -Dke^{kz}\cos(kx - \sigma t)$$

压力为

$$\frac{p - p_0}{\rho} = -gz + \frac{\partial \varphi}{\partial t}$$

或

$$p = p_0 - \rho gz - \rho D\sigma e^{kz} \cos(kx - \sigma t)$$

现计算竖直平面左侧对右侧的做功率, $\mathrm{d}z$ 高度上的做功率为 $pu\mathrm{d}z$, 整个竖直平面上做功率为 $\int_{-\infty}^{0} pu\mathrm{d}z$, 其中积分上限波面 $z = \xi$ 已近似取为 $z = 0$。因此, 压力在一个周期 T 内的平均做功率为

$$\begin{aligned}
N &= \frac{1}{T} \int_0^T \int_{-\infty}^0 pu\mathrm{d}z\mathrm{d}t \\
&= \frac{1}{T} \int_0^T \int_{-\infty}^0 \left[-(p_0 - \rho gz)Dke^{kz}\cos(kx - \sigma t) + \rho D^2 k\sigma e^{2kz}\cos^2(kx - \sigma t) \right] \mathrm{d}z\mathrm{d}t \\
&= \frac{1}{T} \int_{-\infty}^0 \left(\rho D^2 k\sigma e^{2kz} \cdot \frac{T}{2} \right) \mathrm{d}z \\
&= \frac{1}{4} \rho D^2 \sigma \\
&= \frac{1}{4} \rho \left(\frac{ag}{\sigma} \right)^2 \sigma \\
&= \frac{1}{4} \rho ga^2 U \\
&= \frac{1}{2} \rho ga^2 \cdot \frac{U}{2}
\end{aligned} \tag{7.6.13}$$

这就是固定空间竖直平面左侧对右侧的平均做功率, 也就是波动能量穿过竖直平面的能流率。行进波在一个波长内的总能量为 $E = \frac{1}{2}\rho ga^2 \lambda$, 则单位长度上的能量为 $e = \frac{E}{\lambda} = \frac{1}{2}\rho ga^2$。

如果能量传递速度为 V_E, 则单位时间穿过竖直平面的能量 (能流率) 为

$$eV_E = \frac{1}{2}\rho ga^2 V_E$$

将此式与式 (7.6.13) 对比, 可知能量传递速度为 $V_E = \frac{U}{2}$。波动能量传递速度又称为波的群速度。

7.1　为什么说波动是受重力作用的周期性运动? 证明它是理想流体的无旋运动。

7.2　试讨论波动的运动学和动力学的边界条件, 并导出波动自由表面方程和速度势所应满足的条件。

7.3　波长为 λ 的无限深液体的行进波在自由表面上经过。在未被扰动前自由表面下深度为 h 的某一点, 波浪经过时该点深度为 $h + \xi$, 试证此时该点的压力与未扰动前压力之比为

$$\left(1 + \frac{\xi}{h} e^{-\frac{2\pi h}{\lambda}} \right) : 1$$

7.4　体积为 $4lhb$ 的不可压缩流体, 被置于以垂直面 $x = \pm l, y = \pm b$ 及水平面 $z = -h$ 为周界的桶中. 若初始时刻, 流体在自由面外压力 $p_0 + p_1 x/l$ 的作用下处于静止, 然后突然以均匀压力 p_0 代替初始时刻的外压力, 试确定任意时刻自由面的形状 (p_0, p_1 为常数, p_1 为一微量).

7.5　试求小球在水中振动时, 一个周期内所消耗的平均功率, 假定小球半径为 r, 振动时振幅为 A, 周期为 T, 水的黏性系数为 μ, 并假设水对小球的阻力可以按斯托克斯阻力公式计算.

7.6　什么是波动? 波动与质点运动有什么关系? 何谓表面波?

7.7　证明: $F(z) = A \sin k(z + \mathrm{i}k - \nabla t), z = x + \mathrm{i}z$ 是有限深 (h) 表面波的复势, 并用自由面扰动振幅 a 表示 A.

7.8　设有深度为 h 的沟渠, 其中流体速度为 $\overline{U}$, 试证沟中流体的驻波波长满足下式:

$$\overline{U} = \frac{g\lambda}{2\pi} \mathrm{th}\left(\frac{2\pi h}{\lambda}\right)$$

若流速大于 $\sqrt{gh}$, 则在沟中不能出现驻波.

7.9　表面张力对波动有何影响? 求出表面张力波轮廓方程?

7.10　试做出界面波两侧流体运动的流线和迹线, 并讨论.

7.11　设有三层密度不同的流体, 各处在 $h < z < \infty, 0 < z < h$ 及 $-a < z < 0$ 区域内, 其密度分别为 ρ_1, ρ_2, ρ_3, 它们在重力作用下静止平衡, $\rho_1 < \rho_2 < \rho_3$, 如对中层流体给以 $\lambda \gg h$ 的波扰, 则发现有两个可能的波速 $\overline{U}_1$ 与 $\overline{U}_2$, 试证 $\overline{U}_1$ 与 ρ_2 无关, 而 $\overline{U}_2$ 与 λ 无关.

7.12　设有上下密度 (ρ_1, ρ_2) 不同的两种无限深静止流体, 上部流体对下部流体的表面张力为 α, 当它们间分界面受到一初始扰动后, 在表面张力和重力作用下, 将会产生 "张力–重力" 波, 试证其波速为

$$\overline{U} = \sqrt{\frac{\rho_2 - \rho_1}{\rho_2 + \rho_1}\frac{g\lambda}{2\pi} + \frac{2\pi\alpha}{\rho_2 + \rho_1}\lambda}$$

7.13　在密度为 ρ_2 的无限深液体水平面上, 有一层高为 h 的液体层, 其密度为 $\rho_1 (< \rho_2)$, 如果 α_1, α_2 分别是该液体层上界和下界的表面张力, 则该层面的波速满足方程:

$$\overline{U}^4 k^2 \rho_1 \left[\rho_2 + \rho_1 \mathrm{cth}(kh)\right] - \overline{U}^2 k \left\{k^2 \left[\rho_1(\alpha_1 + \alpha_2) + \rho_2\alpha_2\mathrm{th}(kh)\right] + \rho_1\rho_2 g\left[1 + \mathrm{th}(kh)\right]\right\}$$
$$+ (k^2\alpha_1 + \rho_1 g)\left[k^2\alpha_2 + (\rho_2 - \rho_1)g\right]\mathrm{th}(kh) = 0$$

7.14　试讨论波动相速 (传播速度) 和群速的意义, 并由表面张力波相速公式求出其群速, 以说明涟波总是在运动物体之前.

7.15　试比较波动能量与振动能量, 并说明它们在流体中如何传递?

7.16　试求出无限深表面波的波动能量.

7.17　设有上、下两层液体, 它们的深度分别为 h_1, h_2, 密度分别为 ρ_1, ρ_2, 由于重力作用在它们的界面上产生了波长为 λ 的行进波. 试求每一波长中所具有的动能和位能.

答 案

第 5 章

5.1

解: (1)

$$\boldsymbol{\Omega} = \nabla \times \boldsymbol{V} = \frac{\partial u}{\partial z}\boldsymbol{j} - \frac{\partial u}{\partial y}\boldsymbol{k} = cz(y^2 + z^2)^{-\frac{1}{2}}\boldsymbol{j} - cy(y^2 + z^2)^{-\frac{1}{2}}\boldsymbol{k}$$

由

$$\frac{\mathrm{d}x}{0} = \frac{\mathrm{d}y}{cz(y^2 + z^2)^{-\frac{1}{2}}} = \frac{\mathrm{d}z}{-cy(y^2 + z^2)^{-\frac{1}{2}}}$$

涡线方程为

$$\begin{cases} x = c_1 \\ y^2 + z^2 = c_2 \end{cases} \quad c_1, c_2 \text{ 均为常数}$$

(2)

$$\boldsymbol{\Omega} = \nabla \times \boldsymbol{V} = x(z^2 - y^2)\boldsymbol{i} + y(x^2 - z^2)\boldsymbol{j} + z(y^2 - x^2)\boldsymbol{k}$$

由

$$\frac{\mathrm{d}x}{x(z^2 - y^2)} = \frac{\mathrm{d}y}{y(x^2 - z^2)} = \frac{\mathrm{d}z}{z(y^2 - x^2)}$$

因为

$$\frac{1}{x}\left[x(z^2 - y^2)\right] + \frac{1}{y}\left[y(x^2 - z^2)\right] + \frac{1}{z}\left[z(y^2 - x^2)\right] = 0$$

且

$$\frac{\mathrm{d}x}{x} + \frac{\mathrm{d}y}{y} + \frac{\mathrm{d}z}{z} = \mathrm{d}\left(\ln x + \ln y + \ln z\right)$$

所以

$$xyz = c_1$$

又因为

$$x\left[x(z^2 - y^2)\right] + y\left[y(x^2 - z^2)\right] + z\left[z(y^2 - x^2)\right] = 0$$

且

$$x\mathrm{d}x + y\mathrm{d}y + z\mathrm{d}z = \frac{1}{2}\mathrm{d}(x^2 + y^2 + z^2)$$

所以

$$x^2 + y^2 + z^2 = c_2$$

涡线方程为

$$\begin{cases} xyz = c_1 \\ x^2 + y^2 + z^2 = c_2 \end{cases}$$

c_1, c_2 均为常数。

(3)

$$\boldsymbol{V} = c\boldsymbol{\omega} \times \boldsymbol{r} = c\omega\boldsymbol{k} \times (x\boldsymbol{i} + y\boldsymbol{j}) = c\omega(x\boldsymbol{j} - y\boldsymbol{i})$$

即

$$u = -c\omega y, \quad v = c\omega x$$

所以

$$\boldsymbol{\Omega} = \Omega_z \boldsymbol{k}$$

$$\Omega_z = \frac{\partial v}{\partial x} - \frac{\partial u}{\partial y} = 2c\omega$$

$$\frac{\mathrm{d}x}{0} = \frac{\mathrm{d}y}{0} = \frac{\mathrm{d}z}{2c\omega}$$

故涡线方程

$$\begin{cases} x = c_1 \\ y = c_2 \end{cases}$$

c_1, c_2 均为常数。

5.2

解： 速度曲线方程为

$$\left(y - \frac{b}{2}\right)^2 = -\frac{b^2}{4\overline{U}}(u - \overline{U})$$

$$u = \overline{U} - \frac{4\overline{U}}{b^2}\left(y - \frac{b}{2}\right)^2$$

所以

$$\nabla \times \boldsymbol{V} = \boldsymbol{k}\left(-\frac{\partial u}{\partial y}\right) = \frac{8\overline{U}}{b^2}\left(y - \frac{b}{2}\right)\boldsymbol{k}$$

上式即为涡旋值在流场中的变化。

5.3

解：(1)

$$\boldsymbol{\omega} = r^n \boldsymbol{k}$$

$$\boldsymbol{V} = \boldsymbol{\omega} \times \boldsymbol{r} = r^n \boldsymbol{k} \times (x\boldsymbol{i} + y\boldsymbol{j}) = r^n(x\boldsymbol{j} - y\boldsymbol{i})$$

所以

$$u = -yr^n, \quad v = xr^n$$

$$\boldsymbol{\Omega} = \Omega_z \boldsymbol{k}$$

$$\Omega_z = \frac{\partial v}{\partial x} - \frac{\partial u}{\partial y} = r^n + nx^2 r^{n-2} + r^n + ny^2 r^{n-2} = r^n(2 + n)$$

如果要求无旋，即要有 $\Omega_z = 0$，即 $2 + n = 0$。

(2) 当很小的球形流体刚化时，所具有的自旋角速度为

$$\omega' = \frac{1}{2}\boldsymbol{\Omega} = \frac{1}{2}\Omega_z \boldsymbol{k} = r^n(2 + n)/2 \cdot \boldsymbol{k}$$

因为

$$r^n = \omega$$

所以

$$\omega' = \frac{n+2}{2}\omega$$

5.4

解:

$$\boldsymbol{\omega} = \boldsymbol{i}\frac{\partial \omega}{\partial y} - \boldsymbol{j}\frac{\partial \omega}{\partial x} + \boldsymbol{k}2\kappa$$

$$= -2\kappa^2 y \Big/ \sqrt{c - 2\kappa^2(x^2 + y^2)}\boldsymbol{i} + 2\kappa^2 x \Big/ \sqrt{c - 2\kappa^2(x^2 + y^2)}\boldsymbol{j} + 2\kappa\boldsymbol{k}$$

$$= 2\kappa \Big/ \sqrt{c - 2\kappa^2(x^2 + y^2)} \left\{ -\kappa y\boldsymbol{i} + \kappa x\boldsymbol{j} + \sqrt{c - 2\kappa^2(x^2 + y^2)}\boldsymbol{k} \right\}$$

所以涡矢量与速度矢量方向相同, 它们之间的数量关系为

$$\boldsymbol{\Omega} = 2\kappa \Big/ \sqrt{c - 2\kappa^2(x^2 + y^2)} \cdot \boldsymbol{V}$$

其中 $|\boldsymbol{V}| = \sqrt{u^2 + v^2 + w^2}$。

5.5

解: 在理想正压有势力作用下, 涡线守恒, 故流线在空间中应保持不变, 即涡线及涡管在空间中保持不变, 又根据涡管强度守恒定理可知, 涡量值不随时间变化, 为一常数, 即涡量不随 t 变化, 同时在初始时刻涡线应和流线重合, 以 $\boldsymbol{V}_0$ 表初始速度矢, 则

$$\boldsymbol{V} = f_1(x, y, z, t)\boldsymbol{V}_0, \quad \boldsymbol{\Omega} = \boldsymbol{\Omega}_0 = f_2(x, y, z)\boldsymbol{V}_0$$

因为

$$\boldsymbol{\Omega} = \nabla \times \boldsymbol{V} = \nabla \times (f_1\boldsymbol{V}_0) = f_1\nabla \times \boldsymbol{V}_0 + \nabla f_1 \times \boldsymbol{V}_0 = f_1\boldsymbol{\Omega}_0 + \nabla f_1 \times \boldsymbol{V}_0$$

即

$$\boldsymbol{\Omega}_0 = f_1\boldsymbol{\Omega}_0 + \nabla f_1 \times \boldsymbol{V}_0$$

或者

$$(1 - f_1)\boldsymbol{\Omega}_0 = \nabla f_1 \times \boldsymbol{V}_0$$

右边是垂直于 $\boldsymbol{V}_0$ 的矢量, 左边是平行于 $\boldsymbol{V}_0$ 的矢量, 所以这两个矢量均应等于 0。

$$(1 - f_1)\boldsymbol{\Omega}_0 = 0$$

即或者 $\boldsymbol{\Omega} = \boldsymbol{\Omega}_z = 0$, 或者 $f_1 = 1$, $\boldsymbol{V} = \boldsymbol{V}_0$ 即定常运动, 且应满足关系式

$$\boldsymbol{\Omega} = \nabla \times \boldsymbol{V} = f(x, y, z)\boldsymbol{V}$$

另解:

由 P-L 方程

$$\frac{\partial \boldsymbol{V}}{\partial t} + \nabla\left(\frac{V^2}{2}\right) + \boldsymbol{\Omega} \times \boldsymbol{V} = \boldsymbol{f} - \frac{1}{\rho}\nabla p \tag{1}$$

对正压而言

$$\frac{1}{\rho}\nabla p = \nabla \int \frac{\mathrm{d}p}{\rho}$$

有势力

$$\boldsymbol{f} = -\nabla \Pi$$

所以由 (1) 可得

$$\boldsymbol{V} \times \boldsymbol{\Omega} = \frac{\partial \boldsymbol{V}}{\partial t} + \nabla\left(\frac{V^2}{2} + \int \frac{\mathrm{d}p}{\rho} + \Pi\right) = \frac{\partial \boldsymbol{V}}{\partial t} + \nabla E$$

其中

$$E = \frac{V^2}{2} + \int \frac{\mathrm{d}p}{\rho} + \Pi$$

为单位质量流体的总机械能, 若欲使流场中任一点均有 $\boldsymbol{\Omega} \parallel \boldsymbol{V}$, 即 $\boldsymbol{\Omega} \times \boldsymbol{V} = 0$, 则需要满足下列条件:
① 定常运动且机械能在流场中为常数, 即 $\nabla E = 0$; ② $\nabla E = f(t)$, 且 $\dfrac{\partial \boldsymbol{V}}{\partial t} = -\nabla E$。

5.6

解:

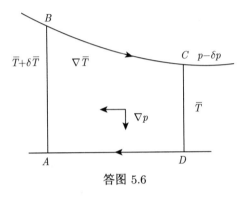

答图 5.6

由状态方程

$$\alpha = \frac{R_d}{p}\overline{T}, \quad R_d = \frac{R}{\mu}$$

$$
\begin{aligned}
\frac{\mathrm{d}\Gamma}{\mathrm{d}t} &= -\oint_L \alpha \delta p \\
&= -\int_A^B R_d \frac{\overline{T} + \delta\overline{T}}{p} \delta p - \int_C^D \frac{R_d \overline{T}}{p} \delta p \\
&= R_d(\overline{T} + \delta\overline{T}) \ln \frac{p}{p - \delta p} - R_d \overline{T} \ln \frac{p}{p - \delta p}
\end{aligned}
$$

所以

$$
\begin{aligned}
\frac{\mathrm{d}\Gamma}{\mathrm{d}t} &= R_d \delta\overline{T} \ln \frac{p}{p - \delta p} = -R_d \delta\overline{T} \ln\left(1 - \frac{\delta p}{p}\right) \\
&\approx R_d \delta\overline{T} \frac{\delta p}{p}
\end{aligned}
$$

5.7

解:

$$
\begin{aligned}
\frac{\mathrm{d}\Gamma}{\mathrm{d}t} &= \oint \frac{\mathrm{d}\boldsymbol{V}}{\mathrm{d}t} \cdot \delta\boldsymbol{r} = -\oint_l \frac{1}{\rho} \nabla p \cdot \delta\boldsymbol{r} \\
&\overset{\text{s.t.}}{=\!=} \int_\sigma \nabla \times (-\alpha \nabla p) \cdot \delta\boldsymbol{\sigma} \\
&= \int_\sigma [\nabla\alpha \times (-\nabla p) + \alpha \nabla \times (-\nabla p)] \cdot \delta\boldsymbol{\sigma} \\
&= \int_\sigma [\nabla\alpha \times (-\nabla p)] \cdot \delta\boldsymbol{\sigma}
\end{aligned}
$$

5.8

解：

$$R_d = \frac{R}{\mu}$$

$$R = 8.31 \text{ J/(mol} \cdot \text{k)}$$

$$\mu_{空气} = 0.029\text{kg}$$

所以

$$R_d = \frac{8.31}{0.029} = 287\text{J/(mol·k·kg)}$$

$$\frac{\mathrm{d}\varGamma}{\mathrm{d}t} = R_d\delta\overline{T}\frac{\delta p}{p} = 287 \times 20 \times 0.3 \times \frac{20}{1000} = 34.4\text{m}^2/\text{s}^2$$

$$\varGamma = \frac{\mathrm{d}\varGamma}{\mathrm{d}t} \cdot \Delta t = 34.4 \times 3600 = 12.4 \times 10^4\text{m}^2/\text{s}$$

$$\boldsymbol{V} = \frac{\varGamma}{L} = \frac{12.4 \times 10^4}{2 \times (200 + 20000)} = \frac{12.4 \times 10^4}{4.04 \times 10^4} = 3.07\text{m/s}$$

5.9

解：

所求条件是流线在空间中不变的条件，事实上，每条流线上的质点均沿该线本身移动，因此，在无限近的时刻将构成同一的流线。但由流线守恒的假定，上述诸流体质点将构成新的流线，因而新流线与旧的重合，亦即每一条流线在空间中保持不变，很明显地，这个条件的解析表示式是下列公式：

$$u = f(x,y,z,t)u_0, \quad v = f(x,y,z,t)v_0, \quad w = f(x,y,z,t)w_0$$

其中 $u_0 = u|_t = 0$。并以此类推，因为在空间每点的流速方向保持不变，仅速度的数值改变，这可由函数 $f(x,y,z,t)$ 来考虑。在特殊情况下，定常运动便满足上述条件，此时 $f(x,y,z,t) = 1$。

5.10

解：

$$\varGamma = \oint_l(\boldsymbol{V} \cdot \mathrm{d}l) = \oint_l(\boldsymbol{V}_r\mathrm{d}r + \boldsymbol{U}_\theta r\mathrm{d}\theta) = \int_0^{2\pi} c\mathrm{d}\theta = 2\pi c$$

$$\nabla \times \boldsymbol{V} = 0$$

5.11

解：

解法一：一般涡度方程为

$$\frac{\partial \boldsymbol{\varOmega}}{\partial t} + (\boldsymbol{V} \cdot \nabla)\boldsymbol{\varOmega} - (\boldsymbol{\varOmega} \cdot \nabla)\boldsymbol{V} + \boldsymbol{\varOmega}(\nabla \cdot \boldsymbol{V}) = \nabla \times \boldsymbol{f} + \frac{1}{\rho^2}(\nabla\rho \times \nabla p) + \nu\nabla^2\boldsymbol{\varOmega}$$

按题意有

流体不可压

$$\boldsymbol{\varOmega}\nabla \cdot \boldsymbol{V} = 0, \quad \nabla\rho \times \nabla p = 0$$

有势力

$$\nabla \times \boldsymbol{f} = 0$$

直线运动

$$v = w = 0, \quad \frac{\partial u}{\partial x} = 0, \quad u = u(y,z,t), \quad \varOmega_x = 0, \quad \varOmega_y = \frac{\partial u}{\partial z}, \quad \varOmega_z = -\frac{\partial u}{\partial y}$$

由于 Ω 不是力的函数，所以

$$(\boldsymbol{V}\cdot\nabla)\boldsymbol{\Omega} = u\frac{\partial}{\partial x}\boldsymbol{\Omega} = 0$$

$$(\boldsymbol{\Omega}\cdot\nabla)\boldsymbol{V} = \left(\Omega_y\frac{\partial}{\partial y} + \Omega_z\frac{\partial}{\partial z}\right)u = \frac{\partial u}{\partial z}\frac{\partial u}{\partial y} - \frac{\partial u}{\partial y}\frac{\partial u}{\partial z} = 0$$

所以，由一般涡度方程可得

$$\begin{cases} \dfrac{\partial \Omega_y}{\partial t} = \nu\nabla^2\Omega_y \\ \dfrac{\partial \Omega_z}{\partial t} = \nu\nabla^2\Omega_z \end{cases} \Rightarrow \begin{cases} \dfrac{\partial}{\partial z}\left(\dfrac{\partial u}{\partial t}\right) = \nu\dfrac{\partial}{\partial z}(\nabla^2 u) \\ \dfrac{\partial}{\partial y}\left(\dfrac{\partial u}{\partial t}\right) = \nu\dfrac{\partial}{\partial y}(\nabla^2 u) \end{cases}$$

积分可得

$$\frac{\partial u}{\partial t} = \nu(\nabla^2 u) + f(y,t)$$

所以

$$\frac{\partial}{\partial y}\left(\frac{\partial u}{\partial t}\right) = \nu\frac{\partial}{\partial y}(\nabla^2 u) + \frac{\partial f(y,t)}{\partial y} \Rightarrow \frac{\partial f}{\partial y} = 0$$

所以

$$\frac{\partial u}{\partial t} = \nu\nabla^2 u + G(t)$$

解法二：按题意直接简化为 N-S 方程

$$\begin{cases} \dfrac{\partial u}{\partial t} = X - \dfrac{1}{\rho}\dfrac{\partial p}{\partial x} + \nu\nabla^2 u \\ 0 = Y - \dfrac{1}{\rho}\dfrac{\partial p}{\partial y} \\ 0 = Z - \dfrac{1}{\rho}\dfrac{\partial p}{\partial z} \end{cases}$$

引入 $P = \rho\Pi + p$，上式可化简得

$$\begin{cases} \dfrac{\partial u}{\partial t} = -\dfrac{1}{\rho}\dfrac{\partial P}{\partial x} + \nu\nabla^2 u \\ 0 = \dfrac{\partial P}{\partial y} \\ 0 = \dfrac{\partial P}{\partial z} \end{cases}$$

由上式第一个分式可得 $\dfrac{\partial u}{\partial x} = 0$，所以 $\dfrac{\partial P}{\partial x}$ 与 x 无关。

由上式第二个及第三个分式可得 P 与 y,z 无关，所以 $\dfrac{1}{\rho}\dfrac{\partial P}{\partial x}$ 仅为 t 的函数。

设 $-\dfrac{1}{\rho}\dfrac{\partial P}{\partial x} = G(t)$，可得

$$\begin{cases} \dfrac{\partial u}{\partial t} = \nu\nabla^2 u + G(t) \\ G(t) = -\dfrac{1}{\rho}\dfrac{\partial}{\partial x}(\rho\Pi + p) \end{cases}$$

第 6 章

6.1

解:

$$A_{rr} = \frac{\partial V_r}{\partial r}, \quad A_{\theta\theta} = \frac{V_r}{r} + \frac{1}{r}\frac{\partial V_\theta}{\partial \theta}, \quad A_{zz} = \frac{\partial V_z}{\partial z}$$

$$A_{r\theta} = \frac{1}{2}\left(\frac{1}{r}\frac{\partial V_r}{\partial \theta} + \frac{\partial V_\theta}{\partial r} - \frac{V_\theta}{r}\right)$$

$$A_{\theta z} = \frac{1}{2}\left(\frac{\partial V_\theta}{\partial z} + \frac{1}{r}\frac{\partial V_z}{\partial \theta}\right)$$

$$A_{zr} = \frac{1}{2}\left(\frac{\partial V_z}{\partial r} + \frac{\partial V_r}{\partial z}\right)$$

$$D = -\frac{2}{3}\mu\left(\nabla \cdot \boldsymbol{V}\right)^2 + 2\mu\left[\sum_{i=1}^{3} A_{ii}^2 + 2\left(A_{12}^2 + A_{23}^2 + A_{31}^2\right)\right]$$

$$V_z = -\frac{1}{4\mu}\frac{\mathrm{d}p}{\mathrm{d}z}(a^2 - r^2) = \frac{1}{4\mu}\frac{p_1 - p_2}{l}(a^2 - r^2)$$

答图 6.1

解法一:

$$A_{rz} = \frac{1}{2}\frac{\mathrm{d}V_z}{\mathrm{d}r} = -\frac{1}{4\mu}\frac{p_1 - p_2}{l} \cdot r$$

$$D = 2\mu\left(2A_{rz}^2\right) = 4\mu \cdot \frac{1}{16\mu^2} \cdot \frac{(p_1 - p_2)^2}{l^2} \cdot r^2 = \frac{1}{4\mu} \cdot \frac{(p_1 - p_2)^2}{l^2} \cdot r^2$$

所以

$$\int D\mathrm{d}V = \frac{(p_1 - p_2)^2}{4\mu l^2}\int_0^a r^2 \cdot 2\pi r l\mathrm{d}r = \frac{\pi a^4}{8\mu l}\left(p_1 - p_2\right)^2$$

解法二:

$$F\mathrm{d}V_z = F\frac{\mathrm{d}V_z}{\mathrm{d}r}\mathrm{d}r = 2\pi r l \cdot \mu\frac{\mathrm{d}V_z}{\mathrm{d}r} \cdot \frac{\mathrm{d}V_z}{\mathrm{d}r}\mathrm{d}r$$

$$= 2\pi r\mu l\frac{(p_1 - p_2)^2}{4\mu^2 l^2}r^2\mathrm{d}r = \frac{\pi(p_1 - p_2)^2}{2\mu l}r^3\mathrm{d}r$$

$$\int_0^a F\frac{\mathrm{d}V_z}{\mathrm{d}r}\mathrm{d}r = \frac{\pi(p_1 - p_2)^2}{2\mu l}\int_0^a r^3\mathrm{d}r = \frac{\pi a^4}{8\mu l}\left(p_1 - p_2\right)^2$$

6.2

解:求速度分布。

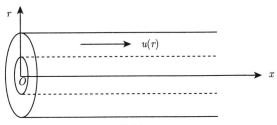

答图 6.2

解法一：

$$
\begin{cases}
\dfrac{1}{\mu}\dfrac{\mathrm{d}p}{\mathrm{d}x}=\dfrac{1}{r}\dfrac{\mathrm{d}}{\mathrm{d}r}\left(r\dfrac{\mathrm{d}u}{\mathrm{d}r}\right)\\[2mm]
u|_{r=a_1}=0,\ u|_{r=a_2}=0,\ \dfrac{\mathrm{d}p}{\mathrm{d}x}\neq 0
\end{cases}
$$

其通解为

$$
u=\frac{1}{4\mu}\frac{\mathrm{d}p}{\mathrm{d}x}r^2+c_1\ln r+c_2
$$

由

$$
r=a_1,u=0\Rightarrow-\frac{1}{4\mu}\frac{\mathrm{d}p}{\mathrm{d}x}a_1^2=c_1\ln a_1+c_2
$$

$$
r=a_2,u=0\Rightarrow-\frac{1}{4\mu}\frac{\mathrm{d}p}{\mathrm{d}x}a_2^2=c_1\ln a_2+c_2
$$

$$
\frac{1}{4\mu}\frac{\mathrm{d}p}{\mathrm{d}x}(a_2^2-a_1^2)=-c_1\ln\frac{a_2}{a_1}
$$

所以

$$
\begin{cases}
c_1=-\dfrac{1}{4\mu}\dfrac{\mathrm{d}p}{\mathrm{d}x}\dfrac{a_2^2-a_1^2}{\ln(a_2/a_1)}\\[3mm]
c_2=-\dfrac{1}{4\mu}\dfrac{\mathrm{d}p}{\mathrm{d}x}a_1^2+\dfrac{1}{4\mu}\dfrac{\mathrm{d}p}{\mathrm{d}x}(a_2^2-a_1^2)\dfrac{\ln a_1}{\ln(a_2/a_1)}
\end{cases}
$$

所以

$$
\begin{aligned}
u&=-\frac{1}{4\mu}\frac{\mathrm{d}p}{\mathrm{d}x}\left\{a_1^2-r^2+\frac{a_2^2-a_1^2}{\ln(a_2/a_1)}\ln\frac{r}{a_1}\right\}\\[2mm]
&=\frac{p_1-p_2}{4\mu l}\left[a_1^2-r^2+\frac{a_2^2-a_1^2}{\ln(a_2/a_1)}\ln\frac{r}{a_1}\right]
\end{aligned}
$$

解法二：

$$
f_{rx}=\mu\frac{\mathrm{d}u}{\mathrm{d}r},\quad F_{rx}=f_{rx}\cdot\sigma=2\pi\mu lr\frac{\mathrm{d}u}{\mathrm{d}r}
$$

厚度为 $\mathrm{d}r$ 的一层流体内外表面上的面力之差为 $\mathrm{d}F$

$$
\mathrm{d}F=2\pi\mu ld\left(r\frac{\mathrm{d}u}{\mathrm{d}r}\right)
$$

该力应与作用在圆筒两端的压力差相平衡

$$
2\pi\mu ld\left(r\frac{\mathrm{d}u}{\mathrm{d}r}\right)+(p_1-p_2)2\pi r\mathrm{d}r=0
$$

$$
\mathrm{d}\left(r\frac{\mathrm{d}u}{\mathrm{d}r}\right)=-\frac{(p_1-p_2)}{\mu l}r\mathrm{d}r
$$

$$
r\frac{\mathrm{d}u}{\mathrm{d}r}=-\frac{(p_1-p_2)}{2\mu l}r^2+c_1
$$

$$\frac{\mathrm{d}u}{\mathrm{d}r} = -\frac{(p_1 - p_2)}{2\mu l}r + \frac{c_1}{r}$$

所以

$$u = -\frac{(p_1 - p_2)}{4\mu l}r^2 + c_1 \ln r + c_2$$

同前可解出 c_1, c_2。

求流量

$$\mathrm{d}Q = u \cdot 2\pi r \mathrm{d}r = \frac{\pi(p_1 - p_2)}{2\mu l}\left[a_1^2 - r^2 + \frac{a_2^2 - a_1^2}{\ln(a_2/a_1)}\ln\frac{r}{a_1}\right]r\mathrm{d}r$$

$$
\begin{aligned}
Q &= \int_{a_1}^{a_2}\mathrm{d}Q = \frac{\pi(p_1 - p_2)}{2\mu l}\int_{a_1}^{a_2}\left[a_1^2 r\mathrm{d}r - r^3\mathrm{d}r + \frac{a_2^2 - a_1^2}{\ln(a_2/a_1)}\ln\frac{r}{a_1}r\mathrm{d}r\right] \\
&= \frac{\pi(p_1 - p_2)}{2\mu l}\left[a_1^2\frac{r^2}{2}\Big|_{a_1}^{a_2} - \frac{r^4}{4}\Big|_{a_1}^{a_2} + \int_{a_1}^{a_2}\frac{a_2^2 - a_1^2}{\ln(a_2/a_1)}a_1^2\ln\left(\frac{r}{a_1}\right)\cdot\left(\frac{r}{a_1}\right)\mathrm{d}\left(\frac{r}{a_1}\right)\right] \\
&= \frac{\pi(p_1 - p_2)}{2\mu l}\left\{\frac{a_1^2}{2}\left(a_2^2 - a_1^2\right) - \frac{a_2^4 - a_1^4}{4} + \frac{a_1^2\left(a_2^2 - a_1^2\right)}{\ln(a_2/a_1)}\right. \\
&\quad \left.\cdot\left[\left(\frac{a_2}{a_1}\right)^2\left(\frac{\ln(a_2/a_1)}{2} - \frac{1}{4}\right) - \left(\frac{a_1}{a_1}\right)^2\left(\frac{\ln(a_2/a_1)}{2} - \frac{1}{4}\right)\right]\right\} \\
&= \frac{\pi(p_1 - p_2)}{2\mu l}\left\{\frac{a_1^2}{2}\left(a_2^2 - a_1^2\right) - \frac{a_2^4 - a_1^4}{4} + \frac{a_1^2\left(a_2^2 - a_1^2\right)}{\ln(a_2/a_1)}\left[\left(\frac{a_2}{a_1}\right)^2\left(\frac{\ln(a_2/a_1)}{2} - \frac{1}{4}\right) + \frac{1}{4}\right]\right\} \\
&= \frac{\pi(p_1 - p_2)}{2\mu l}\left\{\frac{a_1^2}{2}\left(a_2^2 - a_1^2\right) - \frac{a_2^4 - a_1^4}{4} + \frac{a_2^2\left(a_2^2 - a_1^2\right)}{2}\ln(a_2/a_1)\frac{1}{\ln(a_2/a_1)} - \frac{a_2^2\left(a_2^2 - a_1^2\right)}{4\ln(a_2/a_1)} + \frac{a_1^2\left(a_2^2 - a_1^2\right)}{4\ln(a_2/a_1)}\right\} \\
&= \frac{\pi(p_1 - p_2)}{2\mu l}\left[\frac{1}{2}\left(a_2^2 - a_1^2\right)\left(a_2^2 + a_1^2\right) - \frac{a_2^4 - a_1^4}{4} - \frac{1}{4}\frac{\left(a_2^2 - a_1^2\right)^2}{\ln(a_2/a_1)}\right] \\
&= \frac{\pi(p_1 - p_2)}{8\mu l}\left[a_2^4 - a_1^4 - \frac{\left(a_2^2 - a_1^2\right)^2}{\ln(a_2/a_1)}\right]
\end{aligned}
$$

6.3

解：轴对称平行定常直线运动

$$V_z = V_z(r)$$

$$0 = -\frac{1}{\rho}\frac{\mathrm{d}p}{\mathrm{d}z} + \nu\nabla^2 V_z$$

即

$$\frac{1}{\mu}\frac{\mathrm{d}p}{\mathrm{d}z} = \frac{1}{r}\frac{\mathrm{d}}{\mathrm{d}r}\left(r\frac{\mathrm{d}V_z}{\mathrm{d}r}\right)$$

通解为

$$V_z = \frac{1}{4\mu}\frac{\mathrm{d}p}{\mathrm{d}z}r^2 + c_1\ln r + c_2$$

(1) 边界条件

$$\frac{\mathrm{d}p}{\mathrm{d}z} < 0, r = R_1\text{时}, V_z = 0; r = R_2, V_z = 0$$

所以

$$c_1 = \frac{1}{4\mu}\frac{\mathrm{d}p}{\mathrm{d}z}\frac{R_2^2 - R_1^2}{\ln(R_1/R_2)}; \quad c_2 = -\frac{1}{4\mu}\frac{\mathrm{d}p}{\mathrm{d}z}\left\{R_2^2 + \left(R_2^2 - R_1^2\right)\frac{\ln R_2}{\ln(R_1/R_2)}\right\}$$

故

$$V_z = -\frac{1}{4\mu}\frac{\mathrm{d}p}{\mathrm{d}z}\left[R_2^2 - r^2 + \left(R_2^2 - R_1^2\right)\frac{\ln(r/R_2)}{\ln(R_1/R_2)}\right]$$

(2) 边界条件

$$\frac{\mathrm{d}p}{\mathrm{d}z} < 0, r = R_2 \text{ 时}, u = 0; r = R_1, u = U$$

由

$$r = R_2, u = 0 \Rightarrow 0 = \frac{1}{4\mu}\frac{\mathrm{d}p}{\mathrm{d}z}R_2^2 + c_1 \ln R_2 + c_2$$

$$r = R_1, u = U \Rightarrow \overline{U} = \frac{1}{4\mu}\frac{\mathrm{d}p}{\mathrm{d}z}R_1^2 + c_1 \ln R_1 + c_2$$

$$\Rightarrow c_1 = \frac{U}{\ln(R_1/R_2)} + \frac{1}{4\mu}\frac{\mathrm{d}p}{\mathrm{d}z}\frac{(R_2^2 - R_1^2)}{\ln(R_1/R_2)}$$

$$c_2 = -\frac{1}{4\mu}\frac{\mathrm{d}p}{\mathrm{d}z}R_2^2 - \left[\frac{U\ln R_2}{\ln(R_1/R_2)} + \frac{1}{4\mu}\frac{\mathrm{d}p}{\mathrm{d}z}\frac{(R_2^2 - R_1^2)}{\ln\ln(R_1/R_2)} \cdot \ln R_2\right]$$

$$= -\frac{1}{4\mu}\frac{\mathrm{d}p}{\mathrm{d}z}\left[R_2^2 + \frac{(R_2^2 - R_1^2)\ln R_2}{\ln(R_1/R_2)}\right] - \frac{U\ln R_2}{\ln(R_1/R_2)}$$

所以

$$V_z = -\frac{1}{4\mu}\frac{\mathrm{d}p}{\mathrm{d}z}\left[R_2^2 + (R_2^2 - R_1^2)\frac{\ln R_2}{\ln(R_1/R_2)} - r^2 - (R_2^2 - R_1^2)\frac{\ln r}{\ln(R_1/R_2)}\right] + \frac{U\ln r}{\ln(R_1/R_2)} - \frac{U\ln R_2}{\ln(R_1/R_2)}$$

$$= -\frac{1}{4\mu}\frac{\mathrm{d}p}{\mathrm{d}z}\left[R_2^2 - r^2 - \frac{(R_2^2 - R_1^2)}{\ln(R_1/R_2)}\ln(r/R_2)\right] + \frac{\overline{U}\ln(r/R_2)}{\ln(R_1/R_2)}$$

(3) 边界条件

$$\frac{\mathrm{d}p}{\mathrm{d}z} = 0, r = R_1, u = U, r = R_2, u = 0$$

则

$$V_z = \frac{U}{\ln(R_1/R_2)}\ln(r/R_2)$$

6.4

解:

流动方程为

$$\frac{\mathrm{d}^2 u(z)}{\mathrm{d}z^2} = \frac{1}{\mu}\frac{\mathrm{d}p(x)}{\mathrm{d}x} = -\frac{k}{\mu}$$

通解为

$$\begin{cases} u_1 = -\frac{k}{\mu_1}\frac{z^2}{2} + A_1 z + B_1, 0 \leqslant z \leqslant h \\ u_2 = -\frac{k}{\mu_2}\frac{z^2}{2} + A_2 z + B_2, -h \leqslant z \leqslant 0 \end{cases}$$

其中四个积分常数由下列四个边界条件确定:

$$z = h, u_1 = 0; z = -h, u_2 = 0; z = 0, u_1 = u_2$$

$$p_{zx_1} = p_{zx_z}$$

即

$$\mu_1 \frac{\mathrm{d}u_1}{\mathrm{d}z} = \mu_2 \frac{\mathrm{d}u_2}{\mathrm{d}z}$$

$$z = 0, u_1 = u_2 \Rightarrow B_1 = B_2 \qquad \qquad ①$$

$$z = 0$$

$$p_{zx_1} = \mu_1 \frac{\mathrm{d}u_1}{\mathrm{d}z} = \mu_1 \left(-k/\mu_1 \cdot z + A_1\right)|_{z=0} = \mu_1 A_1$$
$$p_{zx_2} = \mu_2 \frac{\mathrm{d}u_2}{\mathrm{d}z} = \mu_2 \left(-k/\mu_2 \cdot z + A_2\right)|_{z=0} = \mu_2 A_2$$
$$\left. \right\} \Rightarrow \mu_1 A_1 = \mu_2 A_2 \qquad ②$$

$$z = h, u_1 = 0; 0 = -\frac{k}{\mu_1} \frac{h^2}{2} + A_1 h + B_1 \qquad ③$$

$$z = -h, u_2 = 0; 0 = -\frac{k}{\mu_2} \frac{h^2}{2} - A_2 h + B_2 \qquad ④$$

③-④

$$0 = \frac{kh^2}{2} \left(\frac{1}{\mu_2} - \frac{1}{\mu_1}\right) + h \left(A_2 + A_1\right)$$

$$A_2 + A_1 = -\frac{kh}{2} \left(\frac{1}{\mu_2} - \frac{1}{\mu_1}\right)$$

$$A_1 \left(1 + \frac{\mu_1}{\mu_2}\right) = \frac{kh}{2} \left(\frac{1}{\mu_1} - \frac{1}{\mu_2}\right)$$

所以

$$A_1 = \frac{kh}{2} \frac{\mu_2 - \mu_1}{\mu_1 \mu_2} \cdot \frac{\mu_2}{\mu_2 + \mu_1} = \frac{kh}{2} \frac{\mu_2 - \mu_1}{\mu_1 (\mu_2 + \mu_1)}$$

$$A_2 = \frac{kh}{2} \frac{\mu_2 - \mu_1}{\mu_2 (\mu_2 + \mu_1)}$$

$$B = \frac{kh^2}{2\mu_1} - \frac{kh^2 (\mu_2 - \mu_1)}{2\mu_1 (\mu_2 + \mu_1)} = \frac{kh^2}{2} \left[\frac{1}{\mu_1} - \frac{\mu_2 - \mu_1}{\mu_1 (\mu_2 + \mu_1)}\right] = \frac{kh^2}{\mu_2 + \mu_1}$$

所以

$$\begin{cases} u_1 = \frac{k}{2\mu_1} \left[\frac{2\mu_1}{\mu_2 + \mu_1} h^2 - z^2 - \frac{\mu_1 - \mu_2}{\mu_2 + \mu_1} hz\right], 0 \leqslant z \leqslant h \\ u_2 = \frac{k}{2\mu_2} \left[\frac{2\mu_2}{\mu_2 + \mu_1} h^2 - z^2 - \frac{\mu_1 - \mu_2}{\mu_2 + \mu_1} hz\right], -h \leqslant z \leqslant 0 \end{cases}$$

讨论:

(1) 当 $\mu_2 > \mu_1$ 时,

$$\begin{cases} u_1 = \frac{k}{2\mu_1} \left\{\frac{8\mu_1(\mu_2 + \mu_1) + (\mu_2 - \mu_1)^2}{4(\mu_2 + \mu_1)^2} h^2 - \left[z + \frac{(\mu_1 - \mu_2)h}{2(\mu_2 + \mu_1)}\right]^2\right\} = c_1' \left[c_2' - (z + c_3)^2\right] \\ u_2 = \frac{k}{2\mu_2} \left\{\frac{8\mu_2(\mu_2 + \mu_1) + (\mu_1 - \mu_2)^2}{4(\mu_2 + \mu_1)^2} h^2 - \left[z + \frac{(\mu_1 - \mu_2)h}{2(\mu_2 + \mu_1)}\right]^2\right\} = c_1'' \left[c_2'' - (z + c_3)^2\right] \end{cases}$$

u_1, u_2 均与 z 轴成抛物线分布, 由于 $\mu_2 > \mu_1$, 所以 $c_1'' < c_1'$。

又因为 $c_1' c_2' > c_1'' c_2''$, 所以 $u_1 \sim z$ 曲线比 $u_2 \sim z$ 曲线更尖锐些。

且因为 $u_1 = u_0 - u_{1\mathrm{I}}, u_2 = u_0 - u_{2\mathrm{I}}, u_0 = c_1' c_2' = c_1'' c_2''$

$$u_{1\mathrm{I}} = c_1' \left(z + c_3\right)^2 < u_{2\mathrm{I}} = c_1'' \left(z + c_3\right)^2$$

(2) 当 $\mu_1 < \mu_2$ 时,

$$\begin{cases} u_1 = \frac{k}{2\mu_1} \left\{\frac{8\mu_1(\mu_2 + \mu_1) + (\mu_1 - \mu_2)^2}{4(\mu_2 + \mu_1)^2} h^2 - \left[z - \frac{h(\mu_2 - \mu_1)}{2(\mu_2 + \mu_1)}\right]^2\right\} = c_1' \left[c_2' - (z - c_3)^2\right] \\ u_2 = \frac{k}{2\mu_2} \left\{\frac{8\mu_2(\mu_2 + \mu_1) + (\mu_1 - \mu_2)^2}{4(\mu_2 + \mu_1)^2} h^2 - \left[z - \frac{h(\mu_2 - \mu_1)}{2(\mu_2 + \mu_1)}\right]^2\right\} = c_1'' \left[c_2'' - (z - c_3)^2\right] \end{cases}$$

6.5

解:

$$\frac{\partial}{\partial t} = 0, \boldsymbol{F} = 0, \frac{\partial u}{\partial x} = 0, \frac{\partial p}{\partial x} = c(c\text{为常数})$$

$$v = w = 0, u = u(y)$$

所以 N-S 方程的分量形式为

$$\begin{cases} 0 = -\dfrac{1}{\rho}\dfrac{\partial p}{\partial x} + \dfrac{\mu}{\rho}\dfrac{\mathrm{d}^2 u}{\mathrm{d}y^2} \\ 0 = -\dfrac{1}{\rho}\dfrac{\partial p}{\partial y} \\ 0 = -\dfrac{1}{\rho}\dfrac{\partial p}{\partial z} \end{cases} \Rightarrow p = p(x)$$

有

$$\frac{\mathrm{d}^2 u}{\mathrm{d}y^2} = \frac{1}{\mu}\frac{\mathrm{d}p(x)}{\mathrm{d}x}$$

$$u(y) = \frac{1}{2\mu}\frac{\mathrm{d}p(x)}{\mathrm{d}x}y^2 + Ay + B$$

边界条件

$$\begin{cases} y = 0, u = \overline{U}_1 \\ y = h, u = 0 \end{cases}$$

所以

$$A = -\frac{1}{2\mu}\frac{\mathrm{d}p(x)}{\mathrm{d}x}h - \frac{\overline{U}_1}{h}$$

$$B = \overline{U}_1$$

即

$$u(y) = \frac{1}{2\mu}\frac{\mathrm{d}p(x)}{\mathrm{d}x}\left(y^2 - hy\right) + \overline{U}_1\left(1 - \frac{y}{h}\right)$$

穿过单位宽度的流量为

$$Q = \int_0^h u(y)\,\mathrm{d}y \cdot 1 = \frac{1}{2\mu}\frac{\mathrm{d}p(x)}{\mathrm{d}x}\left(\frac{y^3}{3} - \frac{h}{2}y^2\right)\Big|_0^h + \overline{U}_1\left(y - \frac{y^2}{2h}\right)\Big|_0^h$$

$$= -\frac{1}{12\mu}\frac{\mathrm{d}p(x)}{\mathrm{d}x}h^3 + \frac{\overline{U}_1}{2}h$$

所以

$$\overline{U} = \frac{Q}{S} = \frac{Q}{h \cdot 1} = -\frac{1}{12\mu}\frac{\mathrm{d}p(x)}{\mathrm{d}x}h^2 + \frac{\overline{U}_1}{2}$$

$$U_{\max} = -\frac{A^2}{4c'} + B$$

其中 $c' = \dfrac{1}{2\mu}\dfrac{\mathrm{d}p(x)}{\mathrm{d}x}$。

因为

$$\frac{\mathrm{d}u}{\mathrm{d}y} = \frac{\mathrm{d}}{\mathrm{d}y}\left(Cy^2 + Ay + B\right) = 0 \Rightarrow y = -\frac{A}{2C}$$

所以

$$U_{\max} = -\frac{\left[\dfrac{1}{2\mu}\dfrac{\mathrm{d}p(x)}{\mathrm{d}x}h + \dfrac{\overline{U}_1}{h}\right]^2}{\dfrac{2}{\mu}\dfrac{\mathrm{d}p(x)}{\mathrm{d}x}} + \overline{U}_1$$

y 正向一侧的流体作用在负向一侧的力为 (单位面积上的)

$$p_{yx} = \mu \frac{\partial u}{\partial y} = \frac{1}{2\mu} \frac{\mathrm{d}p}{\mathrm{d}x}(2y - h) - \frac{\overline{U_1}}{h}$$

作用在单位面积的运动板上的摩擦力为

$$p_{yx}|_{y=0} = -\frac{1}{2\mu} \frac{\mathrm{d}p}{\mathrm{d}x}h - \frac{\overline{U_1}}{h}$$

6.6

解: 轴对称

$$V_r = V_r(r, z), V_z = V_z(r, z), V_\theta = 0$$

N-S 方程

$$\frac{\partial V_r}{\partial t} + V_r \frac{\partial V_r}{\partial r} + V_z \frac{\partial V_r}{\partial z} = -\frac{\partial}{\partial r}\left(\frac{p}{\rho} + \Pi\right) + \nu\left(\frac{\partial^2 V_r}{\partial r^2} + \frac{\partial^2 V_r}{\partial z^2} + \frac{1}{r}\frac{\partial V_r}{\partial r} - \frac{V_r}{r^2}\right) \qquad ①$$

$$\frac{\partial V_z}{\partial t} + V_r \frac{\partial V_z}{\partial r} + V_z \frac{\partial V_z}{\partial z} = -\frac{\partial}{\partial z}\left(\frac{p}{\rho} + \Pi\right) + \nu\left(\frac{\partial^2 V_z}{\partial r^2} + \frac{\partial^2 V_z}{\partial z^2} + \frac{1}{r}\frac{\partial V_z}{\partial r}\right) \qquad ②$$

$$\frac{\partial V_r}{\partial r} + \frac{V_r}{r} + \frac{\partial V_z}{\partial z} = 0 \text{ 即 } -\frac{\partial(rV_r)}{\partial r} = \frac{\partial(rV_z)}{\partial z} \qquad ③$$

流线微分方程

$$\frac{\mathrm{d}r}{V_r} = \frac{\mathrm{d}z}{V_z}$$

即

$$-V_z \mathrm{d}r + V_r \mathrm{d}z = 0$$

亦即

$$-(rV_z)\mathrm{d}r + (rV_r)\mathrm{d}z = 0 \qquad ④$$

由③可知④为一全微分

$$\mathrm{d}\psi = -(rV_z)\,\mathrm{d}r + (rV_r)\,\mathrm{d}z = 0$$

$$\frac{\partial \psi}{\partial r} = -rV_z, \quad \frac{\partial \psi}{\partial z} = rV_r$$

所以

$$V_r = \frac{1}{r}\frac{\partial \psi}{\partial z}, \quad V_z = -\frac{1}{r}\frac{\partial \psi}{\partial r}$$

$$\Omega_\theta = \frac{\partial V_r}{\partial z} - \frac{\partial V_z}{\partial r} = \frac{1}{r}\frac{\partial^2 \psi}{\partial z^2} + \frac{1}{r}\frac{\partial^2 \psi}{\partial r^2} - \frac{1}{r^2}\frac{\partial \psi}{\partial r} = \frac{1}{r}\Delta^* \psi \qquad ⑤$$

其中 $\Delta^* = \dfrac{\partial^2}{\partial z^2} + \dfrac{\partial^2}{\partial r^2} - \dfrac{1}{r}\dfrac{\partial}{\partial r}$。

$$\frac{\partial ①}{\partial z}: \frac{\partial}{\partial t}\frac{\partial V_r}{\partial z} + V_r \frac{\partial^2 V_r}{\partial r \partial z} + V_z \frac{\partial^2 V_r}{\partial z^2} + \frac{\partial V_r}{\partial r}\frac{\partial V_r}{\partial z} + \frac{\partial V_z}{\partial z}\frac{\partial V_r}{\partial z}$$

$$= -\frac{\partial^2}{\partial r \partial z}\left(\frac{p}{\rho} + \Pi\right) + \nu\left[\frac{\partial}{\partial z}\left(\frac{\partial^2 V_r}{\partial r^2}\right) + \frac{\partial}{\partial z}\left(\frac{\partial^2 V_r}{\partial z^2}\right) + \frac{1}{r}\frac{\partial^2 V_r}{\partial z \partial r} - \frac{1}{r^2}\frac{\partial V_r}{\partial z}\right]$$

$$\frac{\partial ②}{\partial r}: \frac{\partial}{\partial t}\frac{\partial V_z}{\partial z} + V_r \frac{\partial^2 V_z}{\partial r^2} + V_z \frac{\partial^2 V_z}{\partial r \partial z} + \frac{\partial V_r}{\partial r}\frac{\partial V_z}{\partial r} + \frac{\partial V_z}{\partial r}\frac{\partial V_z}{\partial z}$$

$$= -\frac{\partial^2}{\partial r \partial z}\left(\frac{p}{\rho} + \Pi\right) + \nu\left[\frac{\partial}{\partial r}\left(\frac{\partial^2 V_z}{\partial r^2}\right) + \frac{1}{r}\frac{\partial^2 V_z}{\partial r^2} - \frac{1}{r^2}\frac{\partial V_z}{\partial r} + \frac{\partial}{\partial r}\left(\frac{\partial^2 V_z}{\partial z^2}\right)\right]$$

$$\frac{\partial ①}{\partial z} - \frac{\partial ②}{\partial r}: \frac{\partial}{\partial t}\left(\frac{\partial V_r}{\partial z} - \frac{\partial V_z}{\partial r}\right) + V_r\frac{\partial}{\partial r}\left(\frac{\partial V_r}{\partial z} - \frac{\partial V_z}{\partial r}\right)$$

$$+ V_z\frac{\partial}{\partial z}\left(\frac{\partial V_r}{\partial z} - \frac{\partial V_z}{\partial r}\right) + \frac{\partial V_r}{\partial r}\left(\frac{\partial V_z}{\partial z} - \frac{\partial V_z}{\partial r}\right)$$

$$+ \frac{\partial V_z}{\partial z}\left(\frac{\partial V_r}{\partial z} - \frac{\partial V_z}{\partial r}\right) = \nu\nabla^2\left(\frac{\partial V_r}{\partial z} - \frac{\partial V_z}{\partial r}\right) - \frac{\nu}{r^2}\left(\frac{\partial V_r}{\partial z} - \frac{\partial V_z}{\partial r}\right) \qquad ⑥$$

⑤代入⑥

$$\left(\frac{\partial}{\partial t} + V_r\frac{\partial}{\partial r} + V_z\frac{\partial}{\partial z}\right)\left(\frac{1}{r}\Delta^*\psi\right) + \frac{1}{r}\Delta^*\psi\left(\frac{\partial V_r}{\partial r} + \frac{\partial V_z}{\partial z}\right) = \nu\nabla^2\left(\frac{1}{r}\Delta^*\psi\right) - \frac{\nu}{r^2}\left(\frac{1}{r}\Delta^*\psi\right) \qquad ⑦$$

而

$$V_r\frac{\partial}{\partial r}\left(\frac{1}{r}\Delta^*\psi\right) = \frac{V_r}{r}\frac{\partial}{\partial r}(\Delta^*\psi) - \frac{V_r}{r^2}(\Delta^*\psi)$$

$$\nabla^2\left(\frac{1}{r}\Delta^*\psi\right) = \left(\frac{\partial^2}{\partial r^2} + \frac{\partial^2}{\partial z^2} + \frac{1}{r}\frac{\partial}{\partial r}\right)\left(\frac{1}{r}\Delta^*\psi\right)$$

$$= \left(\frac{\partial^2}{\partial r^2} + \frac{\partial^2}{\partial z^2}\right)\left(\frac{1}{r}\Delta^*\psi\right) + \frac{1}{r^2}\frac{\partial}{\partial r}(\Delta^*\psi) - \frac{1}{r^3}(\Delta^*\psi)$$

$$= \frac{1}{r}\left(\frac{\partial^2}{\partial r^2} + \frac{\partial^2}{\partial z^2}\right)\Delta^*\psi + \Delta^*\psi\frac{\partial}{\partial r}\left(-\frac{1}{r^2}\right) + \frac{1}{r^2}\frac{\partial}{\partial r}(\Delta^*\psi) - \frac{1}{r^3}(\Delta^*\psi)$$

$$= \frac{1}{r}\left(\frac{\partial^2}{\partial r^2} + \frac{\partial^2}{\partial z^2}\right)\Delta^*\psi + \Delta^*\psi\frac{2}{r^3} + \frac{1}{r^2}\frac{\partial}{\partial r}(\Delta^*\psi) - \frac{1}{r^3}(\Delta^*\psi)$$

$$= \frac{1}{r}\left(\frac{\partial^2}{\partial r^2} + \frac{\partial^2}{\partial z^2} + \frac{1}{r}\frac{\partial}{\partial r}\right)\Delta^*\psi + \frac{1}{r^3}(\Delta^*\psi)$$

$$= \frac{1}{r}\nabla^2(\Delta^*\psi) + \frac{1}{r^3}(\Delta^*\psi)$$

$$= \frac{1}{r}\left(\Delta^* + \frac{2}{r}\frac{\partial}{\partial r} + \frac{1}{r^2}\right)(\Delta^*\psi)$$

且

$$\frac{\partial V_r}{\partial r} + \frac{\partial V_z}{\partial z} = -\frac{V_r}{r}$$

故⑦可转化为

$$\frac{1}{r}\left(\frac{\partial}{\partial t} + V_z\frac{\partial}{\partial z}\right)\Delta^*\psi + V_r\frac{\partial}{\partial r}\left(\frac{1}{r}\Delta^*\psi\right) - \frac{V_r}{r^2}\Delta^*\psi - \frac{V_r}{r}\Delta^*\psi = \frac{\nu}{r}\left(\Delta^* + \frac{2}{r}\frac{\partial}{\partial r}\right)\Delta^*\psi$$

$$\left(\frac{\partial}{\partial t} + V_z\frac{\partial}{\partial z} + V_r\frac{\partial}{\partial r}\right)\Delta^*\psi - \frac{2V_r}{r}\Delta^*\psi = \nu\left(\Delta^* + \frac{2}{r}\frac{\partial}{\partial r}\right)\Delta^*\psi$$

即

$$\left(\nu\Delta^* - \frac{\partial}{\partial t}\right)\Delta^*\psi = \left[\left(V_r - \frac{2\nu}{r}\right)\frac{\partial}{\partial r} + V_z\frac{\partial}{\partial z} - \frac{2V_r}{r}\right]\Delta^*\psi$$

6.7

解:

用 τ 表示离下表面距离 y 处的切应力密度, $\tau + \delta\tau$ 表示离下表面 $y + \delta y$ 处的切应力密度, 两处速度依次为 U 和 $U - \delta U$ (答图 6.7), 考虑图中宽度为 B、厚 δy 的微元。

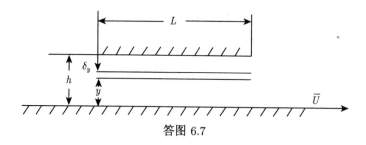

答图 6.7

$$\text{微元上黏滞阻力} = \text{表面积} \times \text{上下表面的切应力差} = BL\delta\tau = BL\delta y\frac{\mathrm{d}\tau}{\mathrm{d}y}$$

$$\text{切应力}\tau = -\eta\frac{\mathrm{d}U}{\mathrm{d}y}$$

因为速度梯度是负的，这样

$$\frac{\mathrm{d}\tau}{\mathrm{d}y} = -\eta\frac{\mathrm{d}^2U}{\mathrm{d}y^2}$$

微元上黏滞阻力为 $-BL\eta\dfrac{\mathrm{d}^2U}{\mathrm{d}y^2}\delta y$。由压强差产生的，在运动方向上的力为 $p \times B\delta y$；对稳定流动，运动方向的力 = 黏滞阻力。

$$pB\delta y = -BL\eta\frac{\mathrm{d}^2U}{\mathrm{d}y^2}\delta y$$

所以

$$\eta\frac{\mathrm{d}^2U}{\mathrm{d}y^2} = -\frac{p}{L}$$

则

$$\eta U = -\frac{1}{2}y^2\frac{p}{L} + C_1 y + C_2$$

因当 $y = 0$ 时，$U = \overline{U}$，所以

$$C_2 = \eta\overline{U}$$

$y = h$ 时，$U = 0$，所以

$$C_1 = -\left(\frac{\eta\overline{U}}{h} - \frac{hp}{2L}\right)$$

所以

$$U = -\frac{p}{2\eta L}(y^2 - hy) + \frac{\overline{U}}{h}(h - y)$$

流量

$$Q = \int_0^h BU\mathrm{d}y = B\int_0^h\left[-\frac{p}{2\eta L}(y^2 - hy) + \frac{\overline{U}}{h}(h - y)\right]\mathrm{d}y$$

$$Q = B\left(\frac{\overline{U}h}{2} + \frac{h^3 p}{12\eta L}\right)$$

固定表面上切应力

$$\tau_h = -\eta\left(\frac{\mathrm{d}U}{\mathrm{d}y}\right)_{y=h} = \frac{\eta\overline{U}}{h} + \frac{hp}{2L}$$

运动表面上切应力

$$\tau_0 = -\eta\left(\frac{\mathrm{d}U}{\mathrm{d}y}\right)_{y=0} = \frac{\eta\overline{U}}{h} - \frac{hp}{2L}$$

6.8

解：根据斯托克斯阻力公式可知，气流作用于水滴向上的黏性阻力为

$$6\pi\mu aU = 6\pi \times 17 \times 10^{-6} \times 10^{-3} \times 2 = 204\pi \times 10^{-9}$$

水滴的垂直浮力差为

$$\frac{4}{3}\pi a^3 g(\rho_0 - \rho) \approx \frac{4}{3}\pi \times 10^{-9} \times 98 \times 1 = \frac{4}{3}\pi \times 98 \times 10^{-9} < 204\pi \times 10^{-9}$$

6.9

解：小球在黏性不可压编流体中以均匀速度 U 下落时，其净重力 $\frac{4}{3}\pi a^3 g(\rho_0 - \rho)$ 应与黏性阻力均衡，若取斯托克斯阻力公式，应有

$$\frac{4}{3}\pi a^3 g(\rho_0 - \rho) = 6\pi\mu aU$$

今直接由能量耗散来检验此结果。

小球在静止流体中以 U 下落时，小球周围流场为

$$\begin{cases} V_r(r,\theta) = U\cos\theta\left(-\dfrac{3}{2}\dfrac{a}{r} + \dfrac{1}{2}\dfrac{a^3}{r^3}\right) \\[2mm] V_\theta(r,\theta) = U\sin\theta\left(\dfrac{3}{4}\dfrac{a}{r} + \dfrac{1}{4}\dfrac{a^3}{r^3}\right) \\[2mm] V_\varphi = 0 \end{cases}$$

$$A_{rr} = \frac{\partial V_r}{\partial r} = U\cos\theta\left(\frac{3}{2}\frac{a}{r^2} - \frac{3}{2}\frac{a^3}{r^4}\right) = \frac{3}{2}U\cos\theta\frac{a}{r^2}\left(1 - \frac{a^2}{r^2}\right)$$

$$\begin{aligned} A_{\theta\theta} &= \frac{V_r}{r} + \frac{1}{r}\frac{\partial V_\theta}{\partial \theta} = \frac{U\cos\theta}{r}\left(-\frac{3}{2}\frac{a}{r} + \frac{1}{2}\frac{a^3}{r^3}\right) + \frac{U\cos\theta}{r}\left(\frac{3}{4}\frac{a}{r} + \frac{1}{4}\frac{a^3}{r^3}\right) \\ &= \frac{1}{r}U\cos\theta\left(-\frac{3}{2}\frac{a}{r} + \frac{1}{2}\frac{a^3}{r^3} + \frac{3}{4}\frac{a}{r} + \frac{1}{4}\frac{a^3}{r^3}\right) = \frac{3}{4}U\cos\theta\frac{a}{r}\left(\frac{a^2}{r^2} - 1\right) \end{aligned}$$

$$\begin{aligned} A_{\varphi\varphi} &= \frac{V_r}{r} + \frac{\cot\theta V_\theta}{r} = \frac{U\cos\theta}{r}\left(-\frac{3}{2}\frac{a}{r} + \frac{1}{2}\frac{a^3}{r^3}\right) + \frac{U\cos\theta}{r}\left(\frac{3}{4}\frac{a}{r} + \frac{1}{4}\frac{a^3}{r^3}\right) \\ &= \frac{U\cos\theta}{r}\left(-\frac{3}{2}\frac{a}{r} + \frac{1}{2}\frac{a^3}{r^3} + \frac{3}{4}\frac{a}{r} + \frac{1}{4}\frac{a^3}{r^3}\right) = \frac{3}{4}U\cos\theta\frac{a}{r^2}\left(\frac{a}{r^2} - 1\right) \end{aligned}$$

$$\begin{aligned} A_{r\theta} &= \frac{1}{2}\left(\frac{1}{r}\frac{\partial V_r}{\partial \theta} + \frac{\partial V_\theta}{\partial r} - \frac{V_\theta}{r}\right) \\ &= \frac{1}{2}\left[-\frac{U\sin\theta}{r}\left(-\frac{3}{2}\frac{a}{r} + \frac{1}{2}\frac{a^3}{r^3}\right) + U\sin\theta\left(-\frac{3}{4}\frac{a}{r^2} - \frac{3}{4}\frac{a^3}{r^4}\right) - \frac{U\sin\theta}{r}\left(\frac{3}{4}\frac{a}{r} + \frac{1}{4}\frac{a^3}{r^3}\right)\right] \\ &= -\frac{1}{2}\frac{U\sin\theta}{r}\left(-\frac{3}{2}\frac{a}{r} + \frac{1}{2}\frac{a^3}{r^3} + \frac{3}{4}\frac{a}{r} + \frac{3}{4}\frac{a^3}{r^3} + \frac{3}{4}\frac{a}{r} + \frac{1}{4}\frac{a^3}{r^3}\right) \\ &= -\frac{1}{2}\frac{U\sin\theta}{r}\cdot\frac{3}{2}\frac{a^3}{r^3} \\ &= -\frac{3}{4}U\sin\theta\frac{a^3}{r^4} \end{aligned}$$

$$\begin{aligned} D &= 2\mu\left[A_{rr}^2 + A_{\theta\theta}^2 + A_{\varphi\varphi}^2 + 2\left(A_{r\theta}^2 + A_{\theta\varphi}^2 + A_{\varphi r}^2\right)\right] \\ &= 2\mu\left(A_{rr}^2 + A_{\theta\theta}^2 + A_{\varphi\varphi}^2 + 2A_{r\theta}^2\right) \\ &= \frac{9}{4}\mu U^2\left[3\cos^2\theta\frac{a^2}{r^4}\left(1 - \frac{a^2}{r^2}\right)^2 + \sin^2\theta\frac{a^6}{r^8}\right] \end{aligned}$$

整个流场的能量消耗为

$$\int_0^{2\pi}\int_0^{\pi}\int_a^{\infty} Dr^2\sin\theta\mathrm{d}\varphi\mathrm{d}\theta\mathrm{d}r$$

$$=2\pi\frac{9}{4}\mu U^2 a^2\left[\int_a^{\infty}\left(\frac{1}{r^2}-\frac{2a^2}{r^4}+\frac{a^4}{r^6}\right)\mathrm{d}r\int_0^{\pi}3\cos^2\theta\sin\theta\mathrm{d}\theta+\int_a^{\infty}\frac{a^4}{r^6}\mathrm{d}r\int_0^{\pi}\sin^3\theta\mathrm{d}\theta\right]$$

$$=6\pi\mu a U^2$$

6.10

解:

$$Re\ll 1$$

故有

$$0=-\nabla\Pi-\frac{1}{\rho}\nabla p+\frac{\mu}{\rho}\nabla^2\boldsymbol{V}$$

$$\nabla\left(p+\rho\Pi\right)=\mu\nabla^2\boldsymbol{V}$$

因为

$$\nabla\times\left(\nabla\times\boldsymbol{V}\right)=\nabla\left(\nabla\cdot\boldsymbol{V}\right)-\nabla^2\boldsymbol{V}=-\nabla^2\boldsymbol{V}\quad(\nabla\cdot\boldsymbol{V}=0)$$

$$\nabla\left(p+\rho\Pi\right)=-\mu\nabla\times\boldsymbol{\Omega}$$

上式两端取散度可得

$$\nabla^2\left(p+\rho\Pi\right)=0$$

6.11

解:解法一:

条件

$$\frac{\partial}{\partial t}=0,\nabla\cdot\boldsymbol{V}=0,u=u(y),v=w=0,\frac{\partial p}{\partial x}=0,\boldsymbol{g}=g\boldsymbol{i}$$

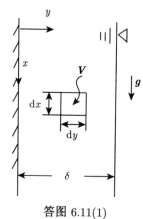

答图 6.11(1)

对控制体积的动量方程的 x 分量为

$$F_{\sigma x}+F_{\tau x}=\frac{\partial}{\partial t}\int u\rho\mathrm{d}\tau+\oint u\rho\boldsymbol{V}\cdot\delta\boldsymbol{\sigma}$$

对定常流

$$\frac{\partial}{\partial t}\int_{\tau}u\rho\mathrm{d}\tau=0$$

对充分发展流

$$\oint_\sigma u\rho \boldsymbol{V} \cdot \delta\boldsymbol{\sigma} = 0$$

故动量方程可简化为

$$F_{\sigma x} + F_{\tau x} = 0$$

$$F_{\tau x} = \rho g \mathrm{d}\tau = \rho g \mathrm{d}x\mathrm{d}y\mathrm{d}z$$

作用于控制体上的表面力是作用在垂直表面上的剪切力。

因为 $\dfrac{\partial p}{\partial x} = 0$，所以作用于控制体上的净压力为 0。

若作用于微分控制体中心的剪切应力为 τ_{yx}，则

作用于左侧表面上的剪应力为

$$\tau_{yxL} = \tau_{yx} - \frac{\mathrm{d}\tau_{yx}}{\mathrm{d}y}\frac{\mathrm{d}y}{2}$$

作用于右侧表面上的剪应力为

$$\tau_{yxR} = \tau_{yx} + \frac{\mathrm{d}\tau_{yx}}{\mathrm{d}y}\frac{\mathrm{d}y}{2}$$

剪应力的方向如图所示 (答图 6.11(2))，代入 $F_{\sigma x} + F_{\tau x} = 0$ 可得

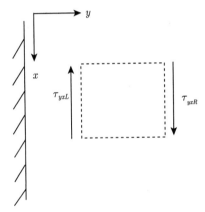

答图 6.11(2)

$$-\left(\tau_{yxL} - \frac{\mathrm{d}\tau_{yx}}{\mathrm{d}y}\frac{\mathrm{d}y}{2}\right)\mathrm{d}x\mathrm{d}z + \tau_{yxR}\mathrm{d}x\mathrm{d}z + \rho g\mathrm{d}x\mathrm{d}y\mathrm{d}z = 0$$

或者

$$-\left(\tau_{yx} - \frac{\mathrm{d}\tau_{yx}}{\mathrm{d}y}\frac{\mathrm{d}y}{2}\right)\mathrm{d}x\mathrm{d}z + \left(\tau_{yx} + \frac{\mathrm{d}\tau_{yx}}{\mathrm{d}y}\frac{\mathrm{d}y}{2}\right)\mathrm{d}x\mathrm{d}z + \rho g\mathrm{d}x\mathrm{d}y\mathrm{d}z = 0$$

$$\frac{\mathrm{d}\tau_{yx}}{\mathrm{d}y} + \rho g = 0$$

或者

$$\frac{\mathrm{d}\tau_{yx}}{\mathrm{d}y} = -\rho g$$

因为

$$\tau_{yx} = \mu\frac{\mathrm{d}u}{\mathrm{d}y}, \quad \mu\frac{\mathrm{d}^2u}{\mathrm{d}y^2} = -\rho g, \quad \frac{\mathrm{d}^2u}{\mathrm{d}y^2} = -\frac{\rho g}{\mu}$$

对 y 积分

$$\frac{\mathrm{d}u}{\mathrm{d}y} = -\frac{\rho g}{\mu}y + c_1$$

$$u = -\frac{\rho g}{\mu} \frac{y^2}{2} + c_1 y + c_2$$

边界条件

$$\begin{cases} ①y = 0, \quad u = 0 \quad (无滑脱) \\ ②y = \delta, \quad \dfrac{\mathrm{d}u}{\mathrm{d}y} = 0 \quad (不计空气阻力) \end{cases}$$

由①可得

$$c_2 = 0$$

由②可得

$$0 = -\frac{\rho g}{\mu}\delta + c_1, \quad c_1 = \frac{\rho g}{\mu}\delta$$

所以

$$u = -\frac{\rho g}{\mu} \frac{y^2}{2} + \frac{\rho g}{\mu}\delta y$$

或者

$$u = \frac{\rho g}{\mu}\delta^2 \left[\left(\frac{y}{\delta}\right) - \frac{1}{2}\left(\frac{y}{\delta}\right)^2\right]$$

解法二：
条件

$$\frac{\partial}{\partial t} = 0, \nabla \cdot \boldsymbol{V} = 0, u = u(y), v = w = 0, \frac{\partial p}{\partial x} = 0 \, (\nabla p = 0), \boldsymbol{g} = g\boldsymbol{i}$$

$$\begin{cases} \dfrac{\partial u}{\partial x} = 0 \\ 0 = g + \nu \dfrac{\mathrm{d}^2 u}{\mathrm{d}y^2} \\ 0 = -\dfrac{1}{\rho}\dfrac{\partial p}{\partial y} \\ 0 = -\dfrac{1}{\rho}\dfrac{\partial p}{\partial z} \end{cases}$$

解得

$$\frac{\mathrm{d}^2 u}{\mathrm{d}y^2} = -\frac{\rho g}{\mu}$$

所以

$$u = -\frac{\rho g}{\mu} \frac{y^2}{2} + c_1 y + c_2$$

边界条件为

$$\begin{cases} y = 0, u = 0 \\ y = \delta, \dfrac{\mathrm{d}u}{\mathrm{d}y} = 0 \end{cases}$$

$$c_2 = 0; \quad c_1 = \frac{\rho g}{\mu}\delta$$

所以

$$u = \frac{\rho g}{\mu}\delta^2 \left[\left(\frac{y}{\delta}\right) - \frac{1}{2}\left(\frac{y}{\delta}\right)^2\right]$$

6.12

解：

(1)

$$u = u(x, y), v = w = 0$$

$$\frac{\partial}{\partial t} = 0, \nabla \cdot \boldsymbol{V} = 0 \Rightarrow \frac{\partial u}{\partial x} = 0, u = u(y), \frac{\partial p}{\partial x} = 0$$

N-S 方程可化简为

$$\begin{cases} 0 = g\sin\theta + \dfrac{\mu}{\rho}\dfrac{\partial^2 u}{\partial y^2}\,① \\ 0 = -g\cos\theta - \dfrac{1}{\rho}\dfrac{\partial p}{\partial y}\,② \end{cases}$$

由②

$$p = -\rho g\cos\theta \cdot y + c$$

由①

$$u = \frac{1}{2\mu}\left(-\rho g\sin\theta\right)y^2 + By + A$$

由边界条件：

$$\begin{cases} u|_{y=0} = 0 \\ \left.\dfrac{\partial u}{\partial y}\right|_{y=h} = 0 \end{cases}$$

可得

$$B = -\frac{1}{\mu}\left(-\rho g\sin\theta\right)h,\ A = 0$$

所以

$$u = \frac{\rho g}{\mu}y\left(h - \frac{y}{2}\right)\sin\theta = \frac{r}{\mu}y\left(h - \frac{y}{2}\right)\sin\theta$$

(2)

$$Q = \int_0^h u\cdot 1\mathrm{d}y = \frac{r}{\mu}\sin\theta\left(\frac{h}{2}y^2 - \frac{1}{6}y^3\right)\Big|_0^h = \frac{rh^3}{3\mu}\sin\theta$$

(3)

$$\bar{u} = \frac{Q}{S} = \frac{Q}{h\cdot 1} = \frac{rh^2}{3\mu}\sin\theta$$

与平均流速具有相同速度的质点应满足 $u = \bar{u}$，即

$$\frac{r}{\mu}y\left(h - \frac{y}{2}\right)\sin\theta = \frac{rh^2}{3\mu}\sin\theta$$

$$3y^2 - 6hy + 2h^2 = 0$$

$$y = \frac{\left(3 - \sqrt{3}\right)}{3}h$$

即在自由面下 $h - y = \dfrac{1}{\sqrt{3}}h$ 处流点的速度与平均流速相同。

6.13

解：

$$V_z(r) = \frac{p_1 - p_2}{4\mu l}\left(a^2 - r^2\right)$$

所以

$$\bar{V} = \frac{1}{\pi a^2}\int_0^a V_z\cdot 2\pi r\mathrm{d}r = \frac{2\pi}{\pi a^2}\frac{p_1 - p_2}{4\mu l}\int_0^a (a^2 - r^2)r\mathrm{d}r = \frac{p_1 - p_2}{2\mu l a^2}\left(\frac{a}{2}r^2 - \frac{1}{4}r^4\right)\Big|_0^a = \frac{p_1 - p_2}{8\mu l}a^2$$

$$\mu = \nu\rho = 1.5\times 10^{-2}\mathrm{g/(s\cdot m)}$$

$$\bar{V} \approx 17\mathrm{m/s}$$

$$\Delta\bar{V} = \frac{17 - 4}{4} = 325\%$$

由于该圆管流动的 $Re = \dfrac{\bar{V}a}{\nu} \approx 5000$，因此该流动不可能为层流，因为层流产生于 $Re \leqslant 2300$，这就是理论计算误差大的原因。

6.14

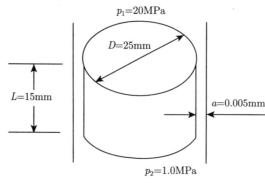

答图 6.14

解：由于间隙宽度很小，因此流动可视为平行平板间的流动。

所以可直接应用

$$\frac{Q}{l} = \frac{a^3 \Delta p}{12\mu l}$$

假定：层流，定常流，不可压流，充分发展流动 (注意 $L/a = 15/0.005 = 3000$)。

板宽 l 近似为 $l = \pi D$，于是

$$Q = \frac{\pi D a^3 \Delta p}{12\mu l}$$

对海洋低油在 55℃，$\mu = 0.018 \text{kg}/(\text{m} \cdot \text{s})$。

于是

$$Q = 57.6 \text{mm}^3/\text{s}$$

为保证流动是层流，应选择流动雷诺数。

$$\overline{V} = \frac{Q}{A} = \frac{Q}{\pi D a} = 0.147 \text{m/s}$$

$$Re = \frac{\rho \overline{V} a}{\mu} = \frac{SG\rho_{\text{H}_2\text{O}} \overline{V} a}{\mu} = 0.0375$$

因为 $Re \ll 1400$，所以流动肯定是层流。

对

$$u = \frac{1}{2\mu} \left(\frac{\partial p}{\partial x} \right) y^2 - \frac{1}{2\mu} \left(\frac{\partial p}{\partial x} \right) ay$$

或者

$$u = \frac{a^2}{2\mu} \left(\frac{\partial p}{\partial x} \right) \left[\left(\frac{y}{a} \right)^2 - \frac{y}{a} \right]$$

边界条件为

$$\begin{cases} y = 0, u = 0 \\ y = a, u = 0 \end{cases}$$

可得

$$\tau_{yx} = \frac{\partial p}{\partial x} y + c_1 = \frac{\partial p}{\partial x} y - \frac{1}{2} \frac{\partial p}{\partial x} a$$

$$\tau_{yx} = a \left(\frac{\partial p}{\partial x} \right) \left(\frac{y}{a} - \frac{1}{2} \right)$$

所以

$$Q = \int_\sigma \boldsymbol{V} \cdot \mathrm{d}\boldsymbol{\sigma} = \int_0^a u l \mathrm{d}y$$

$$\frac{Q}{l} = \int_0^a \frac{1}{2\mu} \left(\frac{\partial p}{\partial x} \right) (y^2 - ay) \, \mathrm{d}y = -\frac{1}{12\mu} \left(\frac{\partial p}{\partial x} \right) a^3$$

$$\frac{\partial p}{\partial x} = \frac{p_1 - p_2}{L} = -\frac{\Delta p}{L}$$

$$\frac{Q}{l} = -\frac{1}{12\mu} \left(-\frac{\Delta p}{L} \right) a^3 = \frac{a^3 \Delta p}{12\mu L}$$

$$\overline{V} = \frac{Q}{A} = -\frac{1}{12\mu} \frac{\partial p}{\partial x} \frac{a^3 l}{la} = -\frac{1}{12\mu} \frac{\partial p}{\partial x} a^2$$

$$\frac{\mathrm{d}u}{\mathrm{d}y} = \frac{a^2}{2\mu} \frac{\partial p}{\partial x} \left(\frac{2y}{a^2} - \frac{1}{a} \right), \frac{\mathrm{d}u}{\mathrm{d}y} = 0, y = \frac{a}{2}$$

$$u = u_{\max} = -\frac{1}{8\mu} \frac{\partial p}{\partial x} a^2 = \frac{3}{2} \overline{V}$$

6.15

解：该流动之通解为

$$V_\theta = \frac{1}{a_2^2 - a_1^2} \left[(\omega_2 a_2^2 - \omega_1 a_1^2) r + \frac{(\omega_1 - \omega_2) a_1^2 a_2^2}{r} \right]$$

欲使流体做无旋运动，需 $\omega_2 a_2^2 = \omega_1 a_1^2$ 或 $\omega_1 = \dfrac{a_2^2}{a_1^2} \omega_2$

$$V_\theta = \frac{1}{a_2^2 - a_1^2} \left[\frac{(a_2^2 - a_1^2)}{a_1^2} \frac{a_1^2 a_2^2 \omega_2}{r} \right] = \frac{a_2^2 \omega_2}{r} = \frac{k}{r}$$

其中

$$k = a_2^2 \omega_2$$

即

$$V_r = 0, V_\theta = k/r, V_z = 0$$

或者

$$u = -k \frac{y}{x^2 + y^2}, v = \frac{kx}{x^2 + y^2}, w = 0$$

因为

$$D = -\frac{2}{3} \mu (\nabla \cdot \boldsymbol{V})^2 + 2\mu \left[\sum_{i=1}^3 A_{ii}^2 + 2 \left(A_{12}^2 + A_{23}^2 + A_{31}^2 \right) \right]$$

所以

$$D = \mu \left\{ 2 \left[\left(\frac{\partial u}{\partial x} \right)^2 + \left(\frac{\partial v}{\partial y} \right)^2 \right] + \left(\frac{\partial u}{\partial y} + \frac{\partial v}{\partial x} \right)^2 \right\}$$

$$= \mu \left[16k^2 \frac{x^2 y^2}{r^8} + \frac{4k^2 \left(y^2 - x^2 \right)^2}{r^8} \right]$$

$$= \mu \left[16k^2 \frac{r^4 \cos^2 \theta \sin^2 \theta}{r^8} + 4k^2 \frac{r^4 \left(\sin^2 \theta - \cos^2 \theta \right)^2}{r^8} \right]$$

$$= 4\mu k^2 \left(\frac{\sin^2 2\theta}{r^4} + \frac{\cos^2 2\theta}{r^4} \right) = \frac{4\mu k^2}{r^4} \left(\sin^2 2\theta + \cos^2 2\theta \right) = \frac{4\mu k^2}{r^4}$$

所以

$$\int D\mathrm{d}\tau = \int_{a_1}^{a_2} 4\mu \frac{k^2}{r^4} 2\pi r \cdot \mathrm{d}r \cdot L = 8\pi\mu k^2 L \int_{a_1}^{a_2} \frac{\mathrm{d}r}{r^3}$$

$$= 8\pi L \mu k^2 \left(-\frac{1}{2r^2} \right) \Big|_{a_1}^{a_2} = 4\pi L \mu k^2 \left(\frac{1}{a_1^2} - \frac{1}{a_2^2} \right)$$

而

$$F_{r\theta}|_{r=a_1} = p_{r\theta} \cdot 2\pi r \cdot L|_{r=a_1} = -2\mu \frac{k}{r^2} \cdot 2\pi r \cdot L|_{r=a_1} = -4\pi\mu L \frac{k}{a_1}$$

$$F_{-r\theta} = p_{-r\theta} \cdot 2\pi r \cdot L|_{r=a_2} = 2\mu \frac{k}{r^2} \cdot 2\pi r \cdot L|_{r=a_2} = 4\pi\mu L \frac{k}{a_2}$$

所以

$$\frac{\mathrm{d}W_\text{摩}}{\mathrm{d}t} = \frac{\mathrm{d}W_\sigma}{\mathrm{d}t} = F_{r\theta} V_\theta|_{r=a_1} + F_{-r\theta} V_\theta|_{r=a_2}$$

$$= -4\pi\mu L \frac{k}{a_1} \cdot \frac{k}{a_1} + 4\pi\mu L \frac{k}{a_2} \cdot \frac{k}{a_2}$$

$$= -4\pi\mu L k^2 \left(\frac{1}{a_1^2} - \frac{1}{a_2^2} \right)$$

$$\frac{\mathrm{d}W_\text{外}}{\mathrm{d}t} = -\frac{\mathrm{d}W_\sigma}{\mathrm{d}t} = 4\pi\mu L k^2 \left(\frac{1}{a_1^2} - \frac{1}{a_2^2} \right) = \int D\mathrm{d}\tau$$

且

$$p_{r\theta} = \mu \left(\frac{\partial V_\theta}{\partial r} - \frac{V_\theta}{r} \right) = \mu \left(-\frac{k}{r^2} - \frac{k}{r^2} \right) = -2\mu \frac{k}{r^2}$$

又因为

$$\begin{cases} A_{rr} = \dfrac{\partial V_r}{\partial r} \\[2mm] A_{\theta\theta} = \dfrac{V_r}{r} + \dfrac{1}{r} \dfrac{\partial V_\theta}{\partial \theta} \\[2mm] A_{zz} = \dfrac{\partial V_z}{\partial z} \\[2mm] A_{r\theta} = \dfrac{1}{2} \left(\dfrac{1}{r} \dfrac{\partial V_r}{\partial \theta} + \dfrac{\partial V_\theta}{\partial r} - \dfrac{V_\theta}{r} \right) \\[2mm] A_{\theta z} = \dfrac{1}{2} \left(\dfrac{\partial V_\theta}{\partial z} + \dfrac{1}{r} \dfrac{\partial V_z}{\partial \theta} \right) \\[2mm] A_{zr} = \dfrac{1}{2} \left(\dfrac{\partial V_z}{\partial r} + \dfrac{\partial V_r}{\partial z} \right) \end{cases} \qquad \begin{cases} p_{rr} = -p - \dfrac{2}{3}\mu\nabla \cdot \boldsymbol{V} + 2\mu \dfrac{\partial V_r}{\partial r} \\[2mm] p_{\theta\theta} = -p - \dfrac{2}{3}\mu\nabla \cdot \boldsymbol{V} + 2\mu \left(\dfrac{V_r}{r} + \dfrac{1}{r} \dfrac{\partial V_\theta}{\partial \theta} \right) \\[2mm] p_{zz} = -p - \dfrac{2}{3}\mu\nabla \cdot \boldsymbol{V} + 2\mu \dfrac{\partial V_z}{\partial z} \\[2mm] p_{r\theta} = \mu \left(\dfrac{1}{r} \dfrac{\partial V_r}{\partial \theta} + \dfrac{\partial V_\theta}{\partial r} - \dfrac{V_\theta}{r} \right) \\[2mm] p_{\theta z} = \mu \left(\dfrac{\partial V_\theta}{\partial z} + \dfrac{1}{r} \dfrac{\partial V_z}{\partial \theta} \right) \\[2mm] p_{zr} = \mu \left(\dfrac{\partial V_z}{\partial r} + \dfrac{\partial V_r}{\partial z} \right) \end{cases}$$

$$A_{r\theta} = \frac{1}{2} \left(\frac{\partial V_\theta}{\partial r} - \frac{V_\theta}{r} \right) = \frac{1}{2} \left(-\frac{k}{r^2} - \frac{k}{r^2} \right) = -\frac{k}{r^2}$$

$$A_{rr} = A_{\theta\theta} = A_{zz} = 0, \ A_{\theta z} = A_{zr} = 0$$

所以

$$D = 4\mu A_{r\theta}^2 = 4\mu \frac{k^2}{r^4}$$

6.16

解:

$$\boldsymbol{V} = -\frac{\partial \psi}{\partial y}\boldsymbol{i} + \frac{\partial \psi}{\partial x}\boldsymbol{j}, \quad \boldsymbol{\Omega} = \boldsymbol{k}\nabla^2\psi$$

N-S 方程

$$\frac{\partial V}{\partial t} + \nabla\left(\frac{V^2}{2}\right) - \boldsymbol{V}\times\boldsymbol{\Omega} = -\frac{1}{\rho}\nabla(p+\rho\Pi) + \nu\nabla^2\boldsymbol{V}$$

对上式两边取旋度

$$\frac{\partial \boldsymbol{\Omega}}{\partial t} - \nabla\times(\boldsymbol{V}\times\boldsymbol{\Omega}) = \nu\nabla^2\boldsymbol{\Omega} \tag{$*$}$$

因为

$$\nabla\times(\boldsymbol{V}\times\boldsymbol{\Omega})$$

$$= \nabla\times[(u\boldsymbol{i}+v\boldsymbol{j})\times(\boldsymbol{k}\Omega)] = \nabla\times(-\boldsymbol{j}u\Omega + \boldsymbol{i}v\Omega)$$

$$= \nabla\times\left(\boldsymbol{j}\frac{\partial \psi}{\partial y}\nabla^2\psi + \boldsymbol{i}\frac{\partial \psi}{\partial x}\nabla^2\psi\right) = \left[\frac{\partial}{\partial x}\left(\frac{\partial \psi}{\partial y}\nabla^2\psi\right) - \frac{\partial}{\partial y}\left(\frac{\partial \psi}{\partial x}\nabla^2\psi\right)\right]\boldsymbol{k}$$

$$= \left\{\frac{\partial \psi}{\partial y}\frac{\partial}{\partial x}\left(\nabla^2\psi\right) - \frac{\partial \psi}{\partial x}\frac{\partial}{\partial y}\left(\nabla^2\psi\right) + \nabla^2\psi\left[\frac{\partial}{\partial x}\left(\frac{\partial \psi}{\partial y}\right) - \frac{\partial}{\partial y}\left(\frac{\partial \psi}{\partial x}\right)\right]\right\}\boldsymbol{k}$$

$$= \left\{\frac{\partial \psi}{\partial y}\nabla^2\left(\frac{\partial \psi}{\partial x}\right) - \frac{\partial \psi}{\partial x}\nabla^2\left(\frac{\partial \psi}{\partial y}\right)\right\}\boldsymbol{k}$$

代入式 ($*$) 可得

$$\frac{\partial \psi}{\partial t}(\nabla^2\psi) - \frac{\partial \psi}{\partial y}\nabla^2\left(\frac{\partial \psi}{\partial x}\right) + \frac{\partial \psi}{\partial x}\nabla^2\left(\frac{\partial \psi}{\partial y}\right) = \nu\nabla^2(\nabla^2\psi)$$

即

$$\frac{\partial}{\partial t}(\nabla^2\psi) + J(\psi, \nabla^2\psi) = \nu\nabla^2(\nabla^2\psi)$$

6.17

解: N-S 方程:

$$\frac{\partial V}{\partial t} + \nabla\left(\frac{V^2}{2}\right) - \boldsymbol{V}\times\boldsymbol{\Omega} = -\frac{1}{\rho}\nabla p + \nu\nabla^2\boldsymbol{V}$$

对直线流动

$$v = w = 0, \quad u = u(x,y,z,t)$$

所以

$$\begin{cases} \dfrac{\partial u}{\partial t} + u\dfrac{\partial u}{\partial x} = -\dfrac{1}{\rho}\dfrac{\partial p}{\partial x} + \nu\nabla^2 u \\[2mm] 0 = -\dfrac{1}{\rho}\dfrac{\partial p}{\partial y} \\[2mm] 0 = -\dfrac{1}{\rho}\dfrac{\partial p}{\partial z} \end{cases} \tag{①}$$

所以

$$p = p(x,t)$$

$\dfrac{\partial u}{\partial x} = 0 \Rightarrow u$ 与 x 无关。所以有

$$\frac{\partial u}{\partial t} - \nu\nabla^2 u = -\frac{1}{\rho}\frac{\partial p}{\partial x} \tag{②}$$

由于 u 作为 x 的函数, 所以 $-\dfrac{1}{\rho}\dfrac{\partial p}{\partial x}$ 仅为 t 的函数, 可设

$$\frac{\partial p}{\partial x} = f(t)$$

令

$$u = u^* - \int \frac{1}{\rho}\frac{\partial p}{\partial x}\mathrm{d}t$$

所以

$$\begin{cases} \dfrac{\partial u}{\partial t} = \dfrac{\partial u^*}{\partial t} - \dfrac{1}{\rho}\dfrac{\partial p}{\partial x} \\[2mm] \nu\nabla^2 u = \nu\nabla^2 u^* - \nu\nabla^2\displaystyle\int\frac{1}{\rho}f(t)\,\mathrm{d}t = \nu\nabla^2 u^* \end{cases} \tag{③}$$

③代入②可得

$$\frac{\partial u^*}{\partial t} - \frac{1}{\rho}\frac{\partial p}{\partial x} - \nu\nabla^2 u^* = -\frac{1}{\rho}\frac{\partial p}{\partial x}$$

所以

$$\frac{\partial u^*}{\partial x} = \nu\nabla^2 u^*$$

6.18

解:

$$\frac{\mathrm{d}}{\mathrm{d}t}\left(e + \frac{V^2}{2}\right) = \boldsymbol{f}\cdot\boldsymbol{V} + \frac{1}{\rho}\nabla\cdot(\boldsymbol{p}\cdot\boldsymbol{V})\mathrm{d}\tau + \frac{1}{\rho}\nabla\cdot(\lambda\nabla T) + q' \tag{①}$$

$$\frac{\mathrm{d}}{\mathrm{d}t}\left(\frac{V^2}{2}\right) = \boldsymbol{f}\cdot\boldsymbol{V} + \boldsymbol{V}\cdot\frac{1}{\rho}\nabla p \tag{②}$$

②代入①可得

$$\frac{\mathrm{d}e}{\mathrm{d}t} = \frac{1}{\rho}\boldsymbol{p}:\boldsymbol{A} + \frac{1}{\rho}\nabla\cdot(\lambda\nabla T) + q' = \frac{1}{\rho}\left[-p\nabla\cdot\boldsymbol{V} + D + \nabla\cdot(\lambda\nabla T)\right] + q'$$

即

$$\rho\frac{\mathrm{d}e}{\mathrm{d}t} = -p\nabla\cdot\boldsymbol{V} + D + \nabla\cdot(\lambda\nabla T) + \rho q' \tag{③}$$

积分形式

$$\frac{\mathrm{d}}{\mathrm{d}t}\int_{\tau}\rho\left(\frac{V^2}{2}\right)\mathrm{d}\tau = \int_{\tau}\boldsymbol{f}\cdot\boldsymbol{V}\rho\mathrm{d}\tau + \int_{\tau}\nabla\cdot p\cdot\boldsymbol{V}\mathrm{d}\tau$$

$$= \int_{\tau}\rho\boldsymbol{f}\cdot\boldsymbol{V}\mathrm{d}\tau + \oint_{\sigma}\boldsymbol{p}_n\cdot\boldsymbol{V}\mathrm{d}\sigma + \int_{\tau}p\nabla\cdot\boldsymbol{V}\mathrm{d}\tau - \int_{\tau}D\mathrm{d}\tau \tag{②'}$$

或者

$$\frac{\mathrm{d}K}{\mathrm{d}t} = \frac{\mathrm{d}W_{\tau}}{\mathrm{d}t} + \frac{\mathrm{d}W_{\sigma}}{\mathrm{d}t} + \frac{\mathrm{d}W_i}{\mathrm{d}t} - \int_{\tau}D\mathrm{d}\tau \tag{②''}$$

③亦可直接由热力学第一定律给出

$$\rho q' + \nabla\cdot(\lambda\nabla T) + D = \rho c_V\frac{\mathrm{d}T}{\mathrm{d}t} + p\nabla\cdot\boldsymbol{V}$$

即

$$\rho\frac{\mathrm{d}e}{\mathrm{d}t} = -p\nabla\cdot\boldsymbol{V} + D + \nabla\cdot(\lambda\nabla T) + \rho q'$$

③的积分形式

$$\frac{\mathrm{d}}{\mathrm{d}t}\int_{\tau}\rho e\mathrm{d}\tau = -\int_{\tau}P\nabla\cdot\boldsymbol{V}\mathrm{d}\tau + \int_{\tau}D\mathrm{d}\tau + \int_{\tau}\nabla\cdot(\lambda\nabla T)\mathrm{d}\tau + \int_{\tau}\rho q'\mathrm{d}\tau \tag{③'}$$

$$\frac{\mathrm{d}E_i}{\mathrm{d}t} = -\frac{\mathrm{d}W_i}{\mathrm{d}t} + \int_\tau D\mathrm{d}\tau + \int_\tau \nabla\cdot(\lambda\nabla T)\mathrm{d}\tau + \int_\tau \rho q'\mathrm{d}\tau \qquad ③''$$

①的积分形式

$$\begin{aligned}
\frac{\mathrm{d}}{\mathrm{d}t}\int_\tau\left(e+\frac{V^2}{2}\right) &= \int_\tau \boldsymbol{f}\cdot\boldsymbol{V}\rho\mathrm{d}\tau + \int_\tau \nabla\cdot(\boldsymbol{p}\cdot\boldsymbol{V})\mathrm{d}\tau + \int_\tau \nabla\cdot(\lambda\nabla T)\mathrm{d}\tau + \int_\tau \rho q'\mathrm{d}\tau \\
&= \int_\tau \boldsymbol{f}\cdot\boldsymbol{V}\rho\mathrm{d}\tau + \int_\tau \boldsymbol{n}\cdot p\cdot\boldsymbol{V}\mathrm{d}\tau + \int_\tau \boldsymbol{n}\cdot(\lambda\nabla T)\mathrm{d}\tau + \int_\tau \rho q'\mathrm{d}\tau \\
&= \int_\tau \boldsymbol{f}\cdot\boldsymbol{V}\rho\mathrm{d}\tau + \oint_\sigma \boldsymbol{p}_n\cdot\boldsymbol{V}\mathrm{d}\sigma + \oint_\sigma \boldsymbol{n}\cdot(\lambda\nabla T)\mathrm{d}\sigma + \int_\tau \rho q'\mathrm{d}\tau
\end{aligned}$$

由

$$\frac{\mathrm{d}K}{\mathrm{d}t} = \frac{\mathrm{d}W_\tau}{\mathrm{d}t} + \frac{\mathrm{d}W_\sigma}{\mathrm{d}t} + \frac{\mathrm{d}W_i}{\mathrm{d}t} - \int_\tau D\mathrm{d}\tau$$

因为流体处于静止刚壁容器内,所以 $\dfrac{\mathrm{d}W_\sigma}{\mathrm{d}t}=0$。

又因为流体为不可压的,所以 $\dfrac{\mathrm{d}W_i}{\mathrm{d}t}=0$。

又因为流体在静止闭容器内运动,则整个流体的位能守恒,个别流点位能可以改变,所以 $\dfrac{\mathrm{d}W_\tau}{\mathrm{d}t}=0$。

故能量方程可得 $\dfrac{\mathrm{d}K}{\mathrm{d}t}=-\displaystyle\int_\tau D\mathrm{d}\tau$。

即由于刚壁的黏性约束,闭容器内的流体运动,其速度分布是不均匀的,故 D 总大于 0,整个流体的动能将不断减少,只要流体是运动的。由于动能不断消耗,最终流体是趋于静止的,此时 $D=0$。

6.19

解:

由

$$\nabla\cdot\boldsymbol{V}=0, \quad \nabla\times(\nabla\times\boldsymbol{V})=\nabla(\nabla\cdot\boldsymbol{V})-\nabla^2\boldsymbol{V}$$

所以

$$\nabla^2\boldsymbol{V}=-\nabla\times\Omega, \quad \boldsymbol{f}=-\nabla\Pi$$

所以 N-S 方程可以转化为

$$\frac{\mathrm{d}\boldsymbol{V}}{\mathrm{d}t}=-\nabla\Pi-\frac{1}{\rho}\nabla p-\nu\nabla\times\boldsymbol{\Omega}$$

所以

$$\rho\frac{\mathrm{d}\boldsymbol{V}}{\mathrm{d}t}=-\nabla(p+\rho\Pi)-\mu\nabla\times\boldsymbol{\Omega}$$

所以

$$\begin{cases}
\rho\dfrac{\mathrm{d}u}{\mathrm{d}t}=-\dfrac{\partial}{\partial x}(p+\rho\pi)-\mu\left(\dfrac{\partial\Omega_z}{\partial y}-\dfrac{\partial\Omega_y}{\partial z}\right) \\[2mm]
\rho\dfrac{\mathrm{d}v}{\mathrm{d}t}=-\dfrac{\partial}{\partial y}(p+\rho\pi)-\mu\left(\dfrac{\partial\Omega_x}{\partial z}-\dfrac{\partial\Omega_z}{\partial x}\right) \\[2mm]
\rho\dfrac{\mathrm{d}w}{\mathrm{d}t}=-\dfrac{\partial}{\partial z}(p+\rho\pi)-\mu\left(\dfrac{\partial\Omega_y}{\partial x}-\dfrac{\partial\Omega_x}{\partial y}\right)
\end{cases}$$

若 $\boldsymbol{\Omega}=\nabla\boldsymbol{B}$,则 $\nabla\times\boldsymbol{\Omega}=\nabla\times\nabla\boldsymbol{B}=0$。所以,原方程可推导得

$$\rho\frac{\mathrm{d}\boldsymbol{V}}{\mathrm{d}t}=-\nabla(p+\rho\Pi)$$

以上方程即为不可压缩黏性流体的欧拉方程。

6.20

解：黏性是流体流动时能量损失的根本原因，由于流体中存在黏性，流体运动时要克服摩擦阻力，因此流体的一部分机械能将不可逆地转化为热能。

6.21

解：设与平板接触的流体匀速运动，又带动了它附近的流体运动，于是整个流场为 $u = f(y,t), v = 0, w = 0$
而 N-S 方程：

$$\frac{\partial u}{\partial t} = -\frac{1}{\rho}\frac{\partial p}{\partial x} + \nu\frac{\partial^2 u}{\partial y^2}, \quad \frac{\partial p}{\partial y} = 0, \quad \frac{\partial p}{\partial z} = 0$$

由于无穷远处，$\boldsymbol{V} = 0$，压力分布均匀，且 p 与 y 无关，流体中压力梯度为 0，即有 $\frac{\partial p}{\partial x} = 0$，$\nabla p = 0$。
所以

$$\frac{\partial u}{\partial t} = \nu\frac{\partial^2 u}{\partial y^2}$$

将题设方案代入下列方程：

$$\frac{\partial u}{\partial t} = \nu\frac{\partial^2 u}{\partial y^2} = -Ae^{-\eta^2}\frac{y\nu}{4(\nu t)^{\frac{3}{2}}}$$

而问题的边界条件为

$$\begin{cases} y = 0 \text{ 或 } \eta = 0 \text{ 时}, u = \overline{U}, u = A\int_0^\eta e^{-\eta^2}d\eta + B = \overline{U}, \text{ 即 } B = \overline{U} \\ y \to \infty \text{ 或 } \eta \to \infty \text{ 时}, u = 0, u = A\int_0^\infty e^{-\eta^2}d\eta + \overline{U} = 0 \end{cases}$$

又

$$\int_0^\infty e^{-\eta^2}d\eta = \frac{\sqrt{\pi}}{2}$$

所以

$$\int_0^\infty e^{-x^2}dx = \int_0^\infty e^{-y^2}dy$$

$$\left[\int_0^\infty e^{-x^2}dx\right]^2 = \int_0^\infty\int_0^\infty e^{-(x^2+y^2)}dxdy = \int_0^{\frac{\pi}{2}}\int_0^\infty e^{-r^2}rd\theta dr$$

$$= \int_0^{\frac{\pi}{2}}\left(-\frac{1}{2}\right)\left[e^{-r^2}\right]_0^\infty d\theta = \int_0^{\frac{\pi}{2}}\frac{1}{2}d\theta = \frac{\pi}{4}$$

最后即得

$$u = \overline{U}\left(1 - \frac{2}{\sqrt{\pi}}\int_0^\eta e^{-\eta^2}d\eta\right) = \overline{U}\left(1 - \frac{2}{\sqrt{\pi}}\mathrm{erf}\eta\right)$$

$$\mathrm{erf}\eta = \int_0^\eta e^{-\eta^2}d\eta$$

6.22

解：此题与题 6.21 类似，仅平板上边界条件，由 $y = 0$ 或 $\eta = 0$ 时，$u = \overline{U}$ 改为 $y = 0$ 或 $\eta = 0$ 时，$u = \overline{U}\cos\left(\frac{2\pi}{T}t\right)$。所以平板上半空间之流速为

$$u = \overline{U}\left(1 - \frac{2}{\sqrt{\pi}}\mathrm{erf}\eta\right)\cos\left(\frac{2\pi}{T}t\right)$$

6.23

解：当圆柱体以 $\overline{U}$ 最终均速下落时，周围流体的速度为

$$u = \overline{U}\ln\frac{r}{R_2}\bigg/\ln\frac{R_1}{R_2}, \quad A_{rz} = \frac{1}{2}\left(\frac{\partial V_z}{\partial r} + \frac{\partial V_r}{\partial z}\right) = \frac{1}{2}\frac{\partial u}{\partial r} = \frac{\overline{U}}{2\ln\left(R_1/R_2\right)}\frac{1}{r}$$

解法一：$D = 2\mu\left\{2A_{rz}^2\right\} = \mu\left[\dfrac{\overline{U}}{\ln(R_1/R_2)}\right]\dfrac{1}{r^2}$，为流体内单位体积的能量散逸。

所以圆柱体克服黏性力的做功率为

$$\int_\tau D\mathrm{d}\tau = \left|\overline{U}P_v\right| = \left|\int_{R_1}^{R_2} D2\pi r h_1 \mathrm{d}r\right| = \left|2\pi h_1\left(\frac{\overline{U}}{\ln(R_1/R_2)}\right)^2\int_{R_1}^{R_2}\frac{1}{r}\mathrm{d}r\right| = \left|\frac{2\pi h_1\mu\overline{U}^2}{\ln(R_1/R_2)}\right|$$

所以

$$P_v = \frac{2\pi h_1\mu\overline{U}}{\ln(R_1/R_2)}$$

即

$$\frac{\mathrm{d}W_\tau}{\mathrm{d}t} = \pi R_1^2 h_1\left(\rho_1 - \rho\right)g\overline{U} = \int_\tau D\mathrm{d}\tau$$

当圆柱体受力均衡时，则达最终匀速 $\overline{U}$

$$\frac{2\pi h_1\mu\overline{U}}{\ln(R_1/R_2)} = \pi R_1^2 h_1\left(\rho_1 - \rho\right)g$$

所以

$$\overline{U} = \frac{\left(\rho_1 - \rho\right)g}{2\mu}R_1^2\ln(R_2/R_1)$$

解法二：

取定解问题为

$$\begin{cases} \dfrac{\nu}{r}\dfrac{\mathrm{d}}{\mathrm{d}r}\left(r\dfrac{\mathrm{d}u}{\mathrm{d}r}\right) = \left(g + \dfrac{1}{\rho}\dfrac{\partial u}{\partial r}\right) = A \\ r = R_1, u = \overline{U}, r = R_2, u = 0 \end{cases}$$

通解为

$$u\left(r\right) = \frac{A}{4\nu}r^2 + B\ln r + C$$

可得特解为

$$u\left(r\right) = \frac{A}{4\nu}\left(r^2 - R_2^2\right) + \left[\overline{U} + \frac{A}{4\nu}\left(R_2^2 - R_1^2\right)\right]\frac{\ln(r/R_2)}{\ln(R_1/R_2)}$$

柱体平衡方程为

$$\rho_1 g\pi R_1^2 h_1 = \Delta p\pi R_1^2 + \tau_{rx}\big|_{r=R_1}\cdot 2\pi R_1 h_1$$

其中 $\Delta p = \displaystyle\int_{z+h_1}^z\frac{\mathrm{d}p}{\mathrm{d}z}\mathrm{d}z = \int_{z+h_1}^z(-pg + \rho A)\mathrm{d}z = \rho\left(g - A\right)h_1$

$$\tau_{rx}\big|_{r=R_1} = \mu\frac{\mathrm{d}u}{\mathrm{d}r}\bigg|_{r=R_1} = \mu\left\{\frac{AR_1}{2\nu} + \left[\overline{U} + \frac{A}{4\nu}\left(R_2^2 - R_1^2\right)\right]\frac{1}{R_1\ln\left(R_1/R_2\right)}\right\}$$

代入上式解得

$$\overline{U} = \ln\left(R_1/R_2\right)\left\{\frac{1}{2\mu}\left[\left(\rho_1 - \rho\right) + A^2\right]gR_1^2 - \frac{1}{2\nu}AR_1^2\right\} - \frac{A}{4\nu}\left(R_2^2 - R_1^2\right)$$

6.24

解: (1) $P_v = 6\mu\pi a\overline{U}$: 由分子动量输送引起的黏性阻力。

(2) $\dfrac{9}{4}\pi a^2 \rho\overline{U^2}$: 小球与流体碰撞动量交换引起的黏性阻力。

(3) $P_v = 6\mu\pi a\overline{U}\left(1 + \dfrac{3}{8}Re + k_v Re^2 + \cdots\right)$

6.25

解:

(1)
$$U\delta_1 = \int_0^\delta (U - u)\,\mathrm{d}y = U\delta - \int_0^\delta u\,\mathrm{d}y$$

所以
$$\int_0^\delta u\,\mathrm{d}y = U(\delta - \delta_1)$$

即
$$\int_0^\delta \frac{u}{U}\,\mathrm{d}y = \delta - \delta_1$$

(2)
$$U^2\delta_2 = \int_0^\delta u(U - u)\,\mathrm{d}y = U\int_0^\delta u\,\mathrm{d}y - \int_0^\delta u^2\mathrm{d}y = U^2(\delta - \delta_1) - \int_0^\delta u^2\mathrm{d}y$$

$$\int_0^\delta u^2\mathrm{d}y = U^2(\delta - \delta_1 - \delta_2)$$

即
$$\int_0^\delta \left(\frac{u}{U}\right)^2 \mathrm{d}y = \delta - \delta_1 - \delta_2$$

(3)
$$\int_0^\delta \left(\frac{u}{U}\right)^3 \mathrm{d}y = \int_0^\delta \left[\left(\frac{u}{U}\right)^3 + \frac{u}{U} - \frac{u}{U}\right]\mathrm{d}y$$
$$= \int_0^\delta \frac{u}{U}\mathrm{d}y - \int_0^\delta \frac{u}{U}\left[1 - \left(\frac{u}{U}\right)^2\right]\mathrm{d}y$$
$$= \delta - \delta_1 - \delta_3$$

6.26

解: (1) $\dfrac{u}{U} = \dfrac{y}{\delta} = \eta$

$$\delta_1 = \int_0^\delta \left(1 - \frac{u}{U}\right)\mathrm{d}y = \delta\int_0^1 \left(1 - \frac{u}{U}\right)\mathrm{d}\left(\frac{y}{\delta}\right) = \delta\left(\eta - \frac{\eta^2}{2}\right)\Big|_0^1 = \frac{\delta}{2}$$

$$\delta_2 = \int_0^\delta \frac{u}{U}\left(1 - \frac{u}{U}\right)\mathrm{d}y = \delta\int_0^1 \eta(1 - \eta)\mathrm{d}\eta = \delta\left(\frac{\eta^2}{2} - \frac{\eta^3}{3}\right)\Big|_0^1 = \frac{\delta}{6}$$

$$\delta_3 = \int_0^\delta \frac{u}{U}\left(1 - \frac{u^2}{U^2}\right)\mathrm{d}y = \delta\int_0^1 \eta(1 - \eta^2)\mathrm{d}\eta = \delta\left(\frac{\eta^2}{2} - \frac{\eta^4}{4}\right)\Big|_0^1 = \frac{\delta}{4}$$

(2) $\dfrac{u}{U} = \sin\left(\dfrac{\pi}{2}\dfrac{y}{\delta}\right) = \sin\left(\dfrac{\pi}{2}\eta\right)$

$$\delta_1 = \delta\int_0^1 \left[1 - \sin\left(\frac{\pi}{2}\eta\right)\right]\mathrm{d}\eta = \delta\left[\eta + \frac{2}{\pi}\cos\left(\frac{\pi}{2}\eta\right)\right]\Big|_0^1 = \delta\left(1 + \frac{2}{\pi}\cdot 0 - \frac{2}{\pi}\right) = \left(1 - \frac{2}{\pi}\right)\delta$$

$$\delta_2 = \delta \int_0^1 \left[1 - \sin\left(\frac{\pi}{2}\eta\right) \right] \sin\left(\frac{\pi}{2}\eta\right) \mathrm{d}\eta$$

$$= \delta \left\{ -\frac{2}{\pi} \cos\left(\frac{\pi}{2}\eta\right) - \frac{1}{2 \cdot \frac{\pi}{2}} \left[\frac{\pi}{2}\eta - \sin\left(\frac{\pi}{2}\eta\right) \cos\left(\frac{\pi}{2}\eta\right) \right] \right\} \Big|_0^1$$

$$= \delta \left[0 - \frac{1}{\pi}\left(\frac{\pi}{2} - 0\right) + \frac{2}{\pi} \cdot 1 + \frac{1}{\pi} \cdot 0 \right]$$

$$= \delta \left(-\frac{1}{2} + \frac{2}{\pi} \right)$$

$$\delta_3 = \delta \int_0^1 \left[1 - \sin^2\left(\frac{\pi}{2}\eta\right) \right] \sin\left(\frac{\pi}{2}\eta\right) \mathrm{d}\eta$$

$$= \delta \left(-\frac{2}{\pi}\cos\left(\frac{\pi}{2}\eta\right) - \frac{2}{\pi}\left\{ -\cos\left(\frac{\pi}{2}\eta\right)\left[\sin^2\left(\frac{\pi}{2}\eta\right) + 2\right] \right\} \right) \Big|_0^1$$

$$= \delta \left[\frac{2}{\pi} + \frac{2}{\pi}\left(-\frac{2}{3}\right) \right]$$

$$= \delta \frac{2}{\pi}\left(1 - \frac{2}{3}\right)$$

$$= \frac{2}{3\pi}\delta$$

(3) $\dfrac{u}{U} = \dfrac{3}{2}\eta - \dfrac{1}{2}\eta^3$

$$\delta_1 = \delta \int_0^1 \left(1 - \frac{3}{2}\eta + \frac{1}{2}\eta^3 \right) \mathrm{d}\eta = \delta \left(\eta - \frac{3}{4}\eta^2 + \frac{1}{8}\eta^4 \right) \Big|_0^1 = \delta \left(1 - \frac{3}{4} + \frac{1}{8} \right) = \frac{3}{8}\delta$$

$$\delta_2 = \delta \int_0^1 \left[\left(1 - \frac{3}{2}\eta + \frac{1}{2}\eta^3 \right)\left(\frac{3}{2}\eta - \frac{1}{2}\eta^3 \right) \right] \mathrm{d}\eta$$

$$= \delta \int_0^1 \left(\frac{3}{2}\eta - \frac{9}{4}\eta^2 - \frac{1}{2}\eta^3 + \frac{6}{4}\eta^4 - \frac{1}{4}\eta^6 \right) \mathrm{d}\eta$$

$$= \delta \left(\frac{3}{4}\eta^2 - \frac{9}{12}\eta^3 - \frac{1}{8}\eta^4 + \frac{6}{20}\eta^5 - \frac{1}{28}\eta^7 \right) \Big|_0^1$$

$$= \delta \left(\frac{3}{4} - \frac{9}{12} + \frac{6}{20} - \frac{1}{28} \right)$$

$$= \frac{39}{280}\delta$$

$$\delta_3 = \delta \int_0^1 \left\{ \left[1 - \left(\frac{3}{2}\eta - \frac{1}{2}\eta^3 \right)^2 \right] \left(\frac{3}{2}\eta - \frac{1}{2}\eta^3 \right) \right\} \mathrm{d}\eta$$

$$= \delta \int_0^1 \left[\frac{3}{2}\eta - \frac{1}{2}\eta^3 - \left(\frac{9}{4}\eta^2 - \frac{3}{2}\eta^4 + \frac{1}{4}\eta^6 \right)\left(\frac{3}{2}\eta - \frac{1}{2}\eta^3 \right) \right] \mathrm{d}\eta$$

$$= \delta \int_0^1 \left[\frac{3}{2}\eta - \frac{1}{2}\eta^3 - \left(\frac{27}{8}\eta^3 - \frac{9}{4}\eta^5 + \frac{3}{8}\eta^7 - \frac{9}{8}\eta^5 + \frac{3}{4}\eta^7 - \frac{1}{8}\eta^6 \right) \right] \mathrm{d}\eta$$

$$= \delta \left(\frac{3}{4}\eta^2 - \frac{31}{32}\eta^4 + \frac{27}{48}\eta^6 - \frac{9}{64}\eta^7 + \frac{1}{80}\eta^{10} \right) \Big|_0^1$$

$$= \frac{69}{320}\delta$$

6.27

解: (1)

$$\frac{u}{U} = \frac{y}{\delta} = \eta, \delta_2 = \frac{\delta}{6}$$

$$\tau_0 = \frac{\mathrm{d}}{\mathrm{d}x}\left(\rho U^2 \delta_2\right) = \frac{\mathrm{d}}{\mathrm{d}x}\left(\rho U^2 \frac{\delta}{6}\right) = \frac{1}{6}\rho U^2 \frac{\mathrm{d}\delta}{\mathrm{d}x}$$

$$\tau_0 = \mu\left(\frac{\partial u}{\partial y}\right)_{y=0} = \mu U \frac{1}{\delta}$$

所以

$$\delta \mathrm{d}\delta = \frac{6\mu}{\rho U}\mathrm{d}x, \quad \frac{1}{2}\delta^2 = \frac{6\mu}{\rho U}x$$

$$\delta = \sqrt{\frac{12\mu x}{\rho U}} = 3.46\sqrt{\frac{\mu x}{\rho U}} = 3.46\frac{x}{\sqrt{Re_x}}$$

$$\overline{U} = \mu U \frac{1}{\delta} = \frac{\mu U}{3.46x}\sqrt{Re_x} = \frac{\mu U}{3.46}\sqrt{\frac{\rho U}{\mu x}} = \frac{\rho U^2}{3.46}\sqrt{\frac{\mu}{\rho U x}}$$

$$F_{Df} = \int_0^L \tau_0 \mathrm{d}x = \frac{\rho U^2}{3.46}\sqrt{\frac{\mu}{\rho U}}2\sqrt{L} = \frac{4}{3.46}\frac{1}{\sqrt{Re_L}}\frac{1}{2}\rho U^2 L$$

所以

$$C_{Df} = \frac{4}{3.46}\frac{1}{\sqrt{Re_L}} = 1.16\frac{1}{\sqrt{Re_L}}$$

(2)

$$\frac{u}{U} = \sin\left(\frac{\pi}{2}\frac{y}{\delta}\right) = \sin\left(\frac{\pi}{2}\eta\right)$$

$$\delta_2 = \delta\left(-\frac{1}{2} + \frac{2}{\pi}\right)$$

$$\tau_0 = \frac{\mathrm{d}}{\mathrm{d}x}\left(\rho U^2 \delta_2\right) = \frac{\mathrm{d}}{\mathrm{d}x}\left[\rho U^2 \delta\left(-\frac{1}{2} + \frac{2}{\pi}\right)\right] = \left(-\frac{1}{2} + \frac{2}{\pi}\right)\rho U^2 \frac{\mathrm{d}\delta}{\mathrm{d}x}$$

$$\tau_0 = \mu\left(\frac{\partial u}{\partial y}\right)_{y=0} = \mu\frac{U}{\delta}\frac{\partial\left(u/U\right)}{\partial\left(y/\delta\right)}\bigg|_{\eta=0} = \mu\frac{U}{\delta}\cos\left(\frac{\pi}{2}\eta\right)\cdot\frac{\pi}{2}\bigg|_{\eta=0} = \frac{\pi\mu U}{2}\frac{1}{\delta}$$

$$\left(-\frac{1}{2} + \frac{2}{\pi}\right)\delta \mathrm{d}\delta = \frac{\pi\mu}{2\rho U}\mathrm{d}x$$

$$\delta^2 = \frac{2\pi}{4-\pi}\cdot\frac{\pi\mu}{\rho U}x = \frac{2\pi^2\mu}{(4-\pi)\rho U}x$$

$$\delta = \pi\sqrt{\frac{2}{4-\pi}}\sqrt{\frac{\nu}{U}}\sqrt{x} = \pi\sqrt{\frac{2}{4-\pi}}\frac{x}{\sqrt{Re_x}}$$

$$\tau_0 = \frac{\pi}{2}\mu U\frac{1}{\delta} = \frac{1}{2}\sqrt{2-\frac{\pi}{2}}\rho U^2\sqrt{\frac{\mu}{\rho U}}\frac{1}{\sqrt{x}} = \sqrt{2-\frac{\pi}{2}}\cdot\frac{1}{2}\rho U^2\frac{1}{\sqrt{Re_x}}$$

$$F_{Df} = \int_0^L \tau_0 \mathrm{d}x = \sqrt{2-\frac{\pi}{2}}\cdot\frac{1}{2}\rho U^2\cdot\sqrt{\frac{\mu}{\rho U}}2\sqrt{L} = 2\sqrt{2-\frac{\pi}{2}}\frac{1}{\sqrt{Re_L}}\frac{1}{2}\rho U^2 L$$

所以

$$C_{Df} = 2\sqrt{2-\frac{\pi}{2}}\frac{1}{\sqrt{Re_L}}$$

(3)

$$\frac{u}{U} = \frac{3}{2}\eta - \frac{1}{2}\eta^3$$

$$\delta_2 = \frac{39}{280}\delta$$

$$\tau_0 = \frac{\mathrm{d}}{\mathrm{d}x}\left(\rho U^2\frac{39}{280}\delta\right) = \frac{39\rho U^2}{280}\frac{\mathrm{d}\delta}{\mathrm{d}x}$$

$$\tau_0 = \mu \left(\frac{\partial u}{\partial y} \right)_{y=0} = \mu \frac{U}{\delta} \cdot \frac{3}{2}$$

$$\delta \mathrm{d}\delta = \frac{3}{2} \mu U \frac{280}{39 \rho U^2} \mathrm{d}x = \frac{140}{13} \frac{\mu}{\rho U} \mathrm{d}x$$

$$\delta^2 = \frac{280}{13} \frac{\mu}{\rho U} \mathrm{d}x, \quad \delta = \sqrt{\frac{280}{13}} \sqrt{\frac{\mu}{\rho U}} x = \sqrt{\frac{280}{13}} \frac{x}{\sqrt{Re_x}}$$

$$\tau_0 = \mu \frac{U}{\delta} \cdot \frac{3}{2} = \frac{3}{2} \sqrt{\frac{13}{280}} \rho U^2 \sqrt{\frac{\mu}{\rho U}} \frac{1}{\sqrt{x}} = 3 \sqrt{\frac{13}{280}} \frac{1}{\sqrt{Re_x}} \frac{1}{2} \rho U^2$$

$$F_{Df} = 3 \sqrt{\frac{13}{280}} \frac{1}{2} \rho U^2 \sqrt{\frac{\mu}{\rho U}} \cdot 2\sqrt{L} = 6 \sqrt{\frac{13}{280}} \frac{1}{\sqrt{Re_L}} \frac{1}{2} \rho U^2 L$$

$$C_{Df} = 6 \sqrt{\frac{13}{280}} \frac{1}{\sqrt{Re_L}}$$

6.28

解：

$$\delta_1 = \int_0^\delta \left(1 - \frac{u}{U} \right) \mathrm{d}y = \delta \int_0^1 (1 - \eta^n) \mathrm{d}\eta = \delta \left(\eta - \frac{1}{n+1} \eta^{n+1} \right) \Big|_0^1 = \delta \left(1 - \frac{1}{n+1} \right) = \frac{n}{n+1} \delta$$

$$\delta_2 = \int_0^\delta \frac{u}{U} \left(1 - \frac{u}{U} \right) \mathrm{d}y = \delta \int_0^1 (\eta^n - \eta^{2n}) \mathrm{d}\eta$$

$$= \delta \left(\frac{1}{n+1} \eta^{n+1} - \frac{1}{2n+1} \eta^{2n+1} \right) \Big|_0^1 = \delta \left(\frac{1}{n+1} - \frac{1}{2n+1} \right)$$

$$= \delta \frac{2n+1-n-1}{(n+1)(2n+1)} = \delta \frac{n}{(n+1)(2n+1)}$$

$$\delta_3 = \int_0^\delta \frac{u}{U} \left(1 - \frac{u^2}{U^2} \right) \mathrm{d}y = \delta \int_0^1 (\eta^n - \eta^{3n}) \mathrm{d}\eta$$

$$= \delta \left(\frac{1}{n+1} \eta^{n+1} - \frac{1}{3n+1} \eta^{3n+1} \right) \Big|_0^1 = \delta \left(\frac{1}{n+1} - \frac{1}{3n+1} \right)$$

$$= \delta \frac{2n}{(n+1)(3n+1)}$$

当 $n = \frac{1}{7}$ 时

$$\frac{\delta_1}{\delta} = \frac{n}{n+1} = 0.125$$

$$\frac{\delta_2}{\delta} = \frac{n}{(n+1)(2n+1)} = \frac{7}{72}$$

$$\frac{\delta_3}{\delta} = \frac{2n}{(n+1)(3n+1)} = \frac{7}{40}$$

6.29

解：

$$\delta_2 = \int_0^\delta \frac{u}{U} \left(1 - \frac{u}{U} \right) \mathrm{d}y = \delta \int_0^1 \left(1 - \eta^{\frac{1}{n}} \right) \eta^{\frac{1}{n}} \mathrm{d}\eta$$

$$= \delta \int_0^1 \left(\eta^{\frac{1}{n}} - \eta^{\frac{2}{n}} \right) \mathrm{d}\eta = \delta \left(\frac{1}{\frac{1}{n}+1} \eta^{\frac{1}{n}+1} - \frac{1}{\frac{2}{n}+1} \eta^{\frac{2}{n}+1} \right) \Bigg|_0^1$$

$$=\delta\left(\frac{n}{n+1}-\frac{n}{n+2}\right)=\delta\frac{n(n+2)-n(n+1)}{(n+1)(n+2)}$$

$$=\delta\frac{n}{(n+1)(n+2)}$$

$$\tau_0=\frac{\mathrm{d}}{\mathrm{d}x}\left(\rho U^2\delta_2\right)=\frac{\mathrm{d}}{\mathrm{d}x}\left(\rho U^2\delta\frac{n}{(n+1)(n+2)}\right)=\frac{n\rho U^2}{(n+1)(n+2)}\frac{\mathrm{d}\delta}{\mathrm{d}x}\qquad(*)$$

因为

$$\frac{\overline{u}}{\sqrt{\tau_0/\rho}}=8.74\left(\frac{\sqrt{\tau_0/\rho}y\rho}{\mu}\right)^{\frac{1}{n}}\qquad①$$

$$y=\delta,\overline{u}=U_0$$

$$\frac{U_0}{\sqrt{\tau_0/\rho}}=8.74\left(\frac{\sqrt{\tau_0/\rho}\delta\rho}{\mu}\right)^{\frac{1}{n}}\qquad②$$

①/②⇒

$$\frac{\overline{u}}{U_0}=\left(\frac{y}{\delta}\right)^{\frac{1}{n}}$$

由②可得

$$\frac{U_0^2}{\tau_0/\rho}=8.74^2\left(\frac{\sqrt{\tau_0/\rho}\delta\rho}{\mu}\right)^{\frac{2}{n}}$$

$$\frac{\rho U_0^2}{8.74^2}\cdot\left(\frac{\mu}{\delta\rho}\right)^{\frac{2}{n}}=\tau_0\left(\frac{\tau_0}{\rho}\right)^{\frac{1}{2}\cdot\frac{2}{n}}=\tau_0\left(\frac{\tau_0}{\rho}\right)^{\frac{1}{n}}=\tau_0^{\frac{n+1}{n}}\left(\frac{1}{\rho}\right)^{\frac{1}{n}}$$

$$\tau_0^{\frac{n+1}{n}}=\frac{\rho U_0^2}{8.74^2}\cdot\left(\frac{\mu}{\delta\rho}\right)^{\frac{2}{n}}\cdot\left(\frac{1}{\rho}\right)^{-\frac{1}{n}}=\frac{\rho U_0^2}{8.74^2}\cdot\left(\frac{\mu}{\delta}\right)^{\frac{2}{n}}\cdot\left(\frac{1}{\rho}\right)^{\frac{1}{n}}$$

$$\tau_0=\left(\frac{\rho U_0^2}{8.74^2}\right)^{\frac{n}{n+1}}\cdot\left(\frac{\mu}{\delta}\right)^{\frac{2}{n+1}}\cdot\left(\frac{1}{\rho}\right)^{\frac{1}{n+1}}\qquad③$$

③与 (∗) 可得

$$\frac{n\rho U^2}{(n+1)(n+2)}\frac{\mathrm{d}\delta}{\mathrm{d}x}=\left(\frac{\rho U_0^2}{8.74^2}\right)^{\frac{n}{n+1}}\cdot\left(\frac{\mu}{\delta}\right)^{\frac{2}{n+1}}\cdot\left(\frac{1}{\rho}\right)^{\frac{1}{n+1}}$$

6.30

解:

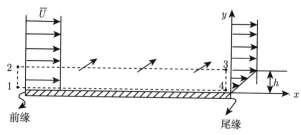

答图 6.30

选一矩形控制体如答图 6.30 虚线所示

$$\boldsymbol{F} = \int_{CS} (\rho \boldsymbol{V})\, \boldsymbol{V} \cdot \mathrm{d}\boldsymbol{A}$$

其中 $\boldsymbol{F}$ 为作用于流体上的总力, 而假定在整个流动中压力是均匀的, 因而上式在平行于板面方向 (x 方向), F_x 即为板作用于流体之切向力。在表面 2-3 上流体速度之垂直分量很小, 平行于板之分量近于 $\overline{U}$, 故单位宽的板所对应的力 F_x 为

$$F_x = -\rho \overline{U}^2 h + \int_0^h \left(\rho U^2 y^2 / h^2 \right) \mathrm{d}y + \dot{m}\overline{U}$$

其中 $\dot{m}$ 是通过单位宽的表面 2-3 的质量流量, 且

$$\dot{m} = \rho \overline{U}h - \rho \overline{U}\frac{h}{2} = \rho \overline{U}\frac{h}{2}$$

所以

$$F_x = -\rho \overline{U}^2 h + \rho \overline{U}^2\frac{h}{3} + \rho \overline{U}^2\frac{h}{2} = -\rho \overline{U}^2\frac{h}{6}$$

F_x 沿 x 负向, 是作用于流体上的减速力, 而流体作用于板上的力与 F_x 相等反向。

6.31

解:

引入边界层概念, 就将流体的黏性影响局限在边界层内部, 由于边界层很薄, 运动方程可以简化, 便于求解。在外流中则可应用理想势流的理论结果。

边界层和外流区相对厚度的改变取决于惯性力和黏性力之间的关系, 也就是说取决于流动雷诺数的数值。雷诺数越大, 即惯性力的相对值越大, 则边界层的厚度就越薄, 相应地外流区的厚度就越大。反之, 随着黏性作用的增长, 边界层就变厚, 而外流区就变小。

边界层理论的最大意义在于区分了边界层内部和外部, 内部要考虑黏性, 而外部则可近似当做理想流体处理, 从而对分析问题、解决问题提供了简化方程的理论依据。

6.32

解: 若 $\overline{U} = $ 常数, 则由动量方程得

$$\frac{\mathrm{d}\delta_2}{\mathrm{d}x} = \frac{\tau_0}{\rho \overline{U}^2} = \frac{\mu}{\rho \overline{U}^2}\left(\frac{\partial u}{\partial y} \right)_{y=0} = \frac{\mu}{\rho \overline{U}^2}\frac{\overline{U}}{\delta_2}\frac{\mathrm{d}f}{\mathrm{d}y}\bigg|_{y=0}$$

积分之

$$\frac{1}{2}\left(\delta_2 \right)^2 = \frac{\nu}{\overline{U}}\frac{\mathrm{d}f}{\mathrm{d}y}\bigg|_{y=0} x = \frac{\nu}{\overline{U}}f'(0)\, x$$

即

$$\delta_2 = \sqrt{2\frac{\nu}{\overline{U}}f'(0)\, x}$$

6.33

解: 由于

$$\delta_2 = \int_0^\delta \frac{u}{\overline{U}}\left(1 - \frac{u}{\overline{U}}\right)\mathrm{d}y = \int_0^\delta \sin\frac{\pi}{2}\frac{y}{\delta}\left(1 - \sin\frac{\pi}{2}\frac{y}{\delta}\right)\mathrm{d}y$$

$$= -\frac{2\delta}{\pi}\cos\frac{\pi}{2}\frac{y}{\delta}\Big|_0^\delta + \frac{1}{2}\left(\frac{2\delta}{\pi}\sin\frac{\pi y}{\delta} - y\right)\Big|_0^\delta = \frac{2\delta}{\pi} - \frac{1}{2}\delta = \frac{\delta}{6}$$

而

$$\tau_0 = \mu\left(\frac{\partial u}{\partial y}\right)_{y=0} = \mu\overline{U}\frac{\pi}{2\delta}\cos\frac{\pi}{2}\frac{y}{\delta}\Big|_{y=0} = \frac{\mu\overline{U}\pi}{2\delta}$$

所以

$$\frac{1}{6}\frac{\mathrm{d}\delta}{\mathrm{d}x} = \frac{1}{\rho\overline{U}^2}\frac{\mu\overline{U}\pi}{2\delta} = \frac{\nu\pi}{2\pi\delta}$$

$$\delta^2 = \frac{6\nu\pi x}{\overline{U}}, \quad \delta(x) = \sqrt{\frac{6\nu\pi x}{\overline{U}}}$$

6.34

解:

量	MLT 系	FLT 系
力 (F)	MLT^{-2}	F
质量 (m)	M	$FL^{-1}T^2$
密度 (ρ)	ML^{-3}	$FL^{-4}T^2$
压力 (p)	$ML^{-1}T^{-2}$	FL^{-2}
能量 (E)	ML^2T^{-2}	FL
动量 (k)	MLT^{-1}	FT
动力黏度 (μ)	$ML^{-1}T^{-1}$	$FL^{-2}T$
运动黏度 (ν)	L^2T^{-1}	L^2T^{-1}
表面张力 (σ)	MT^{-2}	FL^{-1}

6.35

解:

(1) $P = f(\omega, D, \rho, c)$, $n = 5$;

(2) 选用 M, L, T 为基本量纲;

(3) $P \quad \omega \quad D \quad \rho \quad c$

$$\frac{ML^2}{T^3} \quad \frac{1}{T} \quad L \quad \frac{M}{L^3} \quad \frac{L}{T} \quad (r = 3)$$

(4) 选 ρ, ω, D 为循环变数 $(m = r = 3)$;

(5) 应求得 $n - m = 2$ 个无量纲数;

$$\Pi_1 = \rho^a\omega^b D^c P = \left(\frac{M}{L^3}\right)^a\left(\frac{1}{T}\right)^b (L)^c\left(\frac{ML^2}{T^3}\right) = M^0L^0T^0$$

$$\left.\begin{array}{l} M: a + 1 = 0 \\ L: -3a + c + 2 = 0 \\ T: -b - 3 = 0 \end{array}\right\} \Rightarrow \left.\begin{array}{l} a = -1 \\ c = -5 \\ b = -3 \end{array}\right\} \Rightarrow \Pi_1 = \frac{P}{\rho\omega^3 D^5} = C_P(\text{功率因素})$$

$$\Pi_2 = \rho^d \omega^e D^f c = \left(\frac{M}{L^3}\right)^d \left(\frac{1}{T}\right)^e (L)^f \left(\frac{L}{T}\right) = M^0 L^0 T^0$$

$$\left.\begin{array}{l} M: d = 0 \\ L: -3d + f + 1 = 0 \\ T: -e - 1 = 0 \end{array}\right\} \Rightarrow \left.\begin{array}{l} d = 0 \\ f = -1 \\ e = -1 \end{array}\right\} \Rightarrow \Pi_2 = \frac{c}{\omega D}$$

$Ma = \dfrac{1}{\Pi_2} = \dfrac{\omega D}{c}$，为转动马赫数。所以

$$\Pi_1 = f(\Pi_2)$$

$$C_P = f(Ma)$$

即

$$\frac{P}{\rho \omega^3 D^5} = f\left(\frac{\omega D}{c}\right)$$

$$P = \rho \omega^3 D^5 f\left(\frac{\omega D}{c}\right)$$

6.36

解：

(1) $d = f(\rho, \mu, \sigma, V, D)$，$n = 6$；

(2) 选 MLT 系；

(3)
$$\begin{array}{ccccccc} d & \rho & \mu & \sigma & V & D \\ L & \dfrac{M}{L^3} & \dfrac{M}{LT} & \dfrac{M}{T^2} & \dfrac{L}{T} & L & (r = 3) \end{array}$$

(4) 选 ρ, D, V 为循环变数（$m = r = 3$）；

(5) 应求得 $n - m = 3$ 个无量纲数；

$$\Pi_1 = \rho^a D^b V^c d = \left(\frac{M}{L^3}\right)^a (L)^b \left(\frac{L}{T}\right)^c (L) = M^0 L^0 T^0$$

$$\left.\begin{array}{l} M: a = 0 \\ L: -3a + b + c + 1 = 0 \\ T: -c = 0 \end{array}\right\} \Rightarrow \left.\begin{array}{l} a = 0 \\ b = -1 \\ c = 0 \end{array}\right\} \Rightarrow \Pi_1 = \frac{d}{D}$$

$$\Pi_2 = \rho^d D^e V^f \mu = \left(\frac{M}{L^3}\right)^d (L)^e \left(\frac{L}{T}\right)^f \left(\frac{M}{LT}\right) = M^0 L^0 T^0$$

$$\left.\begin{array}{l} M: d + 1 = 0 \\ L: -3d + e + f - 1 = 0 \\ T: -f - 1 = 0 \end{array}\right\} \Rightarrow \left.\begin{array}{l} d = -1 \\ e = -1 \\ f = -1 \end{array}\right\} \Rightarrow \Pi_2 = \frac{\mu}{\rho D V}$$

$$\Pi_3 = \rho^g D^h V^i \sigma = \left(\frac{M}{L^3}\right)^g (L)^h \left(\frac{L}{T}\right)^i \left(\frac{M}{T^2}\right) = M^0 L^0 T^0$$

$$\left.\begin{array}{l} M: g + 1 = 0 \\ L: -3g + h + i = 0 \\ T: -i - 2 = 0 \end{array}\right\} \Rightarrow \left.\begin{array}{l} g = -1 \\ h = -1 \\ i = -2 \end{array}\right\} \Rightarrow \Pi_3 = \frac{\sigma}{\rho D V^2}$$

6.37

解:

(1) $V = f(\lambda, D, \rho, g), n = 5$;

(2) 选 MLT 系;

(3)
$$
\begin{array}{ccccc}
V & \lambda & D & \rho & g \\
\dfrac{L}{T} & L & L & \dfrac{M}{L^3} & \dfrac{L}{T^2}
\end{array} \quad (r = 3)
$$

(4) 选 ρ, D, g 为循环变数 ($m = r = 3$);

(5) 应求得 $n - m = 2$ 个无量纲数;

$$\Pi_1 = \rho^a D^b g^c V = \left(\frac{M}{L^3}\right)^a (L)^b \left(\frac{L}{T^2}\right)^c \left(\frac{L}{T}\right) = M^0 L^0 T^0$$

$$
\left.\begin{array}{l}
M : a = 0 \\
L : -3a + b + c + 1 = 0 \\
T : -2c - 1 = 0
\end{array}\right\} \Rightarrow
\left.\begin{array}{l}
a = 0 \\
b = -\dfrac{1}{2} \\
c = -\dfrac{1}{2}
\end{array}\right\} \Rightarrow \Pi_1 = \frac{V}{\sqrt{Dg}}
$$

$$\Pi_2 = \rho^d D^e g^f \lambda = \left(\frac{M}{L^3}\right)^d (L)^e \left(\frac{L}{T^2}\right)^f (L) = M^0 L^0 T^0$$

$$
\left.\begin{array}{l}
M : d = 0 \\
L : -3d + e + f + 1 = 0 \\
T : 2f = 0
\end{array}\right\} \Rightarrow
\left.\begin{array}{l}
d = 0 \\
e = -1 \\
f = 0
\end{array}\right\} \Rightarrow \Pi_2 = \frac{\lambda}{D}
$$

$$\Pi_1 = f(\Pi_2)$$

$$\frac{V}{\sqrt{Dg}} = f\left(\frac{\lambda}{D}\right)$$

所以

$$V = \sqrt{Dg} f\left(\frac{\lambda}{D}\right)$$

6.38

解:

$$V_m = 39.2\text{m/s}, \quad V_p = 39.2\text{m/s}$$

6.39

解:

(1) 必须动力相似

(2) $F_r = \dfrac{V^2}{\dfrac{L}{g}} = \dfrac{V_0^2}{\dfrac{L_0}{g}} \Longrightarrow V = 2.24\text{m/s}$

(3)

$$Re = \frac{VL}{\mu} \Longrightarrow \frac{10 \times L}{1.48 \times 10^{-5}}$$

$$= \frac{2.24 \times 0.05L}{\mu}$$

$$\mu = 1.66 \times 10^{-7}$$

6.40

解:

$Re = \dfrac{VL}{\mu}$, 因为 $\mu_{空气} = 1.48 \times 10^{-5}$

$\mu_水 = 1.05 \times 10^{-6}$, 所以 $27.78 \times \dfrac{1}{1.48 \times 10^{-5}} = u \times \dfrac{1}{3 \times 1.05 \times 10^{-6}}$

所以 $u = 5.91 \text{m/s}$

还必须考虑水的压力使其欧拉数相等, $P/\rho \cdot V^2 \Longrightarrow P = 3.5 \times 10^{+6} \text{Pa} = 350\text{m}$

6.41

解:

(1) $V = f(\sigma, \lambda, \rho)$, $n = 4$;

(2) 选 MLT 系;

(3)
$$\begin{array}{cccc} V & \sigma & \lambda & \rho \\ \dfrac{L}{T} & \dfrac{M}{T^2} & L & \dfrac{M}{L^3} \end{array} \quad (r = 3)$$

(4) 选 ρ, σ, λ 为循环变数 $(m = r = 3)$;

(5) 应求得 $n - m = 1$ 个无量纲数;

$$\Pi_1 = \rho^a \sigma^b \lambda^c V = \left(\frac{M}{L^3}\right)^a \left(\frac{M}{T^2}\right)^b (L)^c \left(\frac{L}{T}\right) = M^0 L^0 T^0$$

$$\left.\begin{array}{l} M: a + b = 0 \\ L: -3a + c + 1 = 0 \\ T: -2b - 1 = 0 \end{array}\right\} \Rightarrow \left.\begin{array}{l} a = \dfrac{1}{2} \\ b = -\dfrac{1}{2} \\ c = \dfrac{1}{2} \end{array}\right\} \Rightarrow \Pi_1 = \sqrt{\dfrac{\rho \lambda}{\sigma}} V$$

根据 Π 定理, $\Pi_1 = \text{const}$, 所以

$$V \propto \sqrt{\dfrac{\sigma}{\rho \lambda}}$$

6.42

解: 根据物理现象相似的定义, 两个流场相似等价于两个流场对应点在对应时刻所有表征流动状态的相应物理量各自保持固定比例。一般要求几何相似、运动相似、动力相似、热力学相似以及质量相似, 两个流动才相似。判断两个现象一般的依据是相似定理。相似定理连接的是现象的相似与单值条件的相似和相似准则的相同之间的对应关系。

相似条件: 模型实验中, 模型与实物间必须保持某种关系, 即需要满足若干基本条件, 才能保证模型与实物的相似, 这些基本条件或相互关系称为 "相似条件"。相似条件是模型实验的基础。一个物理过程, 总有很多的物理量参与变化, 如果物理过程不是随机现象, 这些量之间就必然存在着相互制约的关系, 这种关系可以用数学基本方程组表达出来。如果两个现象参与的物理量一一对应并且性质相同, 又同时满足同一方程组, 它们的两个对应点在对应时间和对应空间位置上, 其对应的物理量成比例, 在对模型和实物的两个方程做相似变换时 (即所有变数都用和它成比例的量代替), 每一个方程的各项都可以得到一组相似常数集团和物理量集团。前者称为 "相似指标"; 后者叫做 "相似判断" "相似不变量" 或 "相似准则"。若两个现象相似, 必须满足一定条件, 这些条件称为相似定律或相似原理。①若两个现象相似, 其相似指标等于 1, 或对应时间、对应空间及对应物理量组成的相似判据相等, 称为相似第一定律。②若两

个现象相似，量纲为一的相似判据方程相等，称为相似第二定律。③模型与实物相似的充分条件是单值量构成的量纲为一的判据相等。

6.43

解：该定理主要用于简化函数结构，使原先 n 个变量之间的函数关系简化为 $n-k$ 个无量纲值之间的函数关系，其函数关系的具体形式不能由该定理得出，而需要由实验研究确定。

6.44

解：自转地球上的两种相似大气运动，其第二种流场的运动方程可表示为

$$\frac{c_V}{c_t}\frac{\partial \omega_1}{\partial t} + \frac{c_V^2}{c_l}\left(u_1\frac{\partial \omega_1}{\partial x_1} + v_1\frac{\partial \omega_1}{\partial y_1} + w_1\frac{\partial \omega_1}{\partial z_1}\right)$$

$$= c_F F_{z_1} - 2c_\Omega c_V\left(\Omega_{x_1}v_1 - \Omega_{y_1}u_1\right) - \frac{c_p}{c_l c_\rho}\frac{1}{\rho}\frac{\partial p_1}{\partial z_1} + \frac{c_\nu c_V}{c_l^2}\nu_1\nabla_1^2 w_1$$

其中 $(-2\Omega\times\boldsymbol{V})_z = -2\left(\Omega_x v - \Omega_y u\right)$，且 $\Omega_{x_2} = c_\Omega\Omega_{x_1}$，$\Omega_{y_2} = c_\Omega\Omega_{y_1}$，$\Omega_{z_2} = c_\Omega\Omega_{z_1}(\because \Omega_1 = \Omega_2 = \Omega$ $\therefore c_\Omega = 1)$。

由相似定义，上列方程中各项的系数必须完全相似，取

$$\frac{c_V^2}{c_l} = c_\Omega c_V$$

即

$$\frac{c_V}{c_\Omega c_l} = 1$$

或

$$\frac{\Omega l_1}{V_1} = \frac{\Omega l_2}{V_2} = Ro, \quad Ro = \frac{V^2/l}{\Omega V} = \frac{V}{\Omega l}$$

即两流场的 Ro 数应相等。

第 7 章

7.1

解：重力表面波是具有自由表面的不可压缩理想流体在重力作用下产生的波动。重力表面波产生的物理机制可以这样解释，当平静的水面受到某种扰动出现凹凸不平的起伏时，考虑自由面下某一水平面上不同地方的压力分布。由于重力作用，凸面下部的压力比凹面下部压力大，产生水平压力梯度力，引起流体运动，因而凸面下部出现水平的速度辐散，凹面下部有水平速度辐合。由于流体不可压缩，水平的辐散辐合必引起竖直的下落和上升运动，这样就反过来改变了原来的凹凸不平液面形状，从而形成重力表面波。

流体在平衡时，其自由面是水平的，各质点速度为 0。若表面上流体质点突然受到一瞬时力的作用 (如阵风吹过)，使流体质点发生运动，便形成重力表面波。现在证明，不可压缩理想重流体 (即受重力作用的流体)，由于瞬时力作用在自由面上形成的波动是无旋的。

首先证明，原来静止的不可压缩理想流体，在表面上的瞬时力作用终了时的运动是无旋的。当瞬时力作用于表面上某点时，使其压力发生巨大变化，并立刻引起整个流体内各点压力的变化，由原来的 p 变为 $p + p^*$，并且 $p^* \gg p$，$\nabla p^* \gg \nabla p$。由于瞬时力作用时间 δt 很短，所以该瞬时压力的冲量是有限的，即 $p = \int_0^{\delta t} p^* \mathrm{d}t$。

为了研究瞬时压力冲量的作用, 本书考虑运动微分方程

$$\frac{\partial \boldsymbol{V}}{\partial t} + (\boldsymbol{V} \cdot \nabla)\boldsymbol{V} = \boldsymbol{f} - \frac{1}{\rho}\nabla p - \frac{1}{\rho}\nabla p^*$$

将上式从瞬时力开始 $(t=0)$ 到终了 $(t=\delta t)$ 进行积分, 即

$$\int_0^{\delta t} \frac{\partial \boldsymbol{V}}{\partial t}\mathrm{d}t + \int_0^{\delta t}(\boldsymbol{V} \cdot \nabla)\boldsymbol{V}\mathrm{d}t = \int_0^{\delta t}\boldsymbol{f}\mathrm{d}t - \int_0^{\delta t}\frac{1}{\rho}\nabla p\mathrm{d}t - \int_0^{\delta t}\frac{1}{\rho}\nabla p^*\mathrm{d}t$$

可得

$$\boldsymbol{V} - \boldsymbol{V}_0 = -\int_0^{\delta t}\frac{1}{\rho}\nabla p^*\mathrm{d}t \qquad\qquad ①$$

这是终了时刻的速度场空间分布式。$\boldsymbol{V}$ 和 $\boldsymbol{V}_0$ 表示空间某一点处在瞬时力作用结束及开始时刻的速度。在推导上式时, 由于 $\int_0^{\delta t}(\boldsymbol{V} \cdot \nabla)\boldsymbol{V}\mathrm{d}t$ 及 $\int_0^{\delta t}\boldsymbol{f}\mathrm{d}t$ 和 $-\int_0^{\delta t}\frac{1}{\rho}\nabla p\mathrm{d}t$ 与 $-\int_0^{\delta t}\frac{1}{\rho}\nabla p^*\mathrm{d}t$ 相比为小量, 因此都可略去。

将式①右端的梯度运算与对时间积分运算的次序交换, 并考虑流体为不可压缩, 以及初始时刻 $(t=0)$ 流体处于静止状态。

于是有

$$\boldsymbol{V} = -\int_0^{\delta t}\frac{1}{\rho}\nabla p^*\mathrm{d}t = \nabla\left(\frac{1}{\rho}\int_0^{\delta t}p^*\mathrm{d}t\right) = -\nabla\varphi = -\nabla\left(\frac{p}{\rho}\right)$$

上式表明, 瞬时作用力结束时刻的流场是无旋的。其速度势为

$$\varphi = -\left(\frac{1}{\rho}\int_0^{\delta t}p^*\mathrm{d}t\right) = \frac{p}{\rho}$$

要唯一确定一个波动解, 还必须给定初始条件, 即波动开始时的 φ 及 $\frac{\partial\varphi}{\partial t}$ 的值。波动的起因可以是因为初始液面不平, 或是因为有瞬时力作用引起初速度 (把瞬时力停止作用的时刻作为研究波动的初时刻); 或是两种原因兼有, 这里给出一般情况下的初始条件, 即在初时刻既存在初始速度, 又存在初始波面, 初始条件的形式为 $t=0, z=0$ 处

$$\begin{cases} \varphi = F(x,y) = \dfrac{1}{\rho}\displaystyle\int_0^{\delta t}p^*\mathrm{d}t \\[2mm] \dfrac{\partial\varphi}{\partial t} = f(x,y) = g\xi(x,y,0) \end{cases}$$

把瞬时力结束的时刻作为所考虑的波动的初始时刻。由于质量力只考虑重力作用, 因此满足拉格朗日涡旋守恒定理成立的三个条件 (理想、不可压、有势), 因此涡旋守恒, 故瞬时力作用停止后, 流体的运动仍然是无旋的。

7.2

解: 流体的边界一般由底壁和自由面组成。在静止的底壁上的流体必沿切向流动, 即法向分速为零

$$V_n = -\frac{\partial\varphi}{\partial n} = 0$$

若底壁为固定平面 $z=-h$, 则底部边界条件可写为

$$\left(\frac{\partial\varphi}{\partial z}\right)_{z=-h} = 0$$

自由面上的边界条件比较复杂, 它可分为动力学条件和运动学条件。

自由面方程为 $z = \xi(x, y, t)$，在自由面上流体的压力为 p_0，代入拉格朗日积分式，可得

$$-\left(\frac{\partial \varphi}{\partial t}\right)_{z=\xi} + g\xi(x, y, t) = 0$$

即

$$\xi(x, y, t) = \frac{1}{g}\left(\frac{\partial \varphi}{\partial t}\right)_{z=\xi} \qquad ①$$

此式即为自由面上动力学条件，若速度势 φ 为已知，则可由此式确定自由面形状，即波的轮廓，所以叫波轮廓方程。考虑到小振幅波的假设，其右端在 $z = \xi$ 处的值可近似地用 $z = 0$ 处的值代替，则有

$$\xi(x, y, t) = \frac{1}{g}\left(\frac{\partial \varphi}{\partial t}\right)_{z=0}$$

现在讨论自由面的运动学条件。由于自由面是物质面，即自由面上的流体质点在波动中仍处于自由面上，因此其重直速度分量为

$$w = \frac{\mathrm{d}z}{\mathrm{d}t} = \frac{\mathrm{d}\xi}{\mathrm{d}t} = \frac{\partial \xi}{\partial t} + (\boldsymbol{V} \cdot \nabla)\xi = \frac{\partial \xi}{\partial t} + u\frac{\partial \xi}{\partial x} + v\frac{\partial \xi}{\partial y}$$

由小振幅波的假设，上式右端后两项可以略去，左端用速度势表示，故有

$$-\left(\frac{\partial \varphi}{\partial z}\right)_{z=0} = \left(\frac{\partial \xi}{\partial t}\right)_{z=0}$$

将式①代入，得

$$\left(\frac{\partial \varphi}{\partial z}\right)_{z=0} = -\frac{1}{g}\left(\frac{\partial^2 \varphi}{\partial t^2}\right)_{z=0} \qquad ②$$

式①及式②就是自由面上的动力学条件和运动学条件。

7.3

解：已知

$$\begin{cases} \varphi = ce^{kz}\sin(kx - \sigma t) & ① \\ -\dfrac{\partial \varphi}{\partial t} + gz + \dfrac{p' - p_0}{\rho} = 0 & ② \end{cases}$$

由式①可得

$$\frac{\partial \varphi}{\partial t} = -c\sigma e^{kz}\cos(kx - \sigma t) = g\xi e^{kz}$$

其中

$$\xi = -\frac{c\sigma\cos(kx - \sigma t)}{g}$$

由式②可知

$$-\rho g\xi e^{kz} + \rho gz + p' - p_0 = 0$$

所以

$$p' - p_0 = \rho g\left(-z + \xi e^{kz}\right) = \rho g\left(h + \xi e^{-kh}\right)$$

而无波动时，同深度 h 处流体压力为

$$p - p_0 = \rho gh$$

所以

$$(p' - p_0) : (p - p_0) = \left(1 + \frac{\xi}{h}e^{-kh}\right) : 1 = \left(1 + \frac{\xi}{h}e^{-\frac{2\pi h}{\lambda}}\right) : 1$$

7.4

解：由题意知：$t = 0$ 时，流体表面受压力 $p_0 + \dfrac{p_1}{l}x$ 作用下而处于静止平衡，所以流体内任一点的压力，即为静压力。

$$p = p_0 - \rho g z$$

在自由面上，流体压力应等于外压力，即

$$p_0 - \rho g \varsigma = p_0 + \frac{p_1}{l}x$$

或者

$$\varsigma(x, 0) = \frac{-p_1 x}{\rho g l}$$

所以，初始时刻自由面为一倾斜平面，若表面压力 $p_0 + p_1 x/l$ 突然以 p_0 代替，则表面上的流点在该时刻受到一个垂直向上的作用力

$$p_1 x/l = -\rho g \varsigma$$

故由运动方程

$$\frac{\mathrm{d}^2 \varsigma}{\mathrm{d}t^2} = -\rho g \varsigma$$

所以

$$\varsigma(x, t) = A\cos\sigma t, \quad \sigma = \sqrt{\rho g}$$

$$A = \varsigma(x, 0) = -\frac{p_1}{\rho g l}x$$

所以任一时刻自由面的形状为一简谐变动的倾斜平面。

7.5

解：球在水中振动时所消耗的功率为

$$\frac{\mathrm{d}\overline{W}}{\mathrm{d}t} = P_\nu V$$

令 $P_\nu = 6\pi\mu r V$，而当小球做谐振动时，它的位移 ξ 为

$$\xi = A\sin\omega t = A\sin\frac{2\pi}{T}t$$

故

$$V = \frac{\mathrm{d}\xi}{\mathrm{d}t} = \frac{2\pi}{T}A\cos\frac{2\pi}{T}t$$

所以

$$\frac{\mathrm{d}\overline{W}}{\mathrm{d}t} = 6\pi\mu r \left(\frac{2\pi}{T}A\cos\frac{2\pi}{T}t\right)^2$$

是时间 t 的函数，故它在一周期内的平均值为

$$\overline{\frac{\mathrm{d}\overline{W}}{\mathrm{d}t}} = \frac{1}{T}\int_0^T \frac{\mathrm{d}\overline{W}}{\mathrm{d}t}\mathrm{d}t = \frac{24\pi^3\mu r A^2}{T^3}\int_0^T \left(\cos\frac{2\pi}{T}t\right)^2 \mathrm{d}t = \frac{24\pi^3\mu r A^2}{T^3}\cdot\frac{T}{2} = \frac{12\pi^3\mu r A^2}{T^2}$$

7.6

解：连续介质中的一切质点都是彼此联系着的，当流体质点受到扰动偏离平衡位置时，因某种恢复力的作用而有回到原来位置的趋向，这就形成振动。又由于流体质点间的相互作用，这种振动将逐点依次向外传播开去，于是形成波动。

波长比深度小得多，并且波动主要局限在流体表面附近一层，对深处流体影响很小，则这种波叫表面波，例如重力波、涟波即属此类。

7.7

解：已知有限深表面行进波的速度势为

$$\varphi = C\mathrm{ch}\,[k\,(z+h)]\sin\,(kx-\sigma t)$$

所以

$$u = -\frac{\partial\varphi}{\partial x} = -Ck\mathrm{ch}\,[k(z+h)]\cos\,(kx-\sigma t)$$

$$w = -\frac{\partial\varphi}{\partial z} = -Ck\mathrm{sh}\,[k(z+h)]\sin\,(kx-\sigma t)$$

所以

$$\psi = \int w\mathrm{d}x - u\mathrm{d}z = \int \{-Ck\mathrm{sh}\,[k(z+h)]\sin\,(kx-\sigma t)\,\mathrm{d}x + Ck\mathrm{ch}\,[k(z+h)]\cos\,(kx-\sigma t)\,\mathrm{d}z\}$$

$$= \int \mathrm{d}\,\{C\mathrm{sh}\,[k(z+h)]\cos(kx-\sigma t)\}$$

$$= C\mathrm{sh}\,[k(z+h)]\cos(kx-\sigma t)$$

所以

$$F(z) = \varphi + \mathrm{i}\psi$$

$$= C\mathrm{ch}\,[k(z+h)]\sin(kx-\sigma t) + \mathrm{i}C\mathrm{sh}\,[k(z+h)]\cos(kx-\sigma t)$$

$$= C\,\{\sin(kx-\sigma t)\cos\,[\mathrm{i}k(z+h)] + \cos\,(kx-\sigma t)\sin\,[\mathrm{i}k(z+h)]\}$$

$$= C\sin\,[(kx-\sigma t) + \mathrm{i}k(z+h)]$$

$$= C\sin k\,[(x+\mathrm{i}z) + \mathrm{i}h - \overline{U}t]$$

$$= A\sin k\,(Z+\mathrm{i}h - \overline{U}t)$$

其中

$$A = C = \frac{-ag}{\sigma\mathrm{ch}\,(kh)}, \quad Z = x+\mathrm{i}z, \quad \sigma = k\overline{U}$$

7.8

解：设 $x_{动}$ 为随着流体以速度 $\overline{U}$ 移动的坐标，$x_{静}$ 为静止坐标。

故在以速度 $\overline{U}$ 移动的流体上的驻波波动速度势为

$$\varphi_{动\,(相对)} = C\mathrm{ch}\,[k(z+h)]\cos\sigma t\sin kx_{动}$$

且有

$$\sigma^2 = kg\mathrm{th}\,(kh)$$

对静止坐标系而言，该速度势化为

$$\varphi_{静\,(相对)} = -\overline{U}x + C\mathrm{ch}\,[k(z+h)]\cos\sigma t\sin k(x_{静} - \overline{U}t)$$

式中，$x_{动} = x_{静} - \overline{U}t$，$-\overline{U}x$ 为牵连速度势。

所以在静止坐标系中看此运动流体上的驻波，乃为一基本流动 $-\overline{U}x$ 叠加一个变振幅的行进波，$C\mathrm{ch}\,[k(z+h)]\cos\sigma t\sin k(x_{静} - \overline{U}t)$，此行进波相对于动流体是静止的，保持速度为 0，为一驻波，但相对静止坐标而言是以速度 $\overline{U}$ 移动的。

易知，在此动流体驻波波动一个周期的时间里，流体正好移过驻波的一个波长。

$$\lambda = \overline{U}T, \quad \overline{U} = \frac{\lambda}{T} = \frac{\sigma}{k} = \sqrt{\frac{g\lambda}{2\pi}\mathrm{th}\left(\frac{2\pi h}{\lambda}\right)}$$

$$\overline{U}^2 = \frac{g\lambda}{2\pi}\mathrm{th}\left(\frac{2\pi h}{\lambda}\right)$$

由于沟渠的深度 h 为一定值，所以当 $\lambda \to 0$ 的驻波

$$\overline{U}^2 = \frac{g\lambda}{2\pi} \to 0$$

对于 $\lambda \to \infty$ 的驻波，则

$$\overline{U}^2 = \frac{g\lambda}{2\pi}\frac{2\pi h}{\lambda} = gh$$

若 $\overline{U}^2 > gh$，则流体在 T 周期中所行的距离将大于驻波波长 $\lambda = \infty$，也就是说波形相对于动流体有向后的移动，即不能成为相对于动流体为静止的驻波，且这种情况也是不可能的。

由表示式

$$\varphi_{静} = -\overline{U}x_{静} + C\mathrm{ch}\left[k(z+h)\right]\cos\sigma t \sin k(x_{静} - \overline{U}t)$$

考虑坐标原点 $(0,0)$ 的振动情况，则

$$\varphi_{静}(0,0) = C\mathrm{ch}(kh)\cos\sigma t \sin k\overline{U}t$$

因此流点完成一次振动所需时间为

$$\begin{cases} t_2 - t_1 = \dfrac{2\pi}{\sigma} \\[2mm] t_2 - t_1 = \dfrac{2\pi}{k\overline{U}} \end{cases}$$

或者

$$T = \frac{2\pi}{\sigma} = \frac{2\pi}{k\overline{U}} = \frac{\lambda}{\overline{U}}$$

这说明在此动流体驻波波动一个周期的时间里，流体正好移动一个波长。所以

$$\overline{U} = \frac{\lambda}{T} = \frac{\sigma_{驻}}{k} = \sqrt{\frac{g\lambda}{2\pi}\mathrm{th}\left(\frac{2\pi h}{\lambda}\right)}$$

已知沟渠的深度 h 为一定的运动速度为 $\overline{U}$ 的流体上，其驻波波长有关系式：

$$\overline{U}^2 = \frac{g\lambda}{2\pi}\mathrm{th}\left(\frac{2\pi h}{\lambda}\right) = \begin{cases} 0(\lambda \to 0) \\ gh(\lambda \to \infty) \end{cases}$$

这说明，当流体运动速度增大时，其上驻波波长必须增长，但是当 $\overline{U} = \sqrt{gh}$ 时，其上驻波波长已达到 "∞"，若 $\overline{U}$ 再增加，即 $\overline{U} > \sqrt{gh}$，则其上就不可能再叠加上驻波了。

7.9

解：表面张力波波动速度势仍为

$$\varphi = C\operatorname{ch}\left[k(z+h)\right]\sin\left(kx - \sigma t\right)$$

但由自由面边界条件

$$\left(-\frac{\partial^2 \varphi}{\partial t^2} - g\frac{\partial \varphi}{\partial z} + \frac{\alpha}{\rho}\frac{\partial^2 \varphi}{\partial x \partial z}\right)_{z=0} = 0$$

得

$$\sigma^2 = \left(gk + \frac{\alpha k^3}{\rho}\right)\operatorname{th}(kh)$$

$$\overline{U}^2 = \left(\frac{g}{k} + \frac{\alpha k}{\rho}\right)\operatorname{th}(kh)$$

而由自由面波轮廓微分方程

$$\left(-\frac{\partial \varphi}{\partial t} + g\varsigma - \frac{\alpha}{\rho}\frac{\partial^2 \varsigma}{\partial x^2}\right)_{z=0} = 0$$

得

$$\begin{cases} \varsigma = a\cos\left(kx - \sigma t\right) \\ Q = -\dfrac{C\sigma}{g + \dfrac{\alpha}{\rho}k^2}\operatorname{ch}\left(kh\right) \end{cases}$$

所以 α 的存在即相当于增加重力加速度的作用，使得波动频率增加，波速加快，波幅减小。

7.10

解：由界面波两侧速度势表达式，即能求得两侧的流线方程

上侧：$\mathrm{e}^{kz}\cos\left(kx - \sigma t\right) = c_1$

下侧：$\mathrm{e}^{-kz}\cos\left(kx - \sigma t\right) = c_2$

7.11

解：已知界面波，$k - \overline{U}$ 公式

$$\begin{cases} \rho_1 \overline{U}^2 C\operatorname{th}\left(kh_1\right) + \rho_2 \overline{U}^2 C\operatorname{th}\left(kh_2\right) = \dfrac{\rho_2 - \rho_1}{k}g \\ \rho_2 \overline{U}^2 C\operatorname{th}\left(kh_2\right) + \rho_3 \overline{U}^2 C\operatorname{th}\left(kh_3\right) = \dfrac{\rho_3 - \rho_2}{k}g \end{cases}$$

其中 $h_1, h_3 \to \infty, h_2 = h \ll \lambda$。所以

$$\begin{cases} \rho_1 \overline{U}^2 + \rho_2 \overline{U}^2 \dfrac{1}{kh} = \dfrac{\rho_2 - \rho_1}{k}g \\ \rho_2 \overline{U}^2 \dfrac{1}{kh} + \rho_3 \overline{U}^2 = \dfrac{\rho_3 - \rho_2}{k}g \end{cases}$$

两式相加，可得

$$\frac{\rho_3 - \rho_1}{k}g = \left(\rho_3 + \rho_1\right)\overline{U}^2 + \frac{2\rho_2}{kh}\overline{U}^2 = \overline{U}_1^2 + \overline{U}_2^2$$

于是

$$\begin{cases} \overline{U}_1 = \sqrt{\dfrac{\rho_3 - \rho_1}{\rho_3 + \rho_1}\dfrac{\lambda g}{2\pi}} \quad (\text{深水波}, h \text{ 较大}) \\ \overline{U}_2 = \sqrt{\left(\rho_3 - \rho_1\right)\dfrac{gh}{2\rho_2}} \quad (\text{浅水波}, h \text{ 较小}) \end{cases}$$

7.12

解：已知

$$\begin{cases} \varphi_1 = c_1 e^{-kz} \sin(kx - \sigma t) \\ \varphi_2 = c_2 e^{kz} \sin(kx - \sigma t) \end{cases} \qquad \varsigma = \alpha \cos(kx - \sigma t) \qquad \text{①}$$

由边界面运动学 (物质面) 边界条件得

$$\begin{cases} w_1 = -\dfrac{\partial \varphi_1}{\partial z}\Big|_{z=0} = \dfrac{\partial \varsigma}{\partial t} \\ w_2 = -\dfrac{\partial \varphi_2}{\partial z}\Big|_{z=0} = \dfrac{\partial \varsigma}{\partial t} \end{cases} \rightarrow \begin{cases} kc_1 = \alpha\sigma \\ -kc_2 = \alpha\sigma \end{cases} \qquad \text{②}$$

界面两侧，流体的运动积分为

$$\begin{cases} p_1 = \rho_1 \dfrac{\partial \varphi_1}{\partial t} - \rho_1 g z + p_2 \\ p_2 = \rho_2 \dfrac{\partial \varphi_2}{\partial t} - \rho_2 g z + p_1 \end{cases}$$

由曲面表面张力性质知

$$(p_2 - p_1)_{z=\varsigma} = -\alpha \frac{\partial^2 \varsigma}{\partial x^2}$$

两式相减

$$-\alpha \frac{\partial^2 \varsigma}{\partial x^2} = \rho_2 \frac{\partial \varphi_2}{\partial t} - \rho_1 \frac{\partial \varphi_1}{\partial t} - (\rho_2 - \rho_1) g \varsigma \qquad \text{③}$$

界面是流场 φ 的间断面，在界面两侧应取不同流场的值，但对表面张力而言，它是两种流体在接触面上共同作用的结果，是界面上某面元以外，界面上流体对该面元作用的沿面元周界法向的合力，反之该面元对周围界面有一反作用力。所以表面张力不是上部流体对下部流体的作用力，当然也不会有下部流体对上部流体的反作用力。因而对单位面积的界面而言，界面两侧的表面张力是 $-\alpha \dfrac{\partial^2 \varsigma}{\partial x^2}$，而非 $\alpha \left(-\alpha \dfrac{\partial^2 \varsigma}{\partial x^2}\right)$ 或 0。所以式①代入式③，并考虑到式②，则有

$$\alpha k^2 = -\rho_2 c_2 \sigma + \rho_1 c_1 \sigma - (\rho_2 - \rho_1) g a$$

$$\alpha k^2 = \left(\rho_2 \frac{\sigma^2}{k} + \rho_1 \frac{\sigma^2}{k}\right) - (\rho_2 - \rho_1) g$$

所以

$$(\rho_2 + \rho_1)\overline{U}^2 = (\rho_2 + \rho_1)\frac{g}{k} + \alpha k$$

$$\overline{U} = \sqrt{\frac{(\rho_2 - \rho_1)}{(\rho_2 + \rho_1)}\frac{\lambda g}{2\pi} + \frac{2\pi\alpha}{(\rho_2 + \rho_1)\lambda}}$$

注意：对 $(\rho_2 - \rho_1)_{z=\varsigma} = -\alpha \dfrac{\partial^2 \varsigma}{\partial x^2}$，并非说 $[p] \neq 0$，而是说在界面上 $p_2 = p_1 - \alpha \dfrac{\partial^2 \varsigma}{\partial x^2}$，压力成这样一个平衡关系，因此仍与物质面假定 $[V_m] = [w] = 0$ 相一致。

7.13

解：由界面波 $\overline{U} - k^2$ 公式可知

$$\begin{cases} k\rho_1 \overline{U}^2 \mathrm{cth}(kh) = k^2 \alpha_1 + \rho_1 g & \text{①} \\ k\rho_1 \overline{U}^2 \mathrm{cth}(kh) + k\rho_2 \overline{U}^2 = k^2 \alpha_2 + (\rho_2 - \rho_1) g & \text{②} \end{cases}$$

由①×②，得

$$\left[k\rho_1 \overline{U}^2 \mathrm{cth}(kh) - (k^2 \alpha_1 + \rho_1 g)\right]\left\{\left[k\rho_1 \overline{U}^2 \mathrm{cth}(kh) + k\rho_2 \overline{U}^2\right] - \left[k^2 \alpha_2 + (\rho_2 - \rho_1) g\right]\right\} = 0$$

所以

$$\overline{U}^4 k^2 \rho_1 \left[\rho_2 + \rho_1 \mathrm{cth}\,(kh)\right] - \overline{U}^2 k \left\{\rho_1 \left[k^2 \alpha_2 + (\rho_2 - \rho_1)\,\mathrm{cth}\,(kh)\right] + \left[\rho_1 \mathrm{cth}\,(kh) + \rho_2\right] (k^2 \alpha_1 + \rho_1 g)\right\}$$
$$+ \left(k^2 \alpha_1 + \rho_1 g\right) \left[k^2 \alpha_2 + (\rho_2 - \rho_1)\,g\right] = 0 \qquad \text{③}$$

其中

$$\{\} = \left\{\rho_1 k^2 \alpha_2 + (\rho_2 - \rho_1)\,g + \frac{1}{\mathrm{cth}\,(kh)}\left[\rho_1 + \rho_2 \mathrm{cth}\,(kh)\right]\right\} \mathrm{cth}\,(kh)$$
$$= \left[\rho_1 k^2 \alpha_2 + \rho_1 (\rho_2 - \rho_1)\,g + \rho_1 k^2 \alpha_1 + \rho_1^2 g + \rho_2 \mathrm{cth}\,(kh)\,(k^2 \alpha_1 + \rho_1 g)\right] \mathrm{cth}\,(kh)$$

再代回式③, 且以 $\mathrm{cth}\,(kh)$ 除整个式③得

$$\overline{U}^4 k^2 \rho_1 \left[\rho_2 + \rho_1 \mathrm{cth}\,(kh)\right] - \overline{U}^2 k \left\{k^2 \left[\rho_1 (\alpha_1 + \alpha_2) + \rho_2 \alpha_2 \mathrm{th}\,(kh)\right] + \rho_1 \rho_2 g\left[1 + \mathrm{th}\,(kh)\right]\right\}$$
$$+ \left(k^2 \alpha_1 + \rho_1 g\right) \left[k^2 \alpha_2 + (\rho_2 - \rho_1)\,g\right] \mathrm{th}\,(kh) = 0$$

7.14

解:

相速: 波形相对于流体的移速, 或波形上任一位相点的移速, "扰动" 相对于流体的移速, 正是由于扰动在流体中的传播, 才形成了流体的波动。

群速: "变波形" 之波迹的移速 (不是相对于流体的移速), 或波群的移速, (当相速 $\neq$ 群速时, 波群为不同个别波组成), 它反映了个别波在移动过程中的波幅的变化, 它也是波动能量的移速。

已知

$$\overline{U}_\alpha^2 = \frac{2\pi\alpha}{\rho\lambda}$$

所以

$$\overline{U}_\alpha^* = \overline{U}_\alpha - \lambda \frac{\mathrm{d}\overline{U}\alpha}{\mathrm{d}\lambda} = \frac{2\pi\alpha}{\rho\lambda} - \lambda\left(-\frac{2\pi\alpha}{\rho\lambda^2}\right) = 2\overline{U}_\alpha$$
$$\overline{U}_\alpha^* > \overline{U}_\alpha$$

故涟波总是在物体之前。

7.15

解:

波是振动的传播过程, 振动是波动的根源。换句话说, 有一定相位关系的振动的集合就是波动。由于介质中的质元与周围的质元之间有一定的联系, 能量随着波动过程在质元间不停地传递, 所以, 介质中质元的能量随波动过程会不断地变化。这与孤立的简谐振子保持其总能量不变是不同的。在波动过程中永远存在着能量的 "流动", 波的能量从波源出发, 源源不断地流向远方。因此, 波动过程就是能量传播的过程, 即波是能量传播的一种形式。

7.16

解: 已知

$$\begin{cases} \varphi = -\dfrac{ag}{\sigma} \mathrm{e}^{kz} \sin(kx - \sigma t) \\ \varsigma = a\cos(kx - \sigma t) \end{cases}$$
$$\sigma^2 = gk$$
$$a = -\frac{c\sigma}{g}$$

所以

$$K = \frac{\rho}{2} \int_0^\lambda \left(\varphi \frac{\partial \varphi}{\partial z} \right)_{z=0} \mathrm{d}x$$

$$= \int_0^\lambda \frac{\rho}{2} \frac{a^2 g^2}{\sigma^2} k \sin^2 (kx - \sigma t) \mathrm{d}x$$

$$= \frac{1}{2} \rho g a^2 \int_0^\lambda \frac{1}{2} \left[1 - \cos^2 (kx - \sigma t) \right] \mathrm{d}x = \frac{1}{4} \rho g a^2 \lambda$$

$$\Pi = \frac{\rho}{2} \int_0^\lambda g \varsigma^2 \mathrm{d}x$$

$$= \frac{1}{2} \rho g a^2 \int_0^\lambda \cos^2 (kx - \sigma t) \mathrm{d}x$$

$$= \frac{1}{2} \rho g a^2 \int_0^\lambda \frac{1}{2} \left[1 + \cos^2 (kx - \sigma t) \right] \mathrm{d}x$$

$$= \frac{1}{4} \rho g a^2 \lambda$$

所以波动能量 $K + \Pi = \frac{1}{2} \rho g a^2 \lambda$。

7.17

解: 若取 Ox 轴为它们的分界面, 则

$$\begin{cases} \varphi_1 = C_1 \mathrm{ch} \left[k (z - h_1) \right] \sin (kx - \sigma t) \\ \varphi_2 = -C_2 \mathrm{ch} \left[k (z - h_1) \right] \sin (kx + \sigma t) \end{cases} \qquad \begin{cases} C_1 = \dfrac{a\sigma}{k \mathrm{sh} (kh_1)} \\ C_2 = \dfrac{-a\sigma}{k \mathrm{sh} (kh_2)} \end{cases}$$

而

$$K = \frac{1}{2} \int_0^\lambda \left\{ - \left[\rho_1 \varphi_1 \frac{\partial \varphi_1}{\partial z} \right]_{z=0} + \left[\rho_2 \varphi_2 \frac{\partial \varphi_2}{\partial z} \right]_{z=0} \right\} \mathrm{d}x$$

其中由于 φ_1, φ_2 沿界面外法向的偏微商即为 $\left(\dfrac{\partial \varphi_1}{\partial z} \right)_{z=\varsigma=0}$

$$\rho_1 \left(\varphi_1 \frac{\partial \varphi_1}{\partial z} \right)_{z=0} = \left[\rho_1 \frac{a\sigma \mathrm{ch} (kh_1)}{k \mathrm{sh} (kh_1)} \right] \left[\frac{-a\sigma k \mathrm{sh} (kh_1)}{k \mathrm{sh} (kh_1)} \right] \sin^2 (kx - \sigma t)$$

$$\rho_2 \left(\varphi_2 \frac{\partial \varphi_2}{\partial z} \right)_{z=0} = \left[\rho_2 \frac{-a\sigma \mathrm{ch} (kh_1)}{k \mathrm{sh} (kh_2)} \right] \left[\frac{-a\sigma k \mathrm{sh} (kh_2)}{k \mathrm{sh} (kh_2)} \right] \sin^2 (kx - \sigma t)$$

所以

$$K = \frac{1}{4} \left\{ \rho_1 \frac{a^2 \sigma^2}{k} \mathrm{cth} (kh_1) + \rho_2 \frac{a^2 \sigma^2}{k} \mathrm{cth} (kh_2) \right\} \lambda$$

又

$$\begin{cases} \left(\rho_2 \dfrac{\partial \varphi_2}{\partial t} - \rho_1 \dfrac{\partial \varphi_1}{\partial t} \right) = (\rho_2 - \rho_1) g\varsigma \\ \left[-\rho_2 C_2 \sigma \mathrm{ch} (kh_2) + \rho_1 C_1 \sigma \mathrm{ch} (kh_1) \right] \cos (kx - \sigma t) = (\rho_2 - \rho_1) ag \cos (kx - \sigma t) \end{cases}$$

$$\frac{r^2}{k} \left[\rho_2 \mathrm{cth} (kh_2) + \rho_1 \mathrm{cth} (kh_1) \right] = (\rho_2 - \rho_1) g$$

所以

$$K = \frac{1}{4}\left(\rho_2 - \rho_1\right)a^2 g\lambda$$

而

$$\Pi = \frac{1}{2}\int_0^\lambda (\rho_2 - \rho_1)\varsigma^2 \mathrm{d}x = \frac{1}{2}\left(\rho_2 - \rho_1\right)a^2 g\int_0^\lambda \cos^2\left(kx - \sigma t\right)\mathrm{d}x = \frac{1}{4}\left(\rho_2 - \rho_1\right)a^2 g\lambda$$

其中由于取 Ox 轴为计算波动位能的基准高度,因而当下部流体因波动而具有正位能时,则上部流体应具有负位能。

主要参考文献

丁祖荣. 2003. 流体力学（上、中、下）. 北京：高等教育出版社

窦国仁. 1981. 紊流力学. 北京：人民教育出版社

柯钦，基别里，罗斯. 1956. 理论流体力学. 曹俊，余常昭，陈耀松，等译. 北京：高等教育出版社

库兹涅佐夫. 1955. 流体动力学. 林鸿荪，陈耀松，谢义炳，等译. 北京：高等教育出版社

朗道，栗弗席兹. 1978. 连续介质电动力学. 彭旭麟译. 北京：人民教育出版社

林建忠，阮晓东，陈邦国，等. 2013. 流体力学. 2 版. 北京：清华大学出版社

刘鹤年，刘京. 2004. 流体力学. 北京：中国建筑工业出版社

龙天渝，蔡增贵. 2013. 流体力学. 北京：中国建筑工业出版社

陆昌根. 2014. 流体力学中的数值计算方法. 北京：科学出版社

毛银海，邵卫云，张燕. 2006. 应用流体力学. 北京：高等教育出版社

清华大学工程力学系. 1982. 流体力学基础. 北京：机械工业出版社

吴望一. 1982. 流体力学. 北京：北京大学出版社

余志豪，王彦昌. 1982. 流体力学. 北京：气象出版社

张鸿雁，张志政. 2014. 流体力学. 2 版. 北京：科学出版社

张鸣远，景思睿，李国君. 2012. 高等工程流体力学. 北京：高等教育出版社

张志宏，顾建农. 2015. 流体力学. 北京：科学出版社

张仲寅，乔志德. 1989. 粘性流体力学. 北京：国防工业出版社

庄礼贤，尹协远，马晖扬. 2009. 流体力学. 2 版. 北京：中国科学技术大学出版社

Fox R W, McDonald A T. 1985. Introduction to Fluid Mechanics. Hoboken: John Wiley and Sons, Inc.

Lighthill M J. 1978. Waves, in Fluids. Cambridge: Cambridge University Press

Milne-Thomson L M. 1960. Theoretical Hydrodynamics. London: Macmillan and Company Limited

Yih C S. 1969. Fluid Mechanics. New York: McGraw-Hill Books Company

附录 1 场 论

附 1.1 场

附 1.1.1 场的概念

在许多科学技术问题中，常涉及对某种物理量在空间的分布及其变化规律的研究。为了探索这些规律，数学上引进了场的概念。

如果在全部空间或部分空间内的每一点，都对应着某个物理量的一个确定值，就认为在这空间内确定了该物理量的**场**。简言之，就"场"的数学意义来说，任何一组空间坐标的函数就可以称为场。因此在物体中的一些广延物理量如流体内各点的温度、密度、流速、应力等都可以构成一种场，可以分别称之为温度场、密度场、流速场及应力场。一般可将场分为标量场、矢量场及张量场。在上述例子中，温度及密度都为标量场，在空间的一点上只需知道一个数值，即可将场完全确定，这种场称之为标量场，标量场可用一标量函数描写。例如 $T = T(x, y, z, t)$ 或 $\rho = \rho(x, y, z, t)$。要确定矢量场，必须将空间每一点上场量的大小及方向同时确定，一般需要知道每一点三个相互独立的数值，例如流速场。矢量场可用一矢量函数描写，如流速场 $\boldsymbol{V} = \boldsymbol{V}(x, y, z, t)$。要确定张量场，一般需要知道每一点九个相互独立的数值，例如应力张量场 $\boldsymbol{P}_{ij} = \boldsymbol{P}_{ij}(x, y, z, t), i, j = 1, 2, 3$。

若场量在各点处的对应值不随时间而变化，则称该场为定常场(稳定场)；否则，称为不定常场(不稳定场)。下面本书只讨论定常场，所得结果也适合于不定常场的每一瞬间情况。

附 1.1.2 标量场的等值面

为了直观地表示标量场 $u = u(x, y, z)$ 的分布情况，可引入等值面的概念，标量场的等值面就是由场量数值相同的点所组成的曲面。等值面就是使 $u = u(x, y, z)$ 取相同数值的各点所确定的曲面，即

$$u(x, y, z) = c \qquad\qquad (附\ 1.1.1)$$

式中，c 为常数，当 c 取不同数值时，可得一系列不同的等值面，如图附 1.1.1 所示。

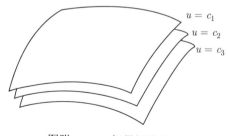

图附 1.1.1 标量场等直面

这族等值面充满整个标量场所在的空间，而且互不相交。通过标量场的每一点有一个等值面，一个点只在一个等值面上。例如，通过点 $M_0(x_0, y_0, z_0)$ 的等值面为

$$u(x, y, z) = u(x_0, y_0, z_0) \tag{附 1.1.2}$$

对于平面标量场 $v = v(x, y)$，具有相同数值 c 的点，就组成该标量场的等值线。

$$v = v(x, y) = c \tag{附 1.1.3}$$

例如天气图上的等温线、等压线、等高线等都是平面标量场中等值线的例子。

附 1.1.3　矢量场的矢量线

设空间有一矢量场

$$\boldsymbol{V} = \boldsymbol{V}(x, y, z) \tag{附 1.1.4}$$

其正交分解式为

$$\boldsymbol{V} = V_x(x, y, z)\boldsymbol{i} + V_y(x, y, z)\boldsymbol{j} + V_z(x, y, z)\boldsymbol{k} \tag{附 1.1.5}$$

式中，函数 V_x, V_y, V_z 分别为矢量 $\boldsymbol{V}$ 中 $\boldsymbol{i}, \boldsymbol{j}, \boldsymbol{k}$ 三个方向上的三个分量。

为了直观地表示矢量场的分布情况，引入了矢量线的概念。所谓矢量线，就是这样的曲线，在曲线上每一点处，场矢量都位于该点处的切线上，如图附 1.1.2 所示。

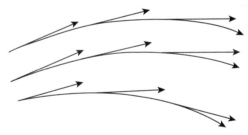

图附 1.1.2　切线与矢量

设 $M(x, y, z)$ 为矢量线上任一点，其矢径为

$$\boldsymbol{r} = x\boldsymbol{i} + y\boldsymbol{j} + z\boldsymbol{k}$$

则微分 $\mathrm{d}\boldsymbol{r} = \mathrm{d}x\boldsymbol{i} + \mathrm{d}y\boldsymbol{j} + \mathrm{d}z\boldsymbol{k}$ 是在点 M 处与矢量线相切的矢量，按矢量线的定义，它必定在 M 点处与场矢量

$$\boldsymbol{V} = \boldsymbol{V}(x, y, z) = V_x\boldsymbol{i} + V_y\boldsymbol{j} + V_z\boldsymbol{k}$$

共线，于是有

$$\mathrm{d}\boldsymbol{r} \times \boldsymbol{V} = 0 \tag{附 1.1.6}$$

即

$$\frac{\mathrm{d}x}{V_x(x, y, z)} = \frac{\mathrm{d}y}{V_y(x, y, z)} = \frac{\mathrm{d}z}{V_z(x, y, z)} \tag{附 1.1.7}$$

这就是矢量线的微分方程。解之, 可得矢量线族; 如再利用过 M 点的条件, 即可求得过 M 点的矢量线。

一般来说, 矢量场中的每一点均有一条矢量线通过, 矢量线族也充满了整个矢量场所在的空间, 如静电场中的电力线、流场中的流线等都是矢量线的例子。

附 1.2 标量场的方向导数和梯度

附 1.2.1 方向导数

设 M_0 为标量场 $u = u(x,y,z)$ 中的一点, 从 M_0 点出发引一条射线 l, 在 l 上点 M_0 的邻近取一动点 M(图附 1.2.1)。

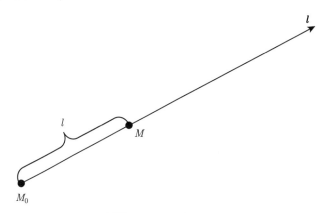

图附 1.2.1 方向导数

若当 $M \to M_0$ 时, 比式 $\dfrac{u(M) - u(M_0)}{\overline{MM_0}}$ 的极限存在, 则称它为函数 $u(M)$ 在点 M_0 处沿 l 方向的方向导数, 记作:

$$\left. \frac{\partial u}{\partial l} \right|_{M_0}$$

即

$$\left. \frac{\partial u}{\partial l} \right|_{M_0} = \lim_{M \to M_0} \frac{u(M) - u(M_0)}{\overline{MM_0}} \tag{附 1.2.1}$$

由上式可知, 方向导数是函数 $u(M)$ 在一个点处沿某一方向对距离的变化率。当 $\dfrac{\partial u}{\partial l} > 0$ 时, 函数 u 沿 l 方向是增加的; 当 $\dfrac{\partial u}{\partial l} < 0$ 时, 函数 u 沿 l 方向是减少的。方向导数的数值有赖于方向 l 的选择, 不能和通常对标量参数的偏导数相混淆。

附 1.2.2 梯度

方向导数解决了函数 $u(M)$ 在给定点处沿某个方向的变化率问题。为了进一步探讨方向导数 $\dfrac{\partial u}{\partial l}$ 和方向 l 的关系, 画出等值面 $u(x,y,z) = u_0$ 及 $u(x,y,z) = u_0 + \Delta u$, 参见图附 1.2.2。现以 $\boldsymbol{n}$ 表示等值面 $u = u_0$ 的法向单位矢, 矢量 $\boldsymbol{n}$ 的方向是指向 u 增加的方向, 令沿

该点法线方向的方向导数为 $\dfrac{\partial u}{\partial n}$，下面来寻找该点沿任意方向 $\boldsymbol{l}$ 的方向导数 $\dfrac{\partial u}{\partial l}$ 与 $\dfrac{\partial u}{\partial n}$ 之间的关系，设过 M_0 点的矢量 $\boldsymbol{n}$ 和 $\boldsymbol{l}$ 分别与等值面 $u = u_0 + \Delta u$ 相交于 M_n 及 M_l 两点。

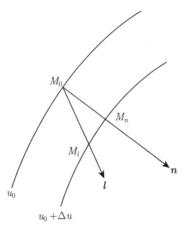

图附 1.2.2　等值面与梯度

由于 M_n 及 M_l 两点在同一等值面上，所以在这两点上 u 值是相同的，即 $u(M_n) = u(M_l)$，而

$$\overline{M_0 M_l} = \frac{\overline{M_0 M_n}}{\cos(\boldsymbol{l}, \boldsymbol{n})}$$

因此

$$\begin{aligned}
\frac{\partial u}{\partial l} &= \lim_{M_l \to M_0} \frac{u(M_l) - u(M_0)}{\overline{M_l M_0}} \\
&= \cos(\boldsymbol{l}, \boldsymbol{n}) \lim_{M_l \to M_0} \frac{u(M_n) - u(M_0)}{\overline{M_n M_0}} \\
&= \frac{\partial u}{\partial n} \cos(\boldsymbol{l}, \boldsymbol{n})
\end{aligned}$$

即

$$\frac{\partial u}{\partial l} = \frac{\partial u}{\partial n} \cos(\boldsymbol{l}, \boldsymbol{n}) \tag{附 1.2.2}$$

这里定义数值为 $\dfrac{\partial u}{\partial n}$ 且方向和 $\boldsymbol{n}$ 相同的矢量为函数 u 的梯度，记作 $\operatorname{grad} u$，即

$$\operatorname{grad} u = \frac{\partial u}{\partial n} \boldsymbol{n} \tag{附 1.2.3}$$

因此式 (附 1.2.2) 可以写作

$$\frac{\partial u}{\partial l} = |\operatorname{grad} u| \cos(\boldsymbol{l}, \boldsymbol{n}) = \operatorname{grad}_l u \tag{附 1.2.4}$$

即 u 沿 $\boldsymbol{l}$ 方向的导数等于 u 的梯度 $\operatorname{grad} u$ 在 $\boldsymbol{l}$ 方向的投影。根据式 (附 1.2.4) 可以看出，梯度的方向 $\boldsymbol{n}$ 是标量函数 u 增加得最快的方向，而沿和 $\boldsymbol{n}$ 垂直的方向，也就是和等值面相切

的方向, u 值的变化率为零, 即 $\dfrac{\partial u}{\partial l} = 0$。

引入笛卡儿坐标 x, y, z, 按照式 (附 1.2.4) 应有

$$
\begin{cases}
\mathrm{grad}_x u = \dfrac{\partial u}{\partial x} \\[2mm]
\mathrm{grad}_y u = \dfrac{\partial u}{\partial y} \\[2mm]
\mathrm{grad}_z u = \dfrac{\partial u}{\partial z}
\end{cases}
$$

于是

$$
\mathrm{grad}\, u = \frac{\partial u}{\partial x}\boldsymbol{i} + \frac{\partial u}{\partial y}\boldsymbol{j} + \frac{\partial u}{\partial z}\boldsymbol{k} \tag{附 1.2.5}
$$

$$
|\mathrm{grad}\, u| = \sqrt{\left(\frac{\partial u}{\partial x}\right)^2 + \left(\frac{\partial u}{\partial y}\right)^2 + \left(\frac{\partial u}{\partial z}\right)^2} \tag{附 1.2.6}
$$

这是梯度在笛卡儿坐标系中的表示式。

和位移 $\mathrm{d}\boldsymbol{r}$ 相对应的 u 的增量可表示为

$$
\frac{\partial u}{\partial r}\mathrm{d}r = \mathrm{grad}\, u \cdot \mathrm{d}\boldsymbol{r} = \frac{\partial u}{\partial x}\mathrm{d}x + \frac{\partial u}{\partial y}\mathrm{d}y + \frac{\partial u}{\partial z}\mathrm{d}z = \mathrm{d}u \tag{附 1.2.7}
$$

下面来考虑梯度的概念在矢量场 $\boldsymbol{V} = \boldsymbol{V}(x, y, z)$ 中的应用。可以对 $\boldsymbol{V}$ 的每一分量应用式 (附 1.2.7), 因此可得

$$
\begin{cases}
\mathrm{d}V_x = \mathrm{grad}V_x \cdot \mathrm{d}\boldsymbol{r} = \dfrac{\partial V_x}{\partial x}\mathrm{d}x + \dfrac{\partial V_x}{\partial y}\mathrm{d}y + \dfrac{\partial V_x}{\partial z}\mathrm{d}z \\[2mm]
\mathrm{d}V_y = \mathrm{grad}V_y \cdot \mathrm{d}\boldsymbol{r} = \dfrac{\partial V_y}{\partial x}\mathrm{d}x + \dfrac{\partial V_y}{\partial y}\mathrm{d}y + \dfrac{\partial V_y}{\partial z}\mathrm{d}z \\[2mm]
\mathrm{d}V_z = \mathrm{grad}V_z \cdot \mathrm{d}\boldsymbol{r} = \dfrac{\partial V_z}{\partial x}\mathrm{d}x + \dfrac{\partial V_z}{\partial y}\mathrm{d}y + \dfrac{\partial V_z}{\partial z}\mathrm{d}z
\end{cases} \tag{附 1.2.8}
$$

为了简化上面这些表示式, 这里引入哈密顿算符 ∇, 它在笛卡儿坐标系中定义为

$$
\nabla \equiv \boldsymbol{i}\frac{\partial}{\partial x} + \boldsymbol{j}\frac{\partial}{\partial y} + \boldsymbol{k}\frac{\partial}{\partial z} \tag{附 1.2.9}
$$

∇ 是一个矢量算符, 它的 3 个分量为

$$
\nabla_x = \frac{\partial}{\partial x}, \quad \nabla_y = \frac{\partial}{\partial y}, \quad \nabla_z = \frac{\partial}{\partial z} \tag{附 1.2.10}
$$

这一算符在矢量分析中和通常分析的微商符号相当, 像在通常分析中可以认为函数的微分是微分算符 "d" 乘到被微函数那样, 矢量分析中的空间微商也可以理解为算符 "∇" 和点函数的相乘。例如 ∇ 乘到标量函数 u 上, 则

$$
\nabla u = \left(\boldsymbol{i}\frac{\partial}{\partial x} + \boldsymbol{j}\frac{\partial}{\partial y} + \boldsymbol{k}\frac{\partial}{\partial z}\right)u
$$

$$=i\frac{\partial u}{\partial x}+j\frac{\partial u}{\partial y}+k\frac{\partial u}{\partial z} \tag{1.2.11}$$

因而

$$\nabla u \equiv \mathrm{grad}\, u \tag{附 1.2.12}$$

于是式 (附 1.2.7) 可以写为

$$\mathrm{d}u = \mathrm{d}\boldsymbol{r}\cdot\nabla u = (\mathrm{d}\boldsymbol{r}\cdot\nabla)u \tag{附 1.2.13}$$

这里的 $(\mathrm{d}\boldsymbol{r}\cdot\nabla)$ 为一标量算符:

$$\mathrm{d}\boldsymbol{r}\cdot\nabla = \mathrm{d}x\frac{\partial}{\partial x} + \mathrm{d}y\frac{\partial}{\partial y} + \mathrm{d}z\frac{\partial}{\partial z} \tag{附 1.2.14}$$

因此式 (附 1.2.8) 可以简化为

$$\mathrm{d}\boldsymbol{V} = (\mathrm{d}\boldsymbol{r}\cdot\nabla)\boldsymbol{V} \tag{附 1.2.15}$$

附 1.3　矢量场的通量与散度

附 1.3.1　通量

设想某一任意的矢量场 $\boldsymbol{A} = \boldsymbol{A}(M)$, 在场中存在一无限小的面积 $\mathrm{d}\sigma$, 其正法线方向的单位矢为 $\boldsymbol{n}$, 如果 $\mathrm{d}\sigma$ 为闭合面的一部分, $\boldsymbol{n}$ 的方向规定为向外的, 如果小面积的界线的环绕方向被明确规定了, 则 $\boldsymbol{n}$ 的方向应和边界线形成右螺旋系统, M 为 $\mathrm{d}\sigma$ 上任一点, 参阅图附 1.3.1。

定义通过面元 $\mathrm{d}\sigma$ 的通量为

$$\mathrm{d}\phi = \boldsymbol{A}\cdot\boldsymbol{n}\mathrm{d}\sigma = \boldsymbol{A}\cdot\mathrm{d}\boldsymbol{\sigma} = A_n\cdot\mathrm{d}\sigma \tag{附 1.3.1}$$

式中, $\mathrm{d}\boldsymbol{\sigma}$ 为在点 M 处的这样一个矢量, 其方向与 $\boldsymbol{n}$ 一致, 其模等于 $\mathrm{d}\sigma$。

对于任意的非无限小的有向曲面 σ, 通量可用下列的面积分来表示:

$$\phi = \iint_\sigma \boldsymbol{A}\cdot\mathrm{d}\boldsymbol{\sigma} = \iint_\sigma A_n\mathrm{d}\sigma \tag{附 1.3.2}$$

本书为书写简便起见, 双重积分用单一的积分符号表示, 即

$$\phi = \int_\sigma \boldsymbol{A}\cdot\mathrm{d}\boldsymbol{\sigma} = \int_\sigma A_n\mathrm{d}\sigma$$

而在所有的面积分中, 均以 $\mathrm{d}\sigma$ 表示积分元。

场论中矢量场的通量这个词是从流体力学中的通量概念发展而来的, 在运动着的流体中, 每一点上有一流速 $\boldsymbol{V}(M)$, 通过任意面元的通量

$$\mathrm{d}\phi = \boldsymbol{V}\cdot\mathrm{d}\boldsymbol{\sigma} = V_n\mathrm{d}\sigma$$

就表示单位时间内沿 $\mathrm{d}\sigma$ 的正法线方向流过 $\mathrm{d}\sigma$ 的流体体积, 因为只有在观察开始时, 就处在以 $\mathrm{d}\sigma$ 为底、以 $\boldsymbol{V}$ 为边线的流体柱内的粒子, 才有可能在单位时间内通过 $\mathrm{d}\sigma$ 面 (图附 1.3.2)。

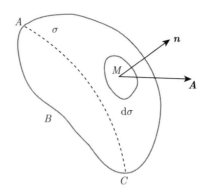

图附 1.3.1 闭合面与矢量场

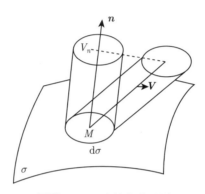

图附 1.3.2 流体柱内通量

而柱体的体积恰好等于 $\boldsymbol{V} \cdot \mathrm{d}\boldsymbol{\sigma} = V_n\mathrm{d}\sigma$。如果 $V_n > 0$，通量是正的，表示流体沿 $\boldsymbol{n}$ 方向流过 $\mathrm{d}\sigma$；如果 $V_n < 0$，通量是负的，表示流体沿 $-\boldsymbol{n}$ 方向流过 $\mathrm{d}\sigma$，如图附 1.3.3 所示。

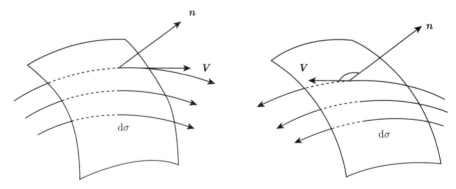

图附 1.3.3 通过无限小面上的通量

因此，对于有限大小的有向曲面 σ 的总通量

$$\phi = \int_\sigma \boldsymbol{V} \cdot \mathrm{d}\boldsymbol{\sigma}$$

可理解为，在单位时间内流体沿正方向流过曲面 σ 的正通量与沿负方向流过曲面 σ 的负通量的代数和，即单位时间内通过曲面 σ 的净通量。所以，当 $\phi > 0$ 时，就表示向正侧流过 σ

的通量多于沿相反方向流过 σ 的通量；同理，当 $\phi < 0$ 时或 $\phi = 0$ 时，则表示向正侧流过 σ 的通量少于或等于沿相反方向流过 σ 的通量。

如果 σ 为一封闭曲面，则通量

$$\phi = \oint_{\sigma} \boldsymbol{V} \cdot \mathrm{d}\boldsymbol{\sigma}$$

表示从内穿出 σ 的正通量与从外穿入 σ 的负通量的代数和。从而当 $\phi > 0$ 时，表示流出多于流入，此时在 σ 内必有产生流体的源泉。当然也可能还有排泄流体的漏洞，但所产生的流体必定多于排泄的流体。因此，在 $\phi > 0$ 时，不论 σ 内有无漏洞，总说 σ 内有正源；同理，当 $\phi < 0$ 时，就说 σ 内有负源 (或汇)。

依此，在一般的矢量场 $\boldsymbol{A}(M)$ 中，对于穿出封闭曲面 σ 的通量 ϕ，本书也视其为正或为负而说 σ 内有正源或负源。至于其源的实际意义为何，应视具体的物理场而定。

附 1.3.2 散度

为了研究矢量场内源的分布情况以及源的强弱程度，本书引入矢量场的散度概念。

在矢量场 $\boldsymbol{A}(M)$ 中任一点 M 处作一包含 M 点在内的任一封闭曲面 σ，设其所包围的空间区域为 Ω，以 $\Delta\tau$ 表示其体积，以 $\Delta\phi$ 表示从其内穿出 σ 的通量。若当 Ω 以任意方式缩向 M 点时，比式

$$\frac{\Delta\phi}{\Delta\tau} = \frac{\oint_{\sigma} \boldsymbol{A} \cdot \mathrm{d}\boldsymbol{\sigma}}{\Delta\tau}$$

之极限存在，则称此极限为矢量场 $\boldsymbol{A}(M)$ 在点 M 处的散度，记作 $\mathrm{div}\boldsymbol{A}$，即

$$\mathrm{div}\boldsymbol{A} = \lim_{\Omega \to M} \frac{\Delta\phi}{\Delta\tau} = \lim_{\Omega \to M} \frac{\oint_{\sigma} \boldsymbol{A} \cdot \mathrm{d}\boldsymbol{\sigma}}{\Delta\tau} \qquad (\text{附 } 1.3.3)$$

式 (附 1.3.3) 指出，散度 $\mathrm{div}\boldsymbol{A}$ 为一标量，表示场中一点处的通量对体积的变化率，即在该点处对一个单位体积来说所穿出之通量，也就是在该点处的通量的体密度，称为该点处源的强度。因此，当 $\mathrm{div}\boldsymbol{A}$ 之值不为零时，其符号为正或为负，就依次表示在该点处有散发通量的正源或有吸收通量的负源，其绝对值 $|\mathrm{div}\boldsymbol{A}|$ 就相应地表示在该点处散发通量或吸收通量的强度；当 $\mathrm{div}\boldsymbol{A}$ 之值为零时，就表示在该点处无源。由此，称 $\mathrm{div}\boldsymbol{A} \equiv 0$ 的场为无源场，在气象学中常称为无辐射场。

散度的定义式 (附 1.3.3) 是与坐标系无关的。可以证明在直角坐标系中，散度的表示式为

$$\mathrm{div}\boldsymbol{A} = \frac{\partial A_x}{\partial x} + \frac{\partial A_y}{\partial y} + \frac{\partial A_z}{\partial z} \qquad (\text{附 } 1.3.4)$$

式中，A_x, A_y, A_z 为矢量函数 $\boldsymbol{A}(M)$ 在直角坐标系中的分量。引用哈密顿算符可将式 (附 1.3.4) 写成

$$\nabla \boldsymbol{A} = \nabla \cdot \boldsymbol{A} \qquad (\text{附 } 1.3.5)$$

附 1.4 矢量场的环流与旋度

附 1.4.1 环流

设有矢量场 $A(M)$，l 为场中一条封闭的有向曲线，即取定正向，并以切线单位矢量 τ 表示其正向的曲线。如图附 1.4.1 所示，在 l 上取一弧元 dl，令 $dl = dl\tau$。定义沿封闭的有向曲线 l 的曲线积分

$$\oint_l A \cdot dl$$

为该矢量场按所取方向沿曲线 l 的环流(环量)，记作 Γ，即

$$\Gamma = \oint_l A \cdot dl \tag{附 1.4.1}$$

一般来说，在矢量场中环流 $\oint_l A \cdot dl$ 是和所选的封闭路线的地点、路线所包围的面积以及此面积的方位有关的。

在矢量场 $A(M)$ 中 M 点处，包含 M 点作一微小曲面 $\Delta\sigma$，以 n 表示该曲面在 M 点处的法向单位矢，以 Δl 表示该曲面的周界，规定 Δl 之正向与 n 成右螺旋关系，如图附 1.4.2 所示。

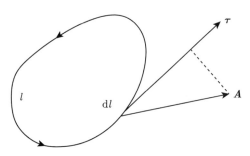

图附 1.4.1　封闭有向曲线

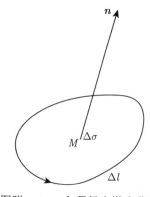

图附 1.4.2　矢量场中微小曲面

矢量场沿 Δl 之正向环流 $\Delta \Gamma$ 与面积 $\Delta \sigma$ 之比, 当 $\Delta \sigma$ 在 M 点处保持以 n 为法矢的条件下, 以任意方式缩向点 M 时, 若其极限

$$\lim_{\Delta \sigma \to M} \frac{\Delta \Gamma}{\Delta \sigma} = \lim_{\Delta \sigma \to M} \frac{\oint_{\Delta \sigma} \boldsymbol{A} \cdot \mathrm{d}\boldsymbol{l}}{\Delta \sigma} \tag{附 1.4.2}$$

存在, 则称它为矢量场在点 M 处沿方向 n 的环流面密度, 即环流对面积的变化率。记作 L_n, 即

$$L_n = \lim_{\Delta \sigma \to M} \frac{\oint_{\Delta \sigma} \boldsymbol{A} \cdot \mathrm{d}\boldsymbol{l}}{\Delta \sigma} = \lim_{\Delta \sigma \to M} \frac{\Delta \Gamma}{\Delta \sigma} \tag{附 1.4.3}$$

上式指出, 环流面密度 L_n 是位置的函数, 同时, 在场中每一点上 L_n 的值是面元 $\Delta \sigma$ 的法矢 n 的函数。

附 1.4.2 旋度

如果将 L_n 视为某一矢量 $\boldsymbol{L}$ 在 n 方向的投影, 则式 (附 1.4.3) 可以写为

$$\lim_{\Delta \sigma \to M} \frac{\Delta \Gamma}{\Delta \sigma} = \boldsymbol{L} \cdot \boldsymbol{n} = |\boldsymbol{L}| \cos(\boldsymbol{L}, \boldsymbol{n}) \tag{附 1.4.4}$$

上式表明, 在给定点处, $\boldsymbol{L}$ 在任一方向 n 上的投影, 就给出该方向上的环流面密度。由此可知矢量 $\boldsymbol{L}$ 的方向为环流面密度最大的方向, 其模即为最大环流面密度的数值。这样定义的矢量 $\boldsymbol{L}$ 就叫矢量场 $\boldsymbol{A}$ 在该点的旋度, 而在气象学中通常称之为 "涡度", 且常作为风速 (气流) 涡度的简称, 记作 rot $\boldsymbol{A}$, 即

$$\boldsymbol{L} = \operatorname{rot} \boldsymbol{A} \tag{附 1.4.5}$$

式 (附 1.4.4) 可以写作如下形式:

$$\boldsymbol{n} \cdot \operatorname{rot} \boldsymbol{A} = \lim_{\Delta \sigma \to M} \frac{\Delta \Gamma}{\Delta \sigma} = \lim_{\Delta \sigma \to M} \frac{\oint_{\Delta \sigma} \boldsymbol{A} \cdot \mathrm{d}\boldsymbol{l}}{\Delta \sigma} \tag{附 1.4.6}$$

旋度矢量在数值和方向上表示了最大的环流面密度。

旋度的定义式 (附 1.4.6) 是与坐标系无关的, 可以证明在笛卡儿坐标系中, 旋度的表示式为

$$\operatorname{rot} \boldsymbol{A} = \boldsymbol{i} \left(\frac{\partial A_z}{\partial y} - \frac{\partial A_y}{\partial z} \right) + \boldsymbol{j} \left(\frac{\partial A_x}{\partial z} - \frac{\partial A_z}{\partial x} \right) + \boldsymbol{k} \left(\frac{\partial A_y}{\partial x} - \frac{\partial A_x}{\partial y} \right) \tag{附 1.4.7}$$

或

$$\operatorname{rot} \boldsymbol{A} = \begin{vmatrix} \boldsymbol{i} & \boldsymbol{j} & \boldsymbol{k} \\ \dfrac{\partial}{\partial x} & \dfrac{\partial}{\partial y} & \dfrac{\partial}{\partial z} \\ A_x & A_y & A_z \end{vmatrix} \tag{附 1.4.8}$$

采用哈密顿算符则有

$$\operatorname{rot} \boldsymbol{A} = \nabla \times \boldsymbol{A} \tag{附 1.4.9}$$

可以证明存在以下的恒等式关系:

$$\mathrm{div}\,\mathrm{rot}\,\boldsymbol{A} = 0 \qquad\qquad (\text{附 } 1.4.10)$$

及

$$\mathrm{rot}\,\mathrm{grad}\,\varphi = 0 \qquad\qquad (\text{附 } 1.4.11)$$

式 (附 1.4.10) 表明旋度场一定是无源场, 其散度恒等于零。式 (附 1.4.11) 表明梯度场是无旋的, 其旋度恒等于零。

上面这两个关系在场的研究中十分重要, 也是引入辅助量势函数的依据。如果矢量场是无旋的, 根据式 (附 1.4.11), 矢量场可以表示成另一标量场 $\varphi(x,y,z)$ 的梯度, 通常 φ 称为场的标势 (简称为势), 因此无旋场也可称为势场。如果矢量场是无源的, 根据式 (附 1.4.10), 场矢量可以表示成另一矢场 $\boldsymbol{A}(x,y,z)$ 的旋度, 常称 $\boldsymbol{A}$ 为矢场的矢势。

附 1.5 积 分 关 系

数学分析中体积分、面积分及线积分的一些转换关系, 可以用矢量分析的形式表示出来, 更便于在场的研究中具体应用。

附 1.5.1 高斯定理

如果矢场 $\boldsymbol{u}$ 及其散度在所考虑的区域 (其体积为 τ) 是连续而且是单值的, 按照散度的定义, 对区域内每一体元存在下列关系:

$$\nabla \cdot \boldsymbol{u}\mathrm{d}\tau = \oint \boldsymbol{u} \cdot \mathrm{d}\boldsymbol{\sigma}$$

将上式对于体积 τ 内各体元叠加起来, 在各内部界面上, $\boldsymbol{u}$ 的通量相互抵消, 只剩下外表面的通量, 所以

$$\int_{\tau} \nabla \cdot \boldsymbol{u}\mathrm{d}\tau = \oint_{\sigma} \boldsymbol{u} \cdot \mathrm{d}\boldsymbol{\sigma} \qquad\qquad (\text{附 } 1.5.1)$$

这就是高斯定理的数学表述。通过高斯定理, 本书可以将任意的体积分转换成包围该体积的面积分, 只需注意应用的区域应满足上述的单值连续条件。

附 1.5.2 斯托克斯定理

如果在所考虑的曲面 σ 上各点, 场矢量 $\boldsymbol{u}$ 及其旋度都是单值连续的, 本书可以将该曲面分割为无数无限小面元, 对于面元 $\mathrm{d}\sigma$, 根据旋度的定义:

$$(\nabla \times \boldsymbol{u}) \cdot \mathrm{d}\boldsymbol{\sigma} = \oint \boldsymbol{u} \cdot \mathrm{d}\boldsymbol{l}$$

将上式对于 σ 面内各面元叠加起来, 在各面元的界线上, 线积分的数值相互抵消, 因此只剩下沿曲面周界上的环流

$$\int_{\sigma} (\nabla \times \boldsymbol{u}) \cdot \mathrm{d}\boldsymbol{\sigma} = \int_{l} \boldsymbol{u} \cdot \mathrm{d}\boldsymbol{l} \qquad\qquad (\text{附 } 1.5.2)$$

这就是斯托克斯定理的数学表述。通过这一公式, 可以将任意的面积分转换为沿其周长的线积分, 或者将沿任意闭合路线的环流积分, 转换为沿该路线所张的任意曲面 σ 的面积分。应用时也应注意到应满足的单值连续条件。

附 1.5.3 格林定理

高斯定理可以转换为另一形式，并称之为格林定理。

设矢量函数 u 可以表示为一标量函数 ψ 与另一矢量函数 a 的乘积，即

$$u = \psi a$$

对上式两端取散度可得 (参阅下节)：

$$\nabla \cdot u = \psi \nabla \cdot a + \nabla \psi \cdot a$$

代入式 (附 1.5.1) 得

$$\oint_\sigma \psi a \cdot \mathrm{d}\sigma = \int_\tau (\psi \nabla \cdot a + \nabla \psi \cdot a)\mathrm{d}\tau \tag{附 1.5.3}$$

再设

$$a = \nabla \varphi$$

代入式 (附 1.5.3)，可得

$$\oint_\sigma \psi \frac{\partial \varphi}{\partial n}\mathrm{d}\sigma = \int_\tau (\psi \nabla^2 \varphi + \nabla \psi \cdot \nabla \varphi)\mathrm{d}\tau \tag{附 1.5.4}$$

将上式中 φ 与 ψ 交换位置，可得

$$\oint_\sigma \varphi \frac{\partial \psi}{\partial n}\mathrm{d}\sigma = \int_\tau (\varphi \nabla^2 \psi + \nabla \varphi \cdot \nabla \psi)\mathrm{d}\tau \tag{附 1.5.5}$$

式 (附 1.5.5) 与式 (附 1.5.4) 相减可得更对称的形式

$$\oint_\sigma \left(\psi \frac{\partial \varphi}{\partial n} - \varphi \frac{\partial \psi}{\partial n}\right)\mathrm{d}\sigma = \int_\tau (\psi \nabla^2 \varphi - \varphi \nabla^2 \psi)\mathrm{d}\tau \tag{附 1.5.6}$$

式中，$\nabla^2 \varphi = \nabla \cdot \nabla \varphi$，算符 ∇^2 是一标性算符，称为拉普拉斯算符，在笛卡儿直角坐标系中有

$$\nabla^2 = \frac{\partial^2}{\partial x^2} + \frac{\partial^2}{\partial y^2} + \frac{\partial^2}{\partial z^2} \tag{附 1.5.7}$$

式 (附 1.5.4) 及式 (附 1.5.6) 均称作格林定理，它也是面积分与体积分之间的转换关系。格林定理只能直接应用在连续、有限的积分区域内，且标量函数 φ 和 ψ 具有第一级及第二级导数。

附 1.6 基 本 公 式

附 1.6.1 矢量代数公式

$$A \cdot B = |A| \cdot |B| \cos(A, B) = A_x B_x + A_y B_y + A_z B_z$$

$$A \times B = -B \times A$$

$$|\boldsymbol{A} \times \boldsymbol{B}| = |\boldsymbol{A}| \, |\boldsymbol{B}| \sin(\boldsymbol{A}, \boldsymbol{B})$$

$$\boldsymbol{A} \cdot (\boldsymbol{B} \times \boldsymbol{C}) = \boldsymbol{B} \cdot (\boldsymbol{C} \times \boldsymbol{A}) = \boldsymbol{C} \cdot (\boldsymbol{A} \times \boldsymbol{B})$$

$$\boldsymbol{A} \times (\boldsymbol{B} \times \boldsymbol{C}) = (\boldsymbol{A} \cdot \boldsymbol{C})\boldsymbol{B} - (\boldsymbol{A} \cdot \boldsymbol{B})\boldsymbol{C}$$

$$(\boldsymbol{A} \times \boldsymbol{B}) \cdot (\boldsymbol{C} \times \boldsymbol{D}) = (\boldsymbol{A} \cdot \boldsymbol{C})(\boldsymbol{B} \cdot \boldsymbol{D}) - (\boldsymbol{A} \cdot \boldsymbol{D}) \times (\boldsymbol{B} \cdot \boldsymbol{C})$$

$$(\boldsymbol{A} \times \boldsymbol{B})^2 = A^2 B^2 - (\boldsymbol{A} \cdot \boldsymbol{B})^2$$

附 1.6.2　矢量分析公式

微分关系

$$\nabla = \boldsymbol{i}\frac{\partial}{\partial x} + \boldsymbol{j}\frac{\partial}{\partial y} + \boldsymbol{k}\frac{\partial}{\partial z}$$

梯度

$$\mathrm{grad}\,\varphi = \nabla\varphi = \boldsymbol{i}\frac{\partial\varphi}{\partial x} + \boldsymbol{j}\frac{\partial\varphi}{\partial y} + \boldsymbol{k}\frac{\partial\varphi}{\partial z}$$

散度

$$\mathrm{div}\,\boldsymbol{A} = \nabla \cdot \boldsymbol{A} = \frac{\partial A_x}{\partial x} + \frac{\partial A_y}{\partial y} + \frac{\partial A_z}{\partial z}$$

旋度

$$\mathrm{rot}\,\boldsymbol{A} = \nabla \times \boldsymbol{A}$$

$$\nabla \cdot \nabla\varphi = \nabla^2\varphi = \frac{\partial^2\varphi}{\partial x^2} + \frac{\partial^2\varphi}{\partial y^2} + \frac{\partial^2\varphi}{\partial z^2}$$

$$\nabla \times \nabla\varphi = 0$$

$$\nabla \cdot \nabla \times \boldsymbol{a} = 0$$

$$\nabla \times (\nabla \times \boldsymbol{a}) = \nabla(\nabla \cdot \boldsymbol{a}) - \nabla^2\boldsymbol{a}$$

$$\nabla(\varphi\psi) = \psi\nabla\varphi + \varphi\nabla\psi$$

$$\nabla \cdot (\varphi\boldsymbol{a}) = \varphi\nabla \cdot \boldsymbol{a} + \nabla\varphi \cdot \boldsymbol{a}$$

$$\nabla \times (\varphi\boldsymbol{a}) = \nabla\varphi \times \boldsymbol{a} + \varphi\nabla \times \boldsymbol{a}$$

$$\nabla \cdot (\boldsymbol{a} \times \boldsymbol{b}) = \boldsymbol{b} \cdot (\nabla \times \boldsymbol{a}) - \boldsymbol{a} \cdot (\nabla \times \boldsymbol{b})$$

$$\nabla \times (\boldsymbol{a} \times \boldsymbol{b}) = (\boldsymbol{b} \cdot \nabla)\boldsymbol{a} - (\boldsymbol{a} \cdot \nabla)\boldsymbol{b} - \boldsymbol{b}(\nabla \cdot \boldsymbol{a}) + \boldsymbol{a}(\nabla \cdot \boldsymbol{b})$$

$$\nabla(\boldsymbol{a} \cdot \boldsymbol{b}) = (\boldsymbol{b} \cdot \nabla)\boldsymbol{a} + (\boldsymbol{a} \cdot \nabla)\boldsymbol{b} + \boldsymbol{b} \times (\nabla \times \boldsymbol{a}) + \boldsymbol{a} \times (\nabla \times \boldsymbol{b})$$

在上式中，当 $\boldsymbol{a} = \boldsymbol{b}$ 时有

$$(\boldsymbol{a} \cdot \nabla)\boldsymbol{a} = \nabla\left(\frac{a^2}{2}\right) - \boldsymbol{a} \times (\nabla \times \boldsymbol{a})$$

积分关系

$$\int_\tau \nabla \cdot \boldsymbol{A}\mathrm{d}\tau = \oint_\sigma \boldsymbol{A} \cdot \mathrm{d}\boldsymbol{\sigma}$$

$$\int_\sigma (\nabla \times \boldsymbol{A}) \cdot \mathrm{d}\sigma = \oint_l \boldsymbol{A} \cdot \mathrm{d}\boldsymbol{l}$$

$$\int_\tau (\psi\nabla^2\varphi - \varphi\nabla^2\psi)\mathrm{d}\tau = \oint_\sigma \left(\psi\frac{\partial\varphi}{\partial n} - \varphi\frac{\partial\psi}{\partial n}\right)\mathrm{d}\sigma$$

附录 2 哈密顿算符

在矢量分析中，为了方便，引入一个矢性微分算符，叫做哈密顿算符，即 ∇，亦称哈密顿算子。在直角坐标系中的表达式为

$$\nabla = i\frac{\partial}{\partial x} + j\frac{\partial}{\partial y} + k\frac{\partial}{\partial z} \tag{附 2.1}$$

∇ 是一个微分运算符号，不但便于书写和记忆，而且是矢量描述的主要算符。其运算规则是：首先考虑其微分性，按微分法则进行运算，应注意算符只对位于其右边的量进行微分运算，而对位于其左边的量无作用；其次，考虑其矢量性，在运算中可以利用矢量代数和矢量分析中的所有法则。

根据上述运算规则，可以将场论中的梯度、散度、旋度表示为哈密顿算符形式：

$$\begin{aligned}
\nabla\phi &= \left(i\frac{\partial}{\partial x} + j\frac{\partial}{\partial y} + k\frac{\partial}{\partial z}\right)\phi \\
&= i\frac{\partial\phi}{\partial x} + j\frac{\partial\phi}{\partial y} + k\frac{\partial\phi}{\partial z} \\
&= \operatorname{grad}\phi
\end{aligned}$$

$$\begin{aligned}
\nabla\cdot\boldsymbol{a} &= \left(i\frac{\partial}{\partial x} + j\frac{\partial}{\partial y} + k\frac{\partial}{\partial z}\right)\cdot(ia_x + ja_y + ka_z) \\
&= i\frac{\partial a_x}{\partial x} + j\frac{\partial a_y}{\partial y} + k\frac{\partial a_z}{\partial z} \\
&= \operatorname{div}\boldsymbol{a}
\end{aligned}$$

$$\begin{aligned}
\nabla\times\boldsymbol{a} &= \begin{vmatrix} \boldsymbol{i} & \boldsymbol{j} & \boldsymbol{k} \\ \dfrac{\partial}{\partial x} & \dfrac{\partial}{\partial y} & \dfrac{\partial}{\partial z} \\ a_x & a_y & a_z \end{vmatrix} \\
&= i\left(\frac{\partial a_x}{\partial y} - \frac{\partial a_y}{\partial z}\right) + j\left(\frac{\partial a_x}{\partial z} - \frac{\partial a_z}{\partial x}\right) + k\left(\frac{\partial a_y}{\partial x} - \frac{\partial a_x}{\partial y}\right) \\
&= \operatorname{rot}\boldsymbol{a}
\end{aligned}$$

利用哈密顿算符法来证明矢量分析中常用的公式。

1. 算符对一个标量场或一个矢量场运算两次的公式

$$\nabla\cdot\nabla\phi = \nabla^2\phi \tag{附 2.2}$$

$$\nabla\times\nabla\phi = 0 \tag{附 2.3}$$

$$\nabla \cdot (\nabla \times \boldsymbol{a}) = 0 \qquad\qquad\qquad (附\ 2.4)$$

$$\nabla \times (\nabla \times \boldsymbol{a}) = \nabla(\nabla \cdot \boldsymbol{a}) - \nabla^2 \boldsymbol{a} \qquad\qquad (附\ 2.5)$$

上述公式的证明从略。

2. 算符对两个场量的运算公式

$$\nabla(\phi\psi) = \psi\nabla\phi + \phi\nabla\psi \qquad\qquad\qquad (附\ 2.6)$$

$$\nabla \cdot (\phi\boldsymbol{a}) = \phi\nabla \cdot \boldsymbol{a} + \boldsymbol{a} \cdot \nabla\phi \qquad\qquad\qquad (附\ 2.7)$$

$$\nabla \times (\phi\boldsymbol{a}) = \nabla\phi \times \boldsymbol{a} + \phi\nabla \times \boldsymbol{a} \qquad\qquad\qquad (附\ 2.8)$$

$$\nabla \cdot (\boldsymbol{a} \times \boldsymbol{b}) = \boldsymbol{b} \cdot (\nabla \times \boldsymbol{a}) - \boldsymbol{a} \cdot (\nabla \times \boldsymbol{b}) \qquad\qquad (附\ 2.9)$$

$$\nabla \times (\boldsymbol{a} \times \boldsymbol{b}) = (\boldsymbol{b} \cdot \nabla)\boldsymbol{a} - (\boldsymbol{a} \cdot \nabla)\boldsymbol{b} - \boldsymbol{b}(\nabla \cdot \boldsymbol{a}) + \boldsymbol{a}(\nabla \cdot \boldsymbol{b}) \qquad (附\ 2.10)$$

$$\nabla(\boldsymbol{a} \cdot \boldsymbol{b}) = (\boldsymbol{b} \cdot \nabla)\boldsymbol{a} + (\boldsymbol{a} \cdot \nabla)\boldsymbol{b} + \boldsymbol{b} \times (\nabla \times \boldsymbol{a}) + \boldsymbol{a} \times (\nabla \times \boldsymbol{b}) \qquad (附\ 2.11)$$

在上式中当 $\boldsymbol{a} = \boldsymbol{b}$ 时有

$$(\boldsymbol{a} \cdot \nabla)\boldsymbol{a} = \nabla\left(\frac{a^2}{2}\right) - \boldsymbol{a} \times (\nabla \times \boldsymbol{a}) \qquad\qquad (附\ 2.12)$$

上述公式分别证明如下。

(1) $\nabla(\phi\psi) = \psi\nabla\phi + \phi\nabla\psi$。

根据两函数乘积的微分法则,应有

$$\nabla(\phi\psi) = \nabla(\phi\psi_c) + \nabla(\phi_c\psi)$$

式中, ψ_c, ϕ_c 的下标 c 表示该函数在微分运算中暂时看作常数,即 ∇ 对它不起微分作用,于是可有

$$\nabla(\phi\psi) = \nabla(\phi\psi_c) + \nabla(\phi_c\psi) = \psi_c\nabla\phi + \phi_c\nabla\psi$$

由于 ψ_c 及 ϕ_c 都在 ∇ 之前,可以将下标 c 去掉,最后得

$$\nabla(\phi\psi) = \psi\nabla\phi + \phi\nabla\psi$$

(2) $\nabla \cdot (\phi\boldsymbol{a}) = \phi\nabla \cdot \boldsymbol{a} + \boldsymbol{a} \cdot \nabla\phi$。

$$\begin{aligned}
\nabla \cdot (\phi\boldsymbol{a}) &= \nabla \cdot (\phi_c\boldsymbol{a}) + \nabla \cdot (\phi\boldsymbol{a}_c) \\
&= \phi_c\nabla \cdot \boldsymbol{a} + \boldsymbol{a}_c \cdot \nabla\phi \\
&= \phi\nabla \cdot \boldsymbol{a} + \boldsymbol{a} \cdot \nabla\phi
\end{aligned}$$

(3) $\nabla \times (\phi\boldsymbol{a}) = \nabla\phi \times \boldsymbol{a} + \phi\nabla \times \boldsymbol{a}$。

$$\begin{aligned}
\nabla \times (\phi\boldsymbol{a}) &= \nabla \times (\phi\boldsymbol{a}_c) + \nabla \times (\phi_c\boldsymbol{a}) \\
&= \nabla\phi \times \boldsymbol{a}_c + \phi_c\nabla \times \boldsymbol{a}
\end{aligned}$$

$$=\nabla\phi\times\boldsymbol{a}+\phi\nabla\times\boldsymbol{a}$$

(4) $\nabla\cdot(\boldsymbol{a}\times\boldsymbol{b})=\boldsymbol{b}\cdot(\nabla\times\boldsymbol{a})-\boldsymbol{a}\cdot(\nabla\times\boldsymbol{b})$。

$$
\begin{aligned}
\nabla\cdot(\boldsymbol{a}\times\boldsymbol{b})&=\nabla\cdot(\boldsymbol{a}_c\times\boldsymbol{b})+\nabla\cdot(\boldsymbol{a}\times\boldsymbol{b}_c)\\
&=-\nabla\cdot(\boldsymbol{b}\times\boldsymbol{a}_c)+\boldsymbol{b}_c\cdot\nabla\times\boldsymbol{a}\\
&=-\boldsymbol{a}_c\cdot(\nabla\times\boldsymbol{b})+\boldsymbol{b}_c\cdot(\nabla\times\boldsymbol{a})\\
&=\boldsymbol{b}_c\cdot(\nabla\times\boldsymbol{a})-\boldsymbol{a}_c\cdot(\nabla\times\boldsymbol{b})\\
&=\boldsymbol{b}\cdot(\nabla\times\boldsymbol{a})-\boldsymbol{a}\cdot(\nabla\times\boldsymbol{b})
\end{aligned}
$$

(5) $\nabla\times(\boldsymbol{a}\times\boldsymbol{b})=(\boldsymbol{b}\cdot\nabla)\boldsymbol{a}-(\boldsymbol{a}\cdot\nabla)\boldsymbol{b}-\boldsymbol{b}(\nabla\cdot\boldsymbol{a})+\boldsymbol{a}(\nabla\cdot\boldsymbol{b})$。

$$
\begin{aligned}
\nabla\times(\boldsymbol{a}\times\boldsymbol{b})&=\nabla\times(\boldsymbol{a}_c\times\boldsymbol{b})+\nabla\times(\boldsymbol{a}\times\boldsymbol{b}_c)\\
&=\boldsymbol{a}_c(\nabla\cdot\boldsymbol{b})-(\boldsymbol{a}_c\cdot\nabla)\boldsymbol{b}+(\boldsymbol{b}_c\cdot\nabla)\boldsymbol{a}-\boldsymbol{b}_c(\nabla\cdot\boldsymbol{a})\\
&=(\boldsymbol{b}\cdot\nabla)\boldsymbol{a}-(\boldsymbol{a}\cdot\nabla)\boldsymbol{b}-\boldsymbol{b}(\nabla\cdot\boldsymbol{a})+\boldsymbol{a}(\nabla\cdot\boldsymbol{b})
\end{aligned}
$$

(6) $\nabla(\boldsymbol{a}\cdot\boldsymbol{b})=(\boldsymbol{b}\cdot\nabla)\boldsymbol{a}+(\boldsymbol{a}\cdot\nabla)\boldsymbol{b}+\boldsymbol{b}\times(\nabla\times\boldsymbol{a})+\boldsymbol{a}\times(\nabla\times\boldsymbol{b})$。

$$
\begin{aligned}
\nabla(\boldsymbol{a}\cdot\boldsymbol{b})&=\nabla(\boldsymbol{a}_c\cdot\boldsymbol{b})+\nabla(\boldsymbol{b}_c\cdot\boldsymbol{a})\\
&=\boldsymbol{a}_c\times(\nabla\times\boldsymbol{b})+(\boldsymbol{a}_c\cdot\nabla)\boldsymbol{b}+\boldsymbol{b}_c\times(\nabla\times\boldsymbol{a})+(\boldsymbol{b}_c\cdot\nabla)\boldsymbol{a}\\
&=(\boldsymbol{b}\cdot\nabla)\boldsymbol{a}+(\boldsymbol{a}\cdot\nabla)\boldsymbol{b}+\boldsymbol{b}\times(\nabla\times\boldsymbol{a})+\boldsymbol{a}\times(\nabla\times\boldsymbol{b})
\end{aligned}
$$

3. 几个常用的公式

$$\nabla r=\frac{\boldsymbol{r}}{r} \tag{附 2.13}$$

$$\nabla\cdot\boldsymbol{r}=3 \tag{附 2.14}$$

$$\nabla\times\boldsymbol{r}=0 \tag{附 2.15}$$

$$\nabla f(u)=f'(u)\nabla u \tag{附 2.16}$$

$$\nabla f(r)=\frac{f'(r)}{r}\boldsymbol{r} \tag{附 2.17}$$

$$\nabla\times[f(r)\boldsymbol{r}]=0 \tag{附 2.18}$$

$$\nabla\times\left[r^{-3}\boldsymbol{r}\right]=0 \tag{附 2.19}$$

式中，$\boldsymbol{r}=x\boldsymbol{i}+y\boldsymbol{j}+z\boldsymbol{k}$，$r=|\boldsymbol{r}|$。

4. 积分公式

1) 高斯公式

可综合表述为如下形式:

$$\int_\tau \nabla\square \mathrm{d}\tau = \oint_\sigma \boldsymbol{n}\square \mathrm{d}\sigma \qquad (\text{附 } 2.20)$$

式中, 两端方框中可置入相同的任意标量函数或矢量函数, 且算符 ∇ 及法向单位矢与方框中函数的运算性质保持一致, 例如:

$$\int_\tau \nabla \cdot \boldsymbol{a}\mathrm{d}\tau = \oint_\sigma \boldsymbol{n} \cdot \boldsymbol{a}\mathrm{d}\sigma \qquad (\text{附 } 2.21)$$

$$\int_\tau \nabla\phi\mathrm{d}\tau = \oint_\sigma \boldsymbol{n}\phi\mathrm{d}\sigma \qquad (\text{附 } 2.22)$$

$$\int_\tau \nabla \times \boldsymbol{a}\mathrm{d}\tau = \oint_\sigma \boldsymbol{n} \times \boldsymbol{a}\mathrm{d}\sigma \qquad (\text{附 } 2.23)$$

$$\int_\tau \nabla^2\phi\mathrm{d}\tau = \oint_\sigma \boldsymbol{n} \cdot \nabla\phi\mathrm{d}\sigma = \oint_\sigma \frac{\partial\phi}{\partial n}\mathrm{d}\sigma \qquad (\text{附 } 2.24)$$

$$\int_\tau \nabla^2\boldsymbol{a}\mathrm{d}\tau = \oint_\sigma \boldsymbol{n} \cdot \nabla\boldsymbol{a}\mathrm{d}\sigma = \oint_\sigma \frac{\partial\boldsymbol{a}}{\partial n}\mathrm{d}\sigma \qquad (\text{附 } 2.25)$$

$$\int_\tau (\boldsymbol{V} \cdot \nabla)\boldsymbol{a}\mathrm{d}\tau = \oint_\sigma (\boldsymbol{V} \cdot \boldsymbol{n})\boldsymbol{a}\mathrm{d}\sigma \qquad (\text{附 } 2.26)$$

式中, $\boldsymbol{V}$ 为常矢量。

2) 斯托克斯公式

$$\oint_l \mathrm{d}\boldsymbol{l}\square = \oint_\sigma (\mathrm{d}\boldsymbol{\sigma} \times \nabla)\square \qquad (\text{附 } 2.27)$$

即

$$\oint_l \boldsymbol{a} \cdot \mathrm{d}\boldsymbol{l} = \oint_\sigma \boldsymbol{n} \cdot (\nabla \times \boldsymbol{a})\mathrm{d}\sigma \qquad (\text{附 } 2.28)$$

$$\oint_l \boldsymbol{a} \cdot \mathrm{d}\boldsymbol{l} = \oint_\sigma (\mathrm{d}\boldsymbol{\sigma} \times \nabla) \cdot \boldsymbol{a} \qquad (\text{附 } 2.29)$$

$$\oint_l \phi\mathrm{d}\boldsymbol{l} = \oint_\sigma (\mathrm{d}\boldsymbol{\sigma} \times \nabla)\phi \qquad (\text{附 } 2.30)$$

$$\oint_l \mathrm{d}\boldsymbol{l} \times \boldsymbol{a} = \oint_\sigma (\mathrm{d}\boldsymbol{\sigma} \times \nabla) \times \boldsymbol{a} \qquad (\text{附 } 2.31)$$

3) 格林第一公式

$$\int_\tau (\phi\nabla^2\psi + \nabla\phi \cdot \nabla\psi)\mathrm{d}\tau = \oint_\sigma \phi\frac{\partial\psi}{\partial n}\mathrm{d}\sigma \qquad (\text{附 } 2.32)$$

$$\int_\tau (\psi\nabla^2\phi + \nabla\psi \cdot \nabla\phi)\mathrm{d}\tau = \oint_\sigma \psi\frac{\partial\phi}{\partial n}\mathrm{d}\sigma \qquad (\text{附 } 2.33)$$

4) 格林第二公式

$$\int_\tau (\phi\nabla^2\psi - \psi\nabla^2\phi)\mathrm{d}\tau = \oint_\sigma \left(\phi\frac{\partial\psi}{\partial n} - \psi\frac{\partial\phi}{\partial n}\right)\mathrm{d}\sigma \qquad (\text{附 } 2.34)$$

$$\int_\tau (\nabla\phi)^2 \mathrm{d}\tau = \oint_\sigma \phi \frac{\partial \phi}{\partial n} \mathrm{d}\sigma \qquad\qquad (\text{附 } 2.35)$$

式中, ϕ 满足 $\nabla^2\phi = 0$。

上述积分公式证明式如下。

(1) $\displaystyle\int_\tau \nabla\phi \mathrm{d}\tau = \oint_\sigma \boldsymbol{n}\phi \mathrm{d}\sigma$。

$$\begin{aligned}
\int_\tau \nabla\phi \mathrm{d}\tau &= \int_\tau \left(\frac{\partial\phi}{\partial x}\boldsymbol{i} + \frac{\partial\phi}{\partial y}\boldsymbol{j} + \frac{\partial\phi}{\partial z}\boldsymbol{k} \right)\mathrm{d}\tau \\
&= \oint_\sigma \phi(\alpha\boldsymbol{i} + \beta\boldsymbol{j} + \gamma\boldsymbol{k})\mathrm{d}\sigma \\
&= \oint_\sigma \boldsymbol{n}\phi \mathrm{d}\sigma
\end{aligned}$$

其中

$$\begin{cases}
\alpha = \cos(\boldsymbol{n}, x) \\
\beta = \cos(\boldsymbol{n}, y) \\
\gamma = \cos(\boldsymbol{n}, z)
\end{cases}$$

(2) $\displaystyle\int_\tau \nabla \times \boldsymbol{a} \mathrm{d}\tau = \oint_\sigma \boldsymbol{n} \times \boldsymbol{a} \mathrm{d}\sigma$。

以 x 方向分量为例加以证明:

$$\begin{aligned}
\int_\tau (\nabla \times \boldsymbol{a})_x \mathrm{d}\tau &= \int_\tau \left(\frac{\partial a_z}{\partial y} - \frac{\partial a_y}{\partial z} \right)\mathrm{d}\tau \\
&= \oint_\sigma (a_z\beta - a_y\gamma)\mathrm{d}\sigma \\
&= \oint_\sigma (\boldsymbol{n} \times \boldsymbol{a})_x \mathrm{d}\sigma
\end{aligned}$$

同理可对 y, z 方向证明上式的正确性。

(3) $\displaystyle\int_\tau \nabla^2\phi \mathrm{d}\tau = \oint_\sigma \frac{\partial\phi}{\partial n}\mathrm{d}\sigma$。

在式 (附 2.21) 中令 $\boldsymbol{a} = \nabla\phi$ 即可得到证明。

(4) $\displaystyle\int_\tau \nabla^2\boldsymbol{a} \mathrm{d}\tau = \oint_\sigma \frac{\partial\boldsymbol{a}}{\partial n}\mathrm{d}\sigma$。

对此式左端的 3 个分量运用前式即可证明之。

(5) $\displaystyle\int_\tau (\boldsymbol{V}\cdot\nabla)\boldsymbol{a} \mathrm{d}\tau = \oint_\sigma (\boldsymbol{V}\cdot\boldsymbol{n})\boldsymbol{a} \mathrm{d}\sigma$, 式中, $\boldsymbol{V}$ 是常矢量。

$$\begin{aligned}
\int_\tau (\boldsymbol{V}\cdot\nabla)\boldsymbol{a} \mathrm{d}\tau &= \int_\tau \left(u\frac{\partial\boldsymbol{a}}{\partial x} + v\frac{\partial\boldsymbol{a}}{\partial y} + w\frac{\partial\boldsymbol{a}}{\partial z} \right)\mathrm{d}\tau \\
&= \int_\tau \left(\frac{\partial(u\boldsymbol{a})}{\partial x} + \frac{\partial(v\boldsymbol{a})}{\partial y} + \frac{\partial(w\boldsymbol{a})}{\partial z} \right)\mathrm{d}\tau \\
&= \oint_\sigma (u\alpha + v\beta + w\gamma)\boldsymbol{a} \mathrm{d}\sigma
\end{aligned}$$

$$= \oint_\sigma (\boldsymbol{V} \cdot \boldsymbol{n}) a \mathrm{d}\sigma$$

(6) $\oint_l \boldsymbol{a} \cdot \mathrm{d}\boldsymbol{l} = \oint_\sigma (\mathrm{d}\boldsymbol{\sigma} \times \nabla) \cdot \boldsymbol{a}$。

$$\oint_l \boldsymbol{a} \cdot \mathrm{d}\boldsymbol{l} = \int_\sigma (\nabla \times \boldsymbol{a}) \cdot \boldsymbol{n} \mathrm{d}\sigma = \int_\sigma \mathrm{d}\boldsymbol{\sigma} \cdot (\nabla \times \boldsymbol{a}) = \int_\sigma (\mathrm{d}\boldsymbol{\sigma} \times \nabla) \cdot \boldsymbol{a}$$

(7) $\oint_l \phi \mathrm{d}\boldsymbol{l} = \oint_\sigma (\mathrm{d}\boldsymbol{\sigma} \times \nabla) \phi$。

$$\begin{aligned}
\oint_l \phi \mathrm{d}\boldsymbol{l} &= \oint_l [\phi \mathrm{d}x \boldsymbol{i} + \phi \mathrm{d}y \boldsymbol{j} + \phi \mathrm{d}z \boldsymbol{k}] \\
&= \int_\sigma \left[\left(\frac{\partial \phi}{\partial z} \beta - \frac{\partial \phi}{\partial y} \gamma \right) \boldsymbol{i} + \left(\frac{\partial \phi}{\partial x} \gamma - \frac{\partial \phi}{\partial z} \alpha \right) \boldsymbol{j} + \left(\frac{\partial \phi}{\partial y} \alpha - \frac{\partial \phi}{\partial x} \beta \right) \boldsymbol{k} \right] \mathrm{d}\sigma \\
&= \int_\sigma \boldsymbol{n} \times \nabla \phi \mathrm{d}\sigma \\
&= \int_\sigma \mathrm{d}\boldsymbol{\sigma} \times \nabla \phi
\end{aligned}$$

(8) $\oint_l \mathrm{d}\boldsymbol{l} \times \boldsymbol{a} = \oint_\sigma (\mathrm{d}\boldsymbol{\sigma} \times \nabla) \times \boldsymbol{a}$。

以 x 方向分量为例加以证明：

$$\begin{aligned}
\oint_l (\mathrm{d}\boldsymbol{l} \times \boldsymbol{a})_x &= \oint_l \mathrm{d}y a_z - \mathrm{d}z a_y \\
&= \int_\sigma \left[\left(\gamma \frac{\partial}{\partial x} - \alpha \frac{\partial}{\partial z} \right) a_z - \left(\alpha \frac{\partial}{\partial y} - \beta \frac{\partial}{\partial x} \right) a_y \right] \mathrm{d}\sigma \\
&= \int_\sigma [(\boldsymbol{n} \times \nabla) \times \boldsymbol{a}]_x \mathrm{d}\sigma \\
&= \int_\sigma [(\mathrm{d}\boldsymbol{\sigma} \times \nabla) \times \boldsymbol{a}]_x
\end{aligned}$$

同样可对 y, z 方向证明上式正确性。

(9) $\int_\tau (\phi \nabla^2 \psi + \nabla \phi \cdot \nabla \psi) \mathrm{d}\tau = \oint_\sigma \phi \frac{\partial \psi}{\partial n} \mathrm{d}\sigma$。

在式 (附 2.21) 中令 $\boldsymbol{a} = \phi \nabla \psi$，并考虑到式 (附 2.7)，即可证明之。

(10) $\int_\tau (\phi \nabla^2 \psi - \psi \nabla^2 \phi) \mathrm{d}\tau = \oint_\sigma \left(\phi \frac{\partial \psi}{\partial n} - \psi \frac{\partial \phi}{\partial n} \right) \mathrm{d}\sigma$。

将格林第一公式的两种不同形式相减即可证明之。

(11) $\int_\tau (\nabla \phi)^2 \mathrm{d}\tau = \oint_\sigma \phi \frac{\partial \phi}{\partial n} \mathrm{d}\sigma$。

在格林第一公式中令 $\phi = \psi$，并考虑到 $\nabla^2 \phi = 0$，即可证明之。

附录 3　曲线坐标系

1. 曲线坐标的概念

空间任一点 M, 其位置可以用三个有序数 q_1, q_2, q_3 来表示; 且每三个这样的有序数就完全确定一个空间点, 反之, 空间里的每一点都对应着三个这样的有序数, 则称 q_1, q_2, q_3 为空间点的曲线坐标。

曲线坐标 q_1, q_2, q_3 都是空间点的单值函数, 由于空间点又可用直角坐标 x, y, z 来确定, 所以曲线坐标 q_1, q_2, q_3 也都是直角坐标 x, y, z 的单值函数

$$\begin{cases} q_1 = q_1(x, y, z) \\ q_2 = q_2(x, y, z) \\ q_3 = q_3(x, y, z) \end{cases} \tag{附 3.1}$$

同样, 直角坐标 x, y, z 也都是 q_1, q_2, q_3 的单值函数

$$\begin{cases} x = x(q_1, q_2, q_3) \\ y = y(q_1, q_2, q_3) \\ z = z(q_1, q_2, q_3) \end{cases} \tag{附 3.2}$$

显然, 下面三个方程

$$\begin{cases} q_1(x, y, z) = c_1 \\ q_2(x, y, z) = c_2 \\ q_3(x, y, z) = c_3 \end{cases} \tag{附 3.3}$$

(其中 c_1, c_2, c_3 为常数) 分别表示函数 $q_1(x, y, z), q_2(x, y, z), q_3(x, y, z)$ 的等值曲面; 给 c_1, c_2, c_3 以不同的数值, 就得到三族等值曲面, 这三族等值曲面, 称为坐标曲面。由于 $q_1(x, y, z)$, $q_2(x, y, z), q_3(x, y, z)$ 为单值函数。所以, 在空间的各点, 每族等值曲面都只有一个曲面经过。

在坐标曲面之间, 两两相交而成的曲线, 称为坐标曲线。在由坐标曲面 $q_2(x, y, z) = c_2$ 与 $q_3(x, y, z) = c_3$ 相交而成的坐标曲线上, 因 q_2 与 q_3 分别保持常数值 c_2 与 c_3, 只有 q_1 在变化, 所以本书称此曲线为坐标曲线 q_1; 同理, 由

$$q_1(x, y, z) = c_1 \text{ 与 } q_3(x, y, z) = c_3$$

或

$$q_1(x, y, z) = c_1 \text{ 与 } q_2(x, y, z) = c_2$$

相交而成的坐标曲线, 依次称为坐标曲线 q_2 与坐标曲线 q_3。

如果在空间任一点 M 处, 坐标曲线都相互正交 (即各坐标曲线在该点的切线互相正交); 此时, 相应地各坐标曲面也互相正交 (即各坐标曲面在相交点处的法线互相正交)。这种曲线坐标系, 称为正交曲线坐标系。下面本书只介绍正交曲线坐标系。

本书用 e_1, e_2, e_3 分别表示坐标曲线 q_1, q_2, q_3 上的切线单位矢量,其正向分别指向 q_1, q_2, q_3 增加时一侧;其间的相互位置关系,除彼此正交外,并假定它们构成右手坐标系。

在曲线坐标系中,单位矢量 e_1, e_2, e_3 的方向,是随点 M 的变化而变化的,这是曲线坐标系的基本特点。

在 M 点处,任一矢量 A 可以表示为

$$A = A_1 e_1 + A_2 e_2 + A_3 e_3 \qquad \text{(附 3.4)}$$

式中, A_1, A_2, A_3 分别是矢量 A 在 e_1, e_2, e_3 方向上的投影。

最常用的正交曲线坐标系是柱面坐标系和球面坐标系。常简称为柱坐标系和球坐标系。

(1) 在柱面坐标系中, $q_1 = r, q_2 = \theta, q_3 = z$,其中 r 是点 M 到 Oz 轴的距离; θ 是过点 M 且以 Oz 轴为界的半平面与 xOz 平面之间的夹角; z 就是点 M 在直角坐标系中的 z 坐标,见图附 3.1。而 r, θ, z 的变化范围是

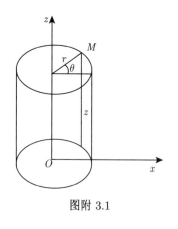

图附 3.1

$$0 \leqslant r < +\infty$$
$$0 \leqslant \theta < 2\pi$$
$$-\infty < z < +\infty$$

在柱面坐标系中,坐标曲面是:

$r = $ 常数——以 Oz 轴为轴的圆柱面

$\theta = $ 常数——以 Oz 轴为界的半平面

$z = $ 常数——平行于 xOy 平面

坐标曲线是: r 曲线, θ 曲线, z 曲线。

点 M 的直角坐标与柱面坐标之间的关系为

$$x = r \cos\theta, \quad y = r \sin\theta, \quad z = z \qquad \text{(附 3.5)}$$

(2) 在球面坐标系中, $q_1 = r, q_2 = \theta, q_3 = \varphi$,其中 r 是点 M 到原点的距离; θ 是有向线段 OM 与 Oz 轴正向之间的夹角; φ 为过点 M 且以 Oz 轴为界的半平面与 xOz 平面之间的夹角,如图附 3.2 所示。而 r, θ, φ 的变化范围是

$$0 \leqslant r < +\infty$$
$$0 \leqslant \theta \leqslant \pi$$
$$0 \leqslant \varphi < 2\pi$$

在球面坐标系中,坐标曲面是:

$r = $ 常数——以 O 为中心的球面

$\theta = $ 常数——以 Oz 为轴的圆锥面

$\varphi = $ 常数——以 Oz 轴为界的半平面

坐标曲线是: r 曲线, θ 曲线, φ 曲线。

点 M 的直角坐标与球面坐标之间的关系为

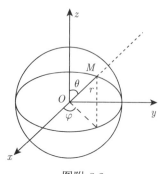

图附 3.2

$$\begin{cases} x = r\sin\theta\cos\varphi \\ y = r\sin\theta\sin\varphi \\ z = r\cos\theta \end{cases} \tag{附 3.6}$$

2. 坐标曲线的弧微分

给定曲线 $\boldsymbol{r} = \boldsymbol{r}(q_1, q_2, q_3)$，则弧元素矢量 $\mathrm{d}\boldsymbol{r}$ 的表达式为

$$\mathrm{d}\boldsymbol{r} = \frac{\partial \boldsymbol{r}}{\partial q_1}\mathrm{d}q_1 + \frac{\partial \boldsymbol{r}}{\partial q_2}\mathrm{d}q_2 + \frac{\partial \boldsymbol{r}}{\partial q_3}\mathrm{d}q_3 \tag{附 3.7}$$

式中，$\dfrac{\partial \boldsymbol{r}}{\partial q_1}$ 是 q_2, q_3 不变，只有 q_1 改变时 $\boldsymbol{r}$ 的偏导数，故 $\dfrac{\partial \boldsymbol{r}}{\partial q_1}$ 的方向是坐标曲线 q_1 的单位矢量 $\boldsymbol{e}_1$ 的方向，同理 $\dfrac{\partial \boldsymbol{r}}{\partial q_2}, \dfrac{\partial \boldsymbol{r}}{\partial q_3}$ 的方向分别是坐标曲线 q_2 和 q_3 的方向。故有

$$\frac{\partial \boldsymbol{r}}{\partial q_i} = h_i \boldsymbol{e}_i \quad (i = 1, 2, 3) \tag{附 3.8}$$

式中，h_i 为 $\dfrac{\partial \boldsymbol{r}}{\partial q_i}$ 的模，称为拉梅 (Lamé) 系数。

$$\begin{aligned} h_i &= \left(\frac{\partial \boldsymbol{r}}{\partial q_i} \cdot \frac{\partial \boldsymbol{r}}{\partial q_i}\right)^{\frac{1}{2}} \\ &= \left[\left(\frac{\partial x}{\partial q_i}\right)^2 + \left(\frac{\partial y}{\partial q_i}\right)^2 + \left(\frac{\partial z}{\partial q_i}\right)^2\right]^{\frac{1}{2}} \end{aligned} \tag{附 3.9}$$

式中，$i = 1, 2, 3$；拉梅系数 h_i 是 q_1, q_2, q_3 的函数，考虑 $\dfrac{\partial \boldsymbol{r}}{\partial q_i}$ 的大小和方向后，式 (附 3.7) 可改写为

$$\mathrm{d}\boldsymbol{r} = h_1\mathrm{d}q_1\boldsymbol{e}_1 + h_2\mathrm{d}q_2\boldsymbol{e}_2 + h_3\mathrm{d}q_3\boldsymbol{e}_3 \tag{附 3.10}$$

弧元素矢量 $\mathrm{d}\boldsymbol{r}$ 在坐标轴上的投影为

$$\mathrm{d}s_i = h_i\mathrm{d}q_i \quad (i = 1, 2, 3) \tag{附 3.11}$$

由上式可知，拉梅系数 h_i 即为坐标线元 $\mathrm{d}s_i$ 与相应的坐标值变元 $\mathrm{d}q_i$ 之比。

空间线元 $\mathrm{d}s$ 由下式给出

$$\mathrm{d}s = (\mathrm{d}\boldsymbol{r}, \mathrm{d}\boldsymbol{r})^{\frac{1}{2}} = \left(h_1^2\mathrm{d}q_1^2 + h_2^2\mathrm{d}q_2^2 + h_3^2\mathrm{d}q_3^2\right)^{\frac{1}{2}} \tag{附 3.12}$$

以 $\mathrm{d}s_1, \mathrm{d}s_2, \mathrm{d}s_3$ 为边做一平行六面体元，则其体积为

$$\begin{aligned} \mathrm{d}\tau &= \left|\frac{\partial \boldsymbol{r}}{\partial q_1} \cdot \left(\frac{\partial \boldsymbol{r}}{\partial q_2} \times \frac{\partial \boldsymbol{r}}{\partial q_3}\right)\right| \cdot \mathrm{d}q_1\mathrm{d}q_2\mathrm{d}q_3 \\ &= \frac{\partial(x, y, z)}{\partial(q_1, q_2, q_3)} \cdot \mathrm{d}q_1\mathrm{d}q_2\mathrm{d}q_3 \end{aligned}$$

$$=h_1h_2h_3\mathrm{d}q_1\mathrm{d}q_2\mathrm{d}q_3 \tag{附 3.13}$$

各面元的面积为

$$\begin{cases} \mathrm{d}\sigma_1 = h_2h_3\mathrm{d}q_2\mathrm{d}q_3 \\ \mathrm{d}\sigma_2 = h_1h_3\mathrm{d}q_1\mathrm{d}q_3 \\ \mathrm{d}\sigma_3 = h_1h_2\mathrm{d}q_1\mathrm{d}q_2 \end{cases} \tag{附 3.14}$$

上式可简写为

$$\mathrm{d}\sigma_j = h_{j+1}h_{j+2}\mathrm{d}q_{j+1}\mathrm{d}q_{j+2} \tag{附 3.15}$$

式中，$j = 1, 2, 3$；且规定 $j + 3 = j$。

在柱面坐标系中

$$\begin{cases} h_1 = 1, h_2 = r, h_3 = 1 \\ \mathrm{d}s_1 = \mathrm{d}r, \mathrm{d}s_2 = r\mathrm{d}\theta, \mathrm{d}s_3 = \mathrm{d}z \\ \mathrm{d}s^2 = \mathrm{d}r^2 + r^2\mathrm{d}\theta^2 + \mathrm{d}z^2 \\ \mathrm{d}\tau = r\mathrm{d}r\mathrm{d}\theta\mathrm{d}z \end{cases} \tag{附 3.16}$$

在球面坐标系中

$$\begin{cases} h_1 = 1, h_2 = r, h_3 = r\sin\theta \\ \mathrm{d}s_1 = \mathrm{d}r, \mathrm{d}s_2 = r\mathrm{d}\theta, \mathrm{d}s_3 = r\sin\theta\mathrm{d}\varphi \\ \mathrm{d}s^2 = \mathrm{d}r^2 + r^2\mathrm{d}\theta^2 + r^2\sin^2\theta\mathrm{d}\varphi^2 \\ \mathrm{d}\tau = r^2\sin\theta\mathrm{d}r\mathrm{d}\theta\mathrm{d}\varphi \end{cases} \tag{附 3.17}$$

3. 曲线坐标系中单位矢的微商

1) $\dfrac{\partial \boldsymbol{e}_j}{\partial q_k}$ $(j \neq k)$

由于

$$\frac{\partial \boldsymbol{r}}{\partial q_j} = h_j\boldsymbol{e}_j \ \text{或} \ \frac{\partial \boldsymbol{r}}{\partial q_k} = h_k e_k$$

将上列两式分别对 q_k 及 q_j 微商，可得

$$\frac{\partial^2 \boldsymbol{r}}{\partial q_j \partial q_k} = \frac{\partial}{\partial q_k}(h_j\boldsymbol{e}_j) = \frac{\partial}{\partial q_j}(h_k e_k) \quad (j \neq k)$$

将上式展开得

$$e_j\frac{\partial h_j}{\partial q_k} + h_j\frac{\partial \boldsymbol{e}_j}{\partial q_k} = e_k\frac{\partial h_k}{\partial q_j} + h_k\frac{\partial \boldsymbol{e}_k}{\partial q_j} \tag{附 3.18}$$

由于任一矢量因某一坐标变化而引起的增量，总是沿该坐标线方向，亦即

$$\frac{\partial \boldsymbol{e}_j}{\partial q_k} = \left|\frac{\partial \boldsymbol{e}_j}{\partial q_k}\right|\boldsymbol{e}_k$$

$$\frac{\partial \boldsymbol{e}_k}{\partial q_j} = \left|\frac{\partial \boldsymbol{e}_k}{\partial q_j}\right|\boldsymbol{e}_j$$

式中，$\left|\dfrac{\partial \boldsymbol{e}_j}{\partial q_k}\right|, \left|\dfrac{\partial \boldsymbol{e}_k}{\partial q_j}\right|$ 分别表示 $\dfrac{\partial \boldsymbol{e}_j}{\partial q_k}$ 及 $\dfrac{\partial \boldsymbol{e}_k}{\partial q_j}$ 的模。欲使式 (附 3.18) 成立，必须有

$$\left|\frac{\partial \boldsymbol{e}_j}{\partial q_k}\right| = \frac{1}{h_j}\frac{\partial h_k}{\partial q_j}$$

$$\left|\frac{\partial \boldsymbol{e}_k}{\partial q_j}\right| = \frac{1}{h_k}\frac{\partial h_j}{\partial q_k}$$

于是得

$$\frac{\partial \boldsymbol{e}_j}{\partial q_k} = \frac{1}{h_j}\frac{\partial h_k}{\partial q_j}\boldsymbol{e}_k \quad (j \neq k) \tag{附 3.19}$$

2) $\dfrac{\partial \boldsymbol{e}_j}{\partial q_j}$

由于

$$\boldsymbol{e}_j = \boldsymbol{e}_{j+1} \times \boldsymbol{e}_{j+2}$$

所以有

$$\begin{aligned}\frac{\partial \boldsymbol{e}_j}{\partial q_j} &= \frac{\partial}{\partial q_j}(\boldsymbol{e}_{j+1} \times \boldsymbol{e}_{j+2}) \\ &= \frac{\partial \boldsymbol{e}_{j+1}}{\partial q_j} \times \boldsymbol{e}_{j+2} - \frac{\partial \boldsymbol{e}_{j+2}}{\partial q_j} \times \boldsymbol{e}_{j+1}\end{aligned}$$

利用式 (附 3.19) 又可化为

$$\frac{\partial \boldsymbol{e}_j}{\partial q_j} = -\frac{1}{h_{j+1}}\frac{\partial h_j}{\partial q_{j+1}}\boldsymbol{e}_{j+1} - \frac{1}{h_{j+2}}\frac{\partial h_j}{\partial q_{j+2}}\boldsymbol{e}_{j+2} \tag{附 3.20}$$

或

$$\frac{\partial \boldsymbol{e}_j}{\partial q_j} = -\sum_k \frac{1}{h_k}\frac{\partial h_j}{\partial q_k}\boldsymbol{e}_k \quad (j \neq k) \tag{附 3.21}$$

3) $\nabla \times \boldsymbol{e}_j$

根据曲线坐标系中坐标曲线线元的表达式，可推得哈密顿算符在曲线坐标系中的表达式为

$$\nabla = \sum_{j=1}^{3} \frac{\boldsymbol{e}_j}{h_j}\frac{\partial}{\partial q_j} \tag{附 3.22}$$

所以

$$\nabla q_j = \boldsymbol{e}_j \frac{1}{h_j}$$

取旋度得

$$0 = \nabla \times \nabla q_j = \nabla \times \left(\frac{\boldsymbol{e}_j}{h_j}\right) = \nabla\left(\frac{1}{h_j}\right) \times \boldsymbol{e}_j + \frac{1}{h_j}\nabla \times \boldsymbol{e}_j$$

即

$$\frac{1}{h_j}\nabla \times \boldsymbol{e}_j = \boldsymbol{e}_j \times \nabla\left(\frac{1}{h_j}\right)$$

其中

$$\boldsymbol{e}_j \times \nabla \left(\frac{1}{h_j} \right) = \boldsymbol{e}_j \times \sum_{k=1}^{3} \frac{\boldsymbol{e}_k}{h_k} \frac{\partial}{\partial q_k} \left(\frac{1}{h_j} \right)$$

$$= -\sum_{k=1}^{3} \boldsymbol{e}_j \times \boldsymbol{e}_k \frac{1}{h_j^2 h_k} \frac{\partial h_j}{\partial q_k}$$

故有

$$\nabla \times \boldsymbol{e}_j = \frac{\boldsymbol{e}_{j+1}}{h_j h_{j+2}} \frac{\partial h_j}{\partial q_{j+2}} - \frac{\boldsymbol{e}_{j+2}}{h_j h_{j+1}} \frac{\partial h_j}{\partial q_{j+1}} \qquad (\text{附 } 3.23)$$

4) $\nabla \cdot \boldsymbol{e}_j$

$$\nabla \cdot \boldsymbol{e}_j = \nabla \cdot (\boldsymbol{e}_{j+1} \times \boldsymbol{e}_{j+2}) = (\nabla \times \boldsymbol{e}_{j+1}) \cdot \boldsymbol{e}_{j+2} - \boldsymbol{e}_{j+1} \cdot (\nabla \times \boldsymbol{e}_{j+2})$$

将式 (附 3.23) 代入以后, 得

$$\nabla \cdot \boldsymbol{e}_j = \frac{1}{h_j h_{j+1}} \frac{\partial h_{j+1}}{\partial q_j} + \frac{1}{h_{j+2} h_j} \frac{\partial h_{j+2}}{\partial q_j}$$

或

$$\nabla \cdot \boldsymbol{e}_j = \frac{1}{h_1 h_2 h_3} \frac{\partial}{\partial q_j} (h_{j+1} h_{j+2}) \qquad (\text{附 } 3.24)$$

4. 曲线坐标系中矢量基本运算

1) 梯度

对任一标量函数 φ, 由式 (附 3.22) 可得它的梯度为

$$\nabla \varphi = \sum_{j=1}^{3} \frac{\boldsymbol{e}_j}{h_j} \frac{\partial \varphi}{\partial q_j} \qquad (\text{附 } 3.25)$$

2) 涡度

对任一矢量函数 $\boldsymbol{V} = \sum_{j=1}^{3} u_j \boldsymbol{e}_j$, 由式 (3.23) 可得它的涡度表达式为

$$\nabla \times \boldsymbol{V} = \nabla \times \sum_{j=1}^{3} u_j \boldsymbol{e}_j = \sum_{j=1}^{3} (u_j \nabla \times \boldsymbol{e}_j + \nabla u_j \times \boldsymbol{e}_j)$$

将式 (附 3.23) 和式 (附 3.25) 代入上式, 经整理后, 即有

$$\nabla \times \boldsymbol{V} = \sum_{j=1}^{3} \frac{\boldsymbol{e}_j}{h_{j+1} h_{j+2}} \left[\frac{\partial (u_{j+2} h_{j+2})}{\partial q_{j+1}} - \frac{\partial (u_{j+1} h_{j+1})}{\partial q_{j+2}} \right] \qquad (\text{附 } 3.26)$$

或

$$\nabla \times \boldsymbol{V} = \frac{1}{h_1 h_2 h_3} \begin{vmatrix} h_1 \boldsymbol{e}_1 & h_2 \boldsymbol{e}_2 & h_3 \boldsymbol{e}_3 \\ \dfrac{\partial}{\partial q_1} & \dfrac{\partial}{\partial q_2} & \dfrac{\partial}{\partial q_3} \\ h_1 u_1 & h_2 u_2 & h_3 u_3 \end{vmatrix} \qquad (\text{附 } 3.27)$$

3) 散度

对任意矢量函数 $V = \sum_{j=1}^{3} u_j e_j$，其散度可表示为

$$\nabla \cdot V = \nabla \cdot \sum_{j=1}^{3} u_j e_j = \sum_{j=1}^{3} (u_j \nabla \cdot e_j + e_j \cdot \nabla u_j)$$

以式 (附 3.24) 代入，得

$$\nabla \cdot V = \frac{1}{h_1 h_2 h_3} \sum_{j=1}^{3} \frac{\partial}{\partial q_j} u_{j+1} h_{j+1} h_{j+2} \qquad \text{(附 3.28)}$$

4) 拉普拉斯算符

对任意标量函数 φ 的梯度，再取散度，即得

$$\nabla \cdot \nabla \varphi = \nabla^2 \varphi$$

以式 (附 3.25) 和式 (附 3.28) 代入上式，则有

$$\nabla^2 \varphi = \frac{1}{h_1 h_2 h_3} \sum_{j=1}^{3} \left[\frac{\partial}{\partial q_j} \left(\frac{h_{j+1} h_{j+2}}{h} \frac{\partial \varphi}{\partial q_j} \right) \right] \qquad \text{(附 3.29)}$$

5) 平流微商算符

对任意标量函数 φ，它的平流微商可表示为

$$(V \cdot \nabla) \varphi = \sum_{j=1}^{3} \left(\frac{u_j}{h_j} \frac{\partial \varphi}{\partial q_j} \right) \qquad \text{(附 3.30)}$$

对速度矢量函数 $V = \sum_{j=1}^{3} u_j e_j$ 的平流微商可改写为

$$(V \cdot \nabla) V = \frac{1}{2} \nabla(V^2) - V \times \Omega$$

其中

$$\Omega = \nabla \times V$$

利用式 (附 3.26) 展开上式右端第一项得

$$\frac{1}{2} \nabla(V^2) = \frac{1}{2} \sum_{j=1}^{3} \frac{e_j}{h_j} \frac{\partial}{\partial q_j}(V^2) = \sum_{j=1}^{3} \sum_{k=1}^{3} \frac{e_j u_k}{h_j} \frac{\partial u_k}{\partial q_j}$$

再展开右端第二项，得

$$V \times \Omega = \sum_{j=1}^{3} \frac{1}{h_1 h_2 h_3} \left\{ u_{j+1} h_{j+2} \left[\frac{\partial (u_{j+1} h_{j+1})}{\partial q_j} - \frac{\partial (u_j h_j)}{\partial q_{j+1}} \right] \right.$$

$$+ u_{j+2}h_{j+1}\left[\frac{\partial(u_{j+2}h_{j+2})}{\partial q_j} - \frac{\partial(u_jh_j)}{\partial q_{j+2}}\right]\Bigg\}e_j$$

合并以上两个展开式，最后得

$$(\boldsymbol{V}\cdot\nabla)\boldsymbol{V} = \sum_{j=1}^{3}\left(\sum_{k=1}^{3}\frac{u_k}{h_k}\frac{\partial u_j}{\partial q_k} + \sum_{k=1}^{3}\frac{u_ju_k}{h_jh_k}\frac{\partial h_j}{\partial q_k} - \sum_{k=1}^{3}\frac{u_k^2}{h_jh_k}\frac{\partial h_k}{\partial q_j}\right)e_j \qquad (\text{附 } 3.31)$$

这就是平流加速度矢量在曲线坐标系中的表达式。

6) 加速度矢量 $\boldsymbol{a}$

由于

$$\boldsymbol{a} = \frac{\mathrm{d}\boldsymbol{V}}{\mathrm{d}t} = \frac{\partial\boldsymbol{V}}{\partial t} + (\boldsymbol{V}\cdot\nabla)\boldsymbol{V} \qquad (\text{附 } 3.32)$$

其中局地加速度矢可写为

$$\frac{\partial\boldsymbol{V}}{\partial t} = \frac{\partial}{\partial t}\left(\sum_{j=1}^{3}u_j\boldsymbol{e}_j\right) = \sum_{j=1}^{3}\frac{\partial u_j}{\partial t}\boldsymbol{e}_j \qquad (\text{附 } 3.33)$$

将式 (附 3.31) 及式 (附 3.33) 代入式 (附 3.32)，则得加速度矢量在曲线坐标系中的表达式为

$$\frac{\mathrm{d}\boldsymbol{V}}{\mathrm{d}t} = \sum_{j=1}^{3}\left(\frac{\partial u_j}{\partial t} + \sum_{k=1}^{3}\frac{u_k}{h_k}\frac{\partial u_j}{\partial q_k} + \sum_{k=1}^{3}\frac{u_ju_k}{h_jh_k}\frac{\partial h_j}{\partial q_k} - \sum_{k=1}^{3}\frac{u_k^2}{h_jh_k}\frac{\partial h_k}{\partial q_j}\right)\boldsymbol{e}_j \qquad (\text{附 } 3.34)$$

7) 变形率

在流体中考虑两个无限接近的点 M_0 及 M，$\delta\boldsymbol{r}$ 为点 M 相对于点 M_0 的位矢。$\delta\boldsymbol{r}$ 的模以 δs 表示，即表示两点间线元的长度。于是有

$$\delta s^2 = \sum_{j=1}^{3}h_j^2\delta q_j^2 \qquad (\text{附 } 3.35)$$

将上式两端对 t 求微商，得

$$\delta s\frac{\mathrm{d}(\delta s)}{\mathrm{d}t} = \sum_{j=1}^{3}\left[h_j\frac{\mathrm{d}h_j}{\mathrm{d}t}\delta q_j^2 + h_j^2\delta q_j\frac{\mathrm{d}(\delta q_j)}{\mathrm{d}t}\right] \qquad (\text{附 } 3.36)$$

由于

$$\frac{\mathrm{d}h_j}{\mathrm{d}t} = \sum_{k=1}^{3}\left(\frac{\partial h_j}{\partial q_k}\frac{\mathrm{d}q_k}{\mathrm{d}t}\right) = \sum_{k=1}^{3}\left[\frac{\partial h_j}{\partial q_k}\left(\frac{u_k}{h_k}\right)\right] \qquad (\text{附 } 3.37)$$

$$\frac{\mathrm{d}(\delta q_j)}{\mathrm{d}t} = \delta\left(\frac{\mathrm{d}q_j}{\mathrm{d}t}\right) = \delta\left(\frac{u_j}{h_j}\right) = \sum_{k=1}^{3}\left[\frac{\partial}{\partial q_k}\left(\frac{u_j}{h_j}\right)\delta q_j\right] \qquad (\text{附 } 3.38)$$

将式 (附 3.37) 和式 (附 3.38) 代入式 (附 3.36)，并考虑到 $\delta q_j = \dfrac{\delta x_j}{h_j}$，则得

$$\delta s\frac{\mathrm{d}(\delta s)}{\mathrm{d}t} = \sum_{j=1}^{3}\sum_{k=1}^{3}\left[\frac{u_k}{h_jh_k}\frac{\partial h_j}{\partial q_k}\delta x_j^2 + \frac{h_j}{h_k}\frac{\partial}{\partial q_k}\left(\frac{u_j}{h_j}\right)\delta x_j x_k\right] \qquad (\text{附 } 3.39)$$

上式可写为

$$\delta s\frac{\mathrm{d}(\delta s)}{\mathrm{d}t} = \sum_{j=1}^{3}\left[\sum_{k=1}^{3}\frac{u_k}{h_j h_k}\frac{\partial h_j}{\partial q_k} + \frac{\partial}{\partial q_j}\left(\frac{u_j}{h_j}\right)\right]\delta x_j^2$$

$$+\left[\frac{h_1}{h_2}\frac{\partial}{\partial q_2}\left(\frac{u_1}{h_1}\right) + \frac{h_2}{h_1}\frac{\partial}{\partial q_1}\left(\frac{u_2}{h_2}\right)\right]\delta x_1\delta x_2$$

$$+\left[\frac{h_2}{h_3}\frac{\partial}{\partial q_3}\left(\frac{u_2}{h_2}\right) + \frac{h_3}{h_2}\frac{\partial}{\partial q_2}\left(\frac{u_3}{h_3}\right)\right]\delta x_2\delta x_3$$

$$+\left[\frac{h_3}{h_1}\frac{\partial}{\partial q_1}\left(\frac{u_3}{h_3}\right) + \frac{h_1}{h_3}\frac{\partial}{\partial q_3}\left(\frac{u_1}{h_1}\right)\right]\delta x_3\delta x_1 \qquad (\text{附 } 3.40)$$

由张量分析可以证明与变形率张量 $\boldsymbol{A}$ 对应的变形二次曲面可由下式表示:

$$(\delta\boldsymbol{r}\cdot\boldsymbol{A})\cdot\delta\boldsymbol{r} = A_{11}\delta x_1^2 + A_{22}\delta x_2^2 + A_{33}\delta x_3^2 + 2A_{12}\delta x_1\delta x_2 + 2A_{23}\delta x_2\delta x_3 + 2A_{31}\delta x_3\delta x_1 = c \quad (\text{附 } 3.41)$$

因变形线速度 $\boldsymbol{V}_D$ 可表示为

$$\boldsymbol{V}_D = \delta\boldsymbol{r}\cdot\boldsymbol{A}$$

$$(\delta\boldsymbol{r}\cdot\boldsymbol{A})\cdot\delta\boldsymbol{r} = \boldsymbol{V}_D\cdot\delta\boldsymbol{r} \qquad (\text{附 } 3.42)$$

而

$$\frac{\mathrm{d}(\delta\boldsymbol{r})}{\mathrm{d}t} = \boldsymbol{V}_D + \boldsymbol{V}_r$$

式中, $\boldsymbol{V}_r$ 是旋转线速度, 于是

$$\frac{\mathrm{d}(\delta\boldsymbol{r})}{\mathrm{d}t}\cdot\delta\boldsymbol{r} = \boldsymbol{V}_D\cdot\delta\boldsymbol{r} + \boldsymbol{V}_r\cdot\delta\boldsymbol{r}$$

考虑 $\boldsymbol{V}_r$ 与 $\delta\boldsymbol{r}$ 垂直, 即 $\boldsymbol{V}_r\cdot\delta\boldsymbol{r} = 0$, 得

$$\frac{\mathrm{d}(\delta\boldsymbol{r})}{\mathrm{d}t}\cdot\delta\boldsymbol{r} = \boldsymbol{V}_D\cdot\delta\boldsymbol{r} \qquad (\text{附 } 3.43)$$

由式 (附 3.42) 和式 (附 3.43) 可得

$$(\delta\boldsymbol{r}\cdot\boldsymbol{A})\cdot\delta\boldsymbol{r} = \delta\boldsymbol{r}\cdot\frac{\mathrm{d}(\delta\boldsymbol{r})}{\mathrm{d}t} = \delta s\frac{\mathrm{d}(\delta s)}{\mathrm{d}t} \qquad (\text{附 } 3.44)$$

由式 (附 3.42) 和式 (附 3.44) 可得

$$\delta s\frac{\mathrm{d}(\delta s)}{\mathrm{d}t} = A_{11}\delta x_1^2 + A_{22}\delta x_2^2 + A_{33}\delta x_3^2 + 2(A_{12}\delta x_1\delta x_2 + A_{23}\delta x_2\delta x_3 + A_{31}\delta x_3\delta x_1) \quad (\text{附 } 3.45)$$

将式 (附 3.45) 与式 (附 3.40) 相比较, 可得变形率张量的各分量在正交曲线坐标系中的表达式为

$$\begin{cases} A_{jj} = \displaystyle\sum_{k=1}^{3}\frac{u_k}{h_j h_k}\frac{\partial h_j}{\partial q_k} + \frac{\partial}{\partial q_j}\left(\frac{u_j}{h_j}\right) & (j = 1, 2, 3) \\[4mm] A_{jk} = \dfrac{1}{2}\left[\dfrac{h_k}{h_j}\dfrac{\partial}{\partial q_j}\left(\dfrac{u_k}{h_k}\right) + \dfrac{h_j}{h_k}\dfrac{\partial}{\partial q_k}\left(\dfrac{u_j}{h_j}\right)\right] & (j \neq k)(j, k = 1, 2, 3) \end{cases} \qquad (\text{附 } 3.46)$$

8) 应力

由广义牛顿黏性公式可知应力张量的各分量应由下式决定:

$$\begin{cases} p_{jj} = -\left(p + \dfrac{2}{3}\mu\nabla\cdot\boldsymbol{V}\right) + 2\mu A_{jj} \quad (j=1,2,3) \\ p_{jk} = 2\mu A_{jk} \quad (j\neq k) \quad (j,k=1,2,3) \end{cases}$$

(附 3.47)

根据式 (附 3.46) 可得应力张量的各分量在正交曲线坐标系中的表达式为

$$\begin{cases} p_{jj} = -\left(p + \dfrac{2}{3}\mu\nabla\cdot\boldsymbol{V}\right) + 2\mu\displaystyle\sum_{k=1}^{3}\dfrac{u_k}{h_j h_k}\dfrac{\partial h_j}{\partial q_k} + \dfrac{\partial}{\partial q_j}\left(\dfrac{u_j}{h_j}\right) \quad (j=1,2,3) \\ p_{jk} = \mu\left[\dfrac{h_k}{h_j}\dfrac{\partial}{\partial q_j}\left(\dfrac{u_k}{h_k}\right) + \dfrac{h_j}{h_k}\dfrac{\partial}{\partial q_k}\left(\dfrac{u_j}{h_j}\right)\right] \quad (j\neq k)\,(j,k=1,2,3) \end{cases}$$

(附 3.48)

9) 机械能耗损函数

本书第 3 章中已得到能量耗损函数的表达式为

$$D = -\frac{2}{3}\mu(\nabla\cdot\boldsymbol{V})^2 + 2\mu\boldsymbol{A}^2$$

式中, $\boldsymbol{A}^2 = \boldsymbol{A}:\boldsymbol{A} = (A_{ij})(A_{ij})$, 展开上式可得

$$\begin{aligned} D &= -\frac{2}{3}\mu(\nabla\cdot\boldsymbol{V})^2 + 2\mu\boldsymbol{A}^2 \\ &= -\frac{2}{3}\mu(\nabla\cdot\boldsymbol{V})^2 + 2\mu\left\{\sum_{j=1}^{3}(A_{jj})^2 + 2\left[(A_{12})^2 + (A_{23})^2 + (A_{31})^2\right]\right\} \end{aligned}$$

(附 3.49)

式中, $\nabla\cdot\boldsymbol{V}$ 和 A_{jk} 可由式 (附 3.28) 和式 (附 3.46) 给出, 由此即可得到机械能耗损函数 D 在正交曲线坐标系中的表示式。

根据本附录所得各运算公式, 不难导出流体运动基本方程组在正交曲线坐标系中的表示式。

后　记

　　本书是在王宝瑞教授编写的《流体力学》(气象出版社，1988 年) 的基础上增加了 300 余道题解而形成。王宝瑞教授生前是我研究生课程"湍流统计理论"的主讲教授。她不仅教授我专业知识，而且像母亲一般地关心我的成长。

　　2012 年 3 月 17 日，我拜访王宝瑞教授。她知我云游 16 年后返回母校执教十分欣喜，随即将压在箱底 20 多年的《流体力学》教案、心得笔记以及与北京大学吴望一教授和南京大学余志豪教授的私人通信翻出来，交在我的手里。老师要求我梳理和融合这些材料，编写成新教材，从而便于读者通过大量的题解深入掌握这门功课。本书的字里行间无不渗透着三位教授的智慧和汗水。恩师已经驾鹤西去，吴望一教授和余志豪教授也因为退休几十年而无从联系。我已经无法手捧新书，向三位前辈表达我内心深处的崇敬和发自肺腑的感激之情。

　　这本《流体力学》是王老师布置给我的家庭作业，我用了 5 年时间才完成。这是一个十分艰苦的历程，坦白地说，我一度想放弃，但是每每追忆王老师的音容笑貌和谆谆教诲，就不敢有丝毫懈怠。完成这本书的原始动力源自对流体力学之美的热爱，也源自对王老师的敬爱，这二者各占多少比例，我已经无法分清了。

　　我一直担心由于专业上的缺陷和个人能力的不济而降低本书质量，甚至可能出现错误并误导读者，所以我邀请了多位流体力学的专家学者和研究生参加了书稿编写的研讨会，以确保全书的正确性和完整性。这本书也包含了他们的汗水和奉献，对此，我内心充满感激。在此，特别感谢惠伟先生和博士研究生童兵卓有成效的帮助。

　　特别感谢我的爱妻邹志霖女士、爱女高聿超、爱子 Andrew Eric Gao 的支持和鼓励。

　　谨以此书纪念恩师王宝瑞教授。

高志球

2017 年 4 月